本书为国家社科基金艺术学一般项目"'新限塑令'背景下包装减塑设计理论及实践研究"（20BG114）结题成果

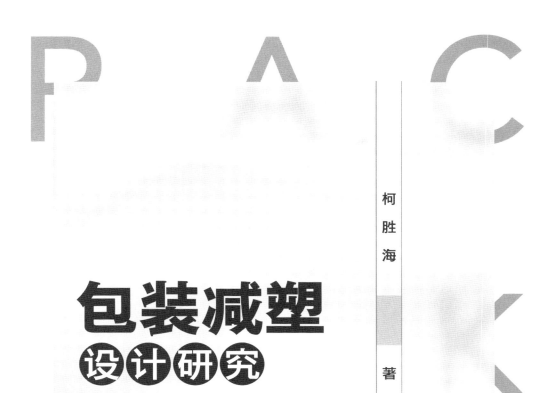

柯胜海 著

包装减塑
设计研究

Research on
Packaging Plastic Reduction
Design

中国社会科学出版社

图书在版编目（CIP）数据

包装减塑设计研究 / 柯胜海著. -- 北京 ： 中国社
会科学出版社，2025. 5. -- ISBN 978-7-5227-4635-7

I. TB482

中国国家版本馆CIP数据核字第20241E8V02号

出 版 人	赵剑英	
责任编辑	李凯凯	
责任校对	胡新芳	
责任印制	李寡寡	

出　　版	中国社会科学出版社	
社　　址	北京鼓楼西大街甲 158 号	
邮　　编	100720	
网　　址	http://www.csspw.cn	
发 行 部	010-84083685	
门 市 部	010-84029450	
经　　销	新华书店及其他书店	

印刷装订	北京君升印刷有限公司	
版　　次	2025年5月第1版	
印　　次	2025年5月第1次印刷	

开　　本	710×1000　1/16	
印　　张	29.5	
字　　数	435千字	
定　　价	156.00 元	

凡购买中国社会科学出版社图书，如有质量问题请与本社营销中心联系调换
电话：010-84083683

作者简介

柯胜海，浙江永嘉人，台州学院艺术与设计学院院长、教授、博士生导师，浙江省万人领军教学名师，中国"十四五"包装设计规划牵头人。主持国家社科基金艺术学项目3项、教育部新文科研究与改革实践项目1项，主持项目获省级教学成果奖一等奖，参与项目获国家级教学成果奖二等奖、省级哲学社会科学优秀成果奖二等奖等5项。出版包装类专著6部，国家"十一五""十二五"及省级"十四五"规划教材等十余部；发表学术论文50余篇；获专利30余项。首创智能包装设计专业方向，带领团队斩获Pentawards、"世界之星"等国际国内设计大奖百余项。

内容简介

　　本书是国内首部系统构建包装减塑设计理论体系与实践模型的学术著作。基于"新限塑令"政策导向与行业痛点，以"源头减量—过程优化—末端替代"为研究主线，通过跨学科交叉研究与实证分析，构建了覆盖包装全生命周期的减塑设计理论框架。在理论层面，创新提出"共享化设计方法论""增强型结构评价体系""替代品创新策略矩阵"等核心概念；在实践层面，开发出百余款具有商业转化潜力的减塑替代品，形成可复制的行业解决方案。这些成果不仅填补了包装减塑设计领域的学术空白，更通过产学研协同创新，为行业转型提供了切实可行的实施路径。

序

在全球环境治理的时代背景下，塑料污染已然成为亟待攻克的重大挑战。随着电商、快递、外卖等新兴业态的蓬勃兴起，塑料包装废弃物对生态系统的稳定与可持续性构成了前所未有的威胁。如何有效减塑、科学替塑、高效循塑，不仅是政策实施过程中的技术瓶颈，更是学术界亟待破解的关键科学命题。

在此时代背景与现实需求的双重驱动下，设计学作为创新技术与产业实践之间的桥梁学科，肩负着探索包装减塑底层逻辑与实践范式的重任。本书《包装减塑设计研究》正是基于这一使命，以系统化思维为指引，深入剖析包装减塑的复杂问题，旨在为破解"限塑"困局提供兼具理论深度与应用价值的解决方案。作为国家社科基金艺术学项目的结题成果，本书不仅代表了国内在该领域的一次重大学术突破，更是系统构建包装减塑设计理论体系与实践范式的开山之作。柯胜海团队以"新限塑令"政策导向为指引，紧密围绕行业痛点，以"源头减量—过程优化—末端替代"为研究主线，通过跨学科交叉研究与实证分析，构建了覆盖包装全生命周期的减塑设计理论框架。这一框架不仅在理论层面提出了"共享化设计方法论""增强型结构评价体系""替代品创新策略矩阵"等核心概念，为学术研究注入了新的活力；更在实践层面开发出百余款具有商业转化潜力的减塑替代品，形成了可复制的行业解决方案，为产业转型提供了切实可行的路径。

尤为值得一提的是，本书提出的"材料减量、效用等价"原则，突破了传统减塑设计单纯追求物理减量的局限，通过功能补偿与体验优化，在确保包装效能的前提下实现了环保目标。这一理念不仅为可持续包装设计提供了新的思路，更对推动整个行业的绿色转型具有范式革新意义。

当然，我们也必须清醒地认识到，包装减塑既是一项技术工程，更是一场社会实验。尽管本书在理论模型构建与设计方法创新方面取得了显著进展，但受限于行业发展阶段与技术成熟度，部分方案仍需在实践中持续迭代优化。

我们期待通过本书的出版，能够引发学界对"设计驱动型环境治理"的深入讨论，激发更多跨界合作与创新实践，共同推动塑料污染治理事业迈向新的高度。我相信，随着本书的出版与传播，必将激发更多学者与从业者投身于这一伟大事业，共同为构建美丽中国、实现全球可持续发展目标贡献力量。

2025 年 3 月 12 日

前　言

　　塑料污染已成为全球环境治理的深刻命题。随着电商、快递、外卖等新兴业态的蓬勃发展，塑料包装废弃物对生态环境的威胁日益加剧。2020年《关于进一步加强塑料污染治理的意见》（"新限塑令"）的颁布，标志着我国塑料污染治理进入系统性、深层次推进的新阶段。然而，"如何减塑""如何替塑""如何循塑"等问题，既是政策落地的技术难点，亦是学术界亟待攻克的科学命题。在此背景下，设计学作为连接创新技术与产业实践的关键学科，亟需以系统化思维探索包装减塑的底层逻辑与实践范式，为破解"限塑"困局提供兼具理论深度与应用价值的解决方案。

　　本书是国家社科基金艺术学项目（批准号：20BG114）的结题成果，亦是国内首部系统构建包装减塑设计理论体系与实践模型的学术著作。研究团队基于"新限塑令"政策导向与行业痛点，以"源头减量—过程优化—末端替代"为研究主线，通过跨学科交叉研究与实证分析，构建了覆盖包装全生命周期的减塑设计理论框架。在理论层面，创新提出"共享化设计方法论""增强型结构评价体系""替代品创新策略矩阵"等核心概念；在实践层面，开发出百余款具有商业转化潜力的减塑替代品，形成可复制的行业解决方案。这些成果不仅填补了包装减塑设计领域的学术空白，更通过产学研协同创新，为行业转型提供了切实可行的实施路径。

　　全书内容分为上、下两篇：上篇聚焦理论建构，系统阐释周转型包装的共享化设计机制、不可替代性包装的减量化评价体系、可替代性包装的产品化创新策略；下篇立足实践突破，针对电商、外卖、快消等重点领域，开展

1

六类典型包装的专题研究，形成从概念设计到技术落地的完整闭环。附录部分收录的原创设计案例，既是理论研究的可视化呈现，亦为业界提供了可直接借鉴的创新样本。尤为值得一提的是，本书提出的"效用等价"原则，突破了传统减塑设计单纯追求物理减量的局限，通过功能补偿与体验优化，在确保包装效能的前提下实现环保目标，这一理念对可持续包装设计具有范式革新意义。

在研究方法上，本书开创性地将设计学思维融入包装工程领域，借助用户体验地图挖掘减塑痛点。这种跨学科融合不仅拓展了设计学的研究领域，更通过技术赋能实现了减塑设计从"经验驱动"向"数据驱动"的跃迁。研究过程中形成的"材料性能数据库""结构优化参数模型"等，为后续研究提供了重要的基础支撑。

需要特别说明的是，包装减塑既是一项技术工程，更是一场社会实验。本书虽在理论模型构建与设计方法创新方面取得突破，但受限于行业发展阶段与技术成熟度，部分方案仍需在实践中持续迭代优化。我们期待通过本书的出版，引发学界对"设计驱动型环境治理"的深度讨论，激发更多跨界合作与创新实践。

本书的完成得益于国家社科基金的资助，以及课题组全体成员的智慧贡献。在研究过程中，我们与数十家企业的技术合作，使理论构想得以接受市场检验；与环保组织的持续对话，则不断校准着研究的价值导向。在此，谨向所有支持本研究的机构与个人致以诚挚谢意。期待本书能为我国塑料污染治理提供新的认知视角，为全球可持续发展贡献中国设计学者的解决方案。

目 录

|上篇　理论篇|

绪 论

第一节
限塑与"限塑令"的出台

一 限塑的必然性与可能性

20世纪末至今，塑料在包装业的四大材料中一直占据重要位置，大约占据30%的市场份额，[①]而塑料制品则以其价格低廉、性能优良、品种繁多的产品特性及优势，成为我们日常生活中难以割舍的易耗品之一，特别是在中国食品、日用品、工农业品、快递物流等领域中，更是发挥着重要作用。国家统计局相关数据显示，中国2021年塑料产量为1亿多吨，占据全球塑料总产量的25%，而规模以上塑料制品产量则超过了8000万吨。其中，塑料薄膜产量1608.71万吨，占比20.1%；日用塑料产量701.53万吨，占比8.76%；人造合成革产量320.16万吨，占比4%；泡沫塑料产量260.09万吨，占比3.25%；其他塑料产量5113.49万吨，占比63.89%。[②]此外，2021年中国塑料制品行业表观需求量更是达到了5635.03万吨，全球占比约为15%，但是生物可降解塑料消费量所占全球比重仍较小，仅约4.6%。如果按每年15%的塑料废弃量计算，全世界年塑料废弃量将超过6000万吨，而中国的年塑料废弃量也将达到845万吨以上，其中废弃塑料在垃圾中的占比约为40%。[③]

[①] 杨涛：《对塑料包装环境污染相关问题的思考》，《塑料包装》2020年第5期。
[②] 智研咨询：《2021年中国塑料制品行业产量、需求量发展现状及塑料制品行业前景趋势分析》，https://caifuhao.eastmoney.com/news/20220723090922704418560，2022年7月23日。
[③] 蒋莹：《最严"限塑令"力促产业发展升级》，《中国发展观察》2021年第Z1期。

1

　　塑料包材的广泛应用虽然在中国包装工业的发展中具有举足轻重的作用，但塑料制品在给人们日常生活与消费提供便利的同时，其发展背后的隐患也越发凸显。根据相关机构预测，2060年全球范围内产生的塑料垃圾，将达每年1.55亿—2.65亿吨，而这些塑料垃圾大部分会被填埋、焚烧或流入海洋，给生态环境带来巨大压力。[①]加之，随着世界环保形势的恶化，塑料废弃物的污染及其生物危害性等问题，也越发成为全球范围内备受关注的环境保护议题。

　　首先要面对的便是其塑料制品废弃物回收、处理困难，容易造成环境污染的问题。一方面，由于缺乏有效的管理手段和有力的政策干预及法律处罚，塑料行业普遍存在相互压价、恶性竞争，[②]以及使用再生料、填充料生产假冒伪劣产品，制作有毒包装制品等行为屡见不鲜，混乱、放任自流的行业生产现状及发展趋势，无疑是塑料废弃物回收难、转化利用效率低的主要缘由之一；另一方面，由于塑料制品的成分大部分是石油基聚合物，其在环境中难以自然降解，且材料质轻，容易随风散落到各处环境当中，塑料垃圾触目惊心，这不仅会破坏周边生态环境的整体美感而造成视觉污染，还会对大气环境和水土资源造成巨大的潜在危害，例如塑料焚烧时会产生有毒气体，影响空气质量；使土壤环境恶化，导致农作物减产；会危害海洋生物生存和影响人体身心健康；等等。如若污染势头得不到控制，无论是繁华城镇，还是偏远山村，都将成为塑料垃圾的污染灾区，生态隐患十分严峻。由此可见，塑料制品废弃物造成的"白色污染"，已然成为我们当下生态环境管制下所亟待解决的问题。鉴于此，全球范围内对于整治塑料制品污染问题的呼声也越发强烈，目前已有越来越多的国家和地区加入限塑行列中，中国也正为限制塑料制品的生产、销售、使用等问题而做出积极努力。

---

① 《限塑十多年，塑料垃圾依然无处可投？》，再生塑料网，https://www.163.com/dy/article/GT4VQ98F0552D035.html，2022年1月7日。
② 彭艳霞、潘云、张友胜：《一把双刃剑——塑料材质在包装设计中的应用》，《包装世界》2011年第5期。

可以预见的是，在当前及未来的很长一段时间里，"限塑、禁塑、替塑"的浪潮必将在全球范围内掀起。而结合中国实际状况，由国家发展改革委、生态环境部印发的《"十四五"塑料污染治理行动方案》，更是正式打响了未来5年全国对塑料污染整治的发令枪，为中国持续开展"限塑"专项整治行动，有序推进绿色替代产品推广和使用，创造良好条件和坚实基础。此外，随着中国国民经济持续快速增长，以及社会群体责任意识的提升，国内环保材料行业也迎来了更好的发展前景及政策支持，可持续创新材料及创新技术在包装行业中也将得到更大范围的应用及拓展，而居民环保意识的整体提升，也为中国有效开展限塑专项行动方案夯实了群众基础。由此来看，中国限塑事业的发展，是具备必然性及可能性的。

二　"限塑令"的出台与实施

早在20世纪90年代初，欧美等发达国家首开整治塑料制品污染问题的先河，在其相关政策条例及技术研发等方面付诸实践的同时，中国已然意识到国内治理"白色污染"及塑料废弃物问题的重要性及紧迫性。但限于当时中国经济发展环境的需要以及相关技术研发条件不成熟等因素，而未能全面付诸实践，只是在部分行业领域中逐步淘汰落后生产能力、工艺和产品等方面，进行初步尝试与探索，以此为国内限塑治理所需条件争取发展时间与空间。而截至目前，中国在整治塑料制品污染问题的道路上已走过了二十多个年头，仍未停息，相关制度体系与技术手段也日益得到完善，虽然在执行限塑行动过程中仍存在一定问题与难度，但总体上来说，还是具有推动中国限塑治理研究长足发展，指引中国包装行业全面深化改革，走深走实可持续发展道路的重要作用。

（一）"限塑令"的出台

自中华人民共和国成立以来，中国环境规制政策体系经历了从无到有、从起步构建到全面提升的发展历程；政策理念也经历了从"污染防治观"到

"生态文明观"的演变。[①] 鉴于塑料制品的过度生产、使用及其废弃物的随意丢弃或不恰当处理而产生的一系列生态环境问题，中国关于"限塑"方面的多项环境规制政策应运而生，力求实现从政策干预到全民共治的美好愿景。早在1999年国家经贸委就颁发了《淘汰落后生产能力、工艺和产品的目录（第一批）》文件，规定2000年底前全面禁止生产和使用一次性发泡塑料餐饮具。[②] 这表明，在20世纪末，中国政府就已有执行限塑行动的决心，同时也是中国限塑之路的正式开启，关于保护生态环境方面的一系列规章、制度及政策文件相继出台。影响面最大的，要数国务院办公厅于2007年12月31日发布的《关于限制生产销售使用塑料购物袋的通知》和国家发展改革委联合生态环境部于2020年1月16日发布的《关于进一步加强塑料污染治理的意见》。前者是为了限制和减少塑料袋的使用，遏制"白色污染"；而后者则要求在2025年前完善塑料制品生产、流通、消费和回收处置等环节的管理制度，对不可降解塑料逐渐禁止、限制使用。因此，这也标志着中国政府对治理塑料污染方面的政策态度，从"限塑"转向"禁塑"，不再局限于塑料袋的范畴，真正意义上开始了对所有塑料制品的限制。

相比欧美发达国家而言，中国针对限塑治理问题的研究起步较晚，发展周期短，相关政策条例、法律法规以及技术研发手段尚未完善、成熟，目前仍以阶段式目标发展战略为主。因此，综合中国限塑治理实际情况，笔者根据中国限塑政策条例及其相关法律法规的出台情况，按照其发展历程中的重要发展阶段与时间节点，对中国包装限塑减塑制度的变迁进行总结与介绍，并将其具体划分为起步阶段、发展阶段、完善阶段三个阶段，对其不同阶段的政策内容及要求进行详细解读与分析。具体内容如下。

第一，起步阶段。改革开放初期，中国原料工业体系尚未建立，加之受限于国内工业原料开采方式落后、相关生产技术条件不成熟等因素，国内制

---

① 张小筠、刘戒骄：《新中国70年环境规制政策变迁与取向观察》，《改革》2019年第10期。
② 《联合国出手，历史性"限塑令"要来了》，虎嗅网，https://tech.ifeng.com/c/8E8uRpd78s0，2022年3月5日。

造业和建筑业发展所需原料储备无法得到满足，而经过处理的发达国家垃圾正好可以满足这一需求。[①] 因此，中国不得以采取进口"洋垃圾"再处理的方式来获取部分工业生产原料（如塑料、纸张、混凝土等），用于满足国内制造业和建筑业发展所需。凡事有利必有弊，在获取部分可再利用工业原料的同时，也剩余了大量无用垃圾，而这些无用垃圾最终也必得由我们国家进行处理，因此不管是采取填埋、焚烧或是其他处理方式，也都势必会对中国生态环境造成巨大影响。相关数据统计显示，中国在进口"洋垃圾"时期，国外约有70%的塑料废物被运送至中国进行处理，[②] 而中国塑料总产量也在快速提升，1990年，合成树脂产量已达到226.8万吨，占全世界总产量的2.29%。[③] 因此，在内外因素的双重作用下，虽然中国该时期的国内经济生产总值得到快速提升，一定程度上满足了中国相关行业发展所需，但同时我们也为此付出了巨大的生态环境代价。正因如此，如何寻求一条国内经济发展与生态环境保护的协调之道，促进人与自然的和谐共生，成为中国建设中国式现代化道路中亟须解决的一个重要问题。虽然自1972年中国参加联合国第一次人类环境会议，召开第一次全国环境保护会议通过《关于保护和改善环境的若干规定（试行）》后，也陆续出台及推行了《工业"三废"排放试行标准》《中华人民共和国环境保护法（试行）》以及《关于在国民经济调整时期加强环境保护工作的决定》等重要法规标准政策[④]，但由于受发展阶段、意识理念等限制，仍多数是从宏观层面上的政策干预手段，并未涉及塑料废弃物污染治理的核心问题，直至1987年联合国提出"可持续发展"理论，倡导全世界关注环境问题，减少塑料对生态环境的污染时，中国才当即意识到整治国内

---

① 南京松木潜水：《中国为什么要进口洋垃圾》，知乎网，https://zhuanlan.zhihu.com/p/72626247，2019年7月8日。
② 马占峰、张冰：《2008年中国塑料回收再生利用行业状况》，《中国塑料》2009年第7期。
③ 《中国塑料行业历史发展回顾与展望》，聚风塑料网，http://www.w7000.com/newsinfo/76577.html，2021年5月7日。
④ 《生态文明的中国道路》，求是网，http://www.qstheory.cn/dukan/qs/2019-11/01/c_1125178887.htm，2019年11月1日。

"白色污染"及其塑料废弃物污染问题的紧迫性与重要性。为此，截至1991年，中国共制定并颁布了12部资源环境法律、20多份行政法规、20多份部门规章，其中包括国务院分别于1984年、1990年颁布的《关于环境保护工作的决定》《关于进一步加强环境保护工作的决定》。1989年4月底，在第三次全国环境保护会议上，环境保护三大政策和八项管理制度的提出，初步建立了中国环境管理政策体系，特别是目标责任制、排污收费制度、"三同时"制度与环境影响评价制度等政策，影响深远。[①]不仅如此，为了防治固体废物污染环境，促进经济社会可持续发展，由中华人民共和国第八届全国人民代表大会常务委员会第十六次会议于1995年10月30日通过的《中华人民共和国固体废物污染环境防治法》中，从法律层面确立了生产者延伸责任制，即污染者需承担起相应的污染防治责任；而在2016年11月7日的修正版中，更是补充了有关生产者延伸责任的条款，规定了国家对部分产品、包装物实行强制回收制度。[②]除此之外，为了进一步应对塑料危机，加强塑料制品生产、使用及销售的管理，中华人民共和国经济贸易委员会（以下简称国家经贸委）在1999年颁布了中国首个限制塑料制品使用的政策文件——《淘汰落后生产能力、工艺和产品的目录（第一批）》，规定了在2000年底前全面禁止生产和使用一次性发泡塑料餐饮具，[③]这既是中国在整治塑料制品污染问题方面做出的第一次限塑尝试，也是中国相关限塑制度初步开始的标志。

第二，发展阶段。进入21世纪以来，中国生产力发展迅速，社会经济及人们生活水平显著提升，与此同时，塑料包装所造成的环境污染问题也愈加严重，塑料包装回收缺乏系统性、没有明确的回收指标及民众回收环保意识薄弱等问题相继出现，保护环境刻不容缓。加之中国加入世界贸易组织

---

① 《中国环境战略与政策发展进程、特点及展望》，求是网，http://www.qstheory.cn/，2019年11月29日。
② 《中华人民共和国固体废物污染环境防治法（2016年11月7日修正版）》，中华人民共和国生态环境部网站，https://www.mee.gov.cn/ywgz/fgbz/fl/200412/t20041229_65299.shtml，2016年11月7日。
③ 《联合国出手，历史性"限塑令"要来了》，虎嗅网，https://tech.ifeng.com/c/8E8uRpd78s0，2022年3月5日。

（WTO）后，开始深度参与全球化进程，国际贸易往来进一步加强，欧美产品大量进入中国市场，同时中国产品也大量出口至欧美。深入的贸易往来在促进中国经济发展的同时，也在一定程度上推动了包装减塑制度及产品包装标准的完善。一方面，中国产品不得不适应欧美国家市场的准入标准，提高产品质量；另一方面，面对欧美国家产品进入中国以及国内产品大量消费所造成的环境问题，国家不得不参照欧美国家标准进行相应的管控。此外，面对严峻的全球塑料污染问题，中国也在对外开放中全面履行国际义务，彰显大国担当，在生态建设方面也开始积极参与国际生态环境治理。与此同时，国内包装废弃物等塑料污染也愈加严重，为了进一步落实包装限塑，中国积极借鉴欧美等国家的限塑经验，相继出台了更为严格的包装减塑相关政策，努力减少塑料包装废弃物对环境的影响，包装减塑制度也得以进一步发展。

2007年，国务院办公厅发布了《关于限制生产销售使用塑料购物袋的通知》（以下简称《通知》），最先限制的是厚度小于0.025mm的塑料袋，并要求企业生产耐用且易回收的塑料袋，到2015年为止，超市、商场的塑料购物袋普遍减少了2/3以上；在制度方面，采用的是塑料袋有偿使用的制度，塑料袋的有偿使用最早产生于2016年的德国，德国这项举措有效地将塑料袋消费量减少了64%。中国这项以收费倒逼塑料袋减量措施的实施在一定程度上限制了实体商超的塑料消费行为，但在一些不发达地区塑料袋的有偿使用使得限塑变成了变相"卖塑"。2018年央广网、《人民日报》等评论指出，2007年《通知》的实施效果不尽如人意，需要尽快更新限塑令以适应新发展。借鉴国外的经验，一些方案逐步被提出，例如使用聚乳酸（PLA）作为替代塑料的材料、加强塑料包装废弃物回收利用和循环再生以及塑料制品[①]的押金回收制度等，这些对于国外成功经验的借鉴进一步推动了中国塑料污染治理的进程。

第三，完善阶段。自党的十八大以来，中国首次正式提出"生态文明

---

① 《〈关于进一步加强塑料污染治理的意见〉公布》，《绿色包装》2020年第2期。

建设"，并在十八届五中全会上提出"绿色发展理念"，其中"绿水青山就是金山银山"理念更是深入人心，其进一步深刻阐释了生态环境对于中国经济社会发展的重要意义，而"绿色"也越来越成为高质量发展的底色。不仅如此，党的十九大更是将建设生态文明提升为千年大计，将"美丽"纳入强国目标之中，并提出"五位一体"总体布局，[①] 在生态文明建设方面，要加快生态文明体制改革，建设美丽中国。而如今，"绿色发展，促进人与自然和谐共生"已然成为社会热点议题，新时代新征程，如何持续推进绿色转型？生态系统保护和修复以什么为抓手？积极稳妥推进碳达峰碳中和如何落实到具体生产中？对此，习近平总书记在党的二十大报告中作出了"必须牢固树立和践行绿水青山就是金山银山的理念，站在人与自然和谐共生的高度谋划发展"的重要指示，其中还包括了"加快发展方式绿色转型；深入推进环境污染防治；提升生态系统多样性、稳定性、持续性；积极稳妥推进碳达峰碳中和"等方面的具体落实方针。[②] 由此来看，致力于生态文明建设的生态强国战略作为新生力量登上了中国战略发展的舞台，是满足推进经济社会高质量发展的要求，有利于人与自然和谐发展，实现建设美丽新中国的百年目标的关键。与此同时，中国积极开展各项减塑工作，转变减塑政策思路，开始从"限塑"走向"禁塑"。各地方政府也积极开展包装减塑制度构建与实践工作，并取得一定成效，为中央政府减塑制度的完善提供了重要的参考价值，同时对于中国包装减塑制度的完善也具有重要意义。2024年是中国自2008年正式限塑以来的第16年，包装减塑制度也在随着国家发展进步而得到逐步发展与完善，这一历程也充分体现了中国坚持构建命运共同体，走可持续发展之路的生态强国发展理念。

2020年国家发展改革委联合生态环境部发布的《关于进一步加强塑料污

---

① 周园园：《"限塑令"到"禁塑令"——基于历史制度主义的分析视角》，《国际公关》2021年第9期。

② 《党的二十大代表热议绿色发展　促进人与自然和谐共生》，千龙网，http://china.qianlong.com/zhuanti/zg20da/jsxw/2022/1022/7728465.shtml，2022年10月22日。

染治理的意见》（以下简称《意见》）要求进一步禁止、限制部分塑料的生产、销售和使用，积极推广替代产品，规范塑料废弃物回收利用，建立健全塑料制品生产、流通、使用、回收处置等环节的管理制度，有力有序有效治理塑料污染。[①]该政策的要求在2007年限塑政策的基础上有了进一步的提升，2022年必须明显减少一次性塑料制品的消费量，推广替代品；更新物流模式达到塑料减量和绿色物流；2025年建立塑料制品全链条环节的管理制度，形成多元共治体系。而继《意见》之后，2020年7月国家发展改革委等九部委联合发布了《关于扎实推进塑料污染治理工作的通知》，明确了禁限不可降解塑料袋、一次性塑料餐具、一次性塑料吸管等一次性塑料制品的政策边界和执行要求；[②]2021年9月印发了《"十四五"塑料污染治理行动方案》，进一步完善了塑料污染全链条治理体系，细化了塑料使用源头减量，塑料垃圾清理、回收、再生利用、科学处置等方面部署，推动塑料污染治理持续深入。[③]

除此之外，自2020年1月新版"禁塑令"出台后，省级禁塑政策出台明显加快，多个省份也陆续发布了当地的"禁塑令"[④]，并将于2022年推广全省，2025年达成全省禁塑的目标，进而实现禁塑政策在全国大范围铺开。例如，海南省2020年底实施《海南经济特区禁止一次性不可降解塑料制品规定》，全省全面禁止生产、销售和使用一次性不可降解塑料袋、塑料餐具；北京市2021年发布《北京市"十四五"时期生态环境保护规划》，提出要实施重点行业减塑行动，其中包括建立完善塑料污染治理标准体系，有序禁止部分塑料制品的生产和销售，严控塑料废弃物向自然环境泄漏；《黑龙江省加快推进快递包装绿色转型的意见》明确，到2025年，黑龙江省全面禁用不可降解的塑料包

---

① 王光镇、丁问微、刘鸿志：《英国塑料污染防治对策与〈英国塑料公约〉的进展》，《世界环境》2020年第4期。

② 佚名：《可降解塑料研发取得新进展，有望迎来快速增长》，《中国包装》2021年第6期。

③ 陆娅楠：《〈"十四五"塑料污染治理行动方案〉进一步完善全链条治理体系：控源头　重回收　抓末端》，《人民日报》2021年10月27日第17版。

④ 杭州机汽猫：《2020最严"禁塑令"，各省市禁塑行动一览》，https://www.bilibili，2020年9月15日。

装物，快递包装基本实现绿色转型。[①]诸如此类的还有《山西省禁止不可降解一次性塑料制品规定》《浙江省邮件快件过度包装和随意包装治理工作方案（2021—2022年）》《四川省机场集团有限公司民航行业塑料污染治理行动计划（2021—2025年）》等。这也预示着国内塑料制品产能即将进入调整期，未来不可降解产能将有所收缩，可降解塑料行业有望实现高速发展。[②]

通过对国内外包装减塑制度的发展历程的梳理可以看出，国外相关限塑制度的制定与发展在很多方面都为我们提供了诸多经验与教训，从初期的间接限塑，到后期直接针对包装实施的减塑方针不难看出，要想很好地实现包装减塑，不仅要在末端提高塑料的回收率塑料，还要在使用过程中增加塑料的使用寿命，更要在塑料制造的源头减少石油能源的消耗。简而言之，就是利用循环的理念，对塑料进行循环回收、循环利用和源头减量，以解决塑料废弃物对环境的污染和塑料重复利用的问题。末端处理的方式难以有效应对一次性塑料污染飞速增长的问题。但在循环经济思路下，从前端治理下手解决问题，配合商业模式创新、政策法规约束、经济杠杆激励，以及公众消费转型，在政府、企业和公众多方参与下开展源头减量才是未来可持续发展之道。[③]因此，我们需要根据中国现行的污染现状，特别是针对新业态，展开减塑设计理论与应用研究。减塑、限塑、禁塑，可以从材料学、管理学、法学等领域展开研究，但是综合来说，如果不从源头进行治理，即使研发出可降解塑料材料或者提出相关强制性法规，也属于"治标不治本"。笔者认为，要想从根源上进行塑料污染治理，必须研发出能够替代塑料，并不损害企业和用户直接利益的可行性产品或者模式，其中设计是关键环节。因此，本书基于设计源头，对塑料包装的可行性减塑或者替代方式、模式进行研究，以期提出"成本等同，效益超越"的超附加值替代产品和创新模式。

---

① 陈荟词：《全社会行动起来　打赢塑料污染治理"持久战"》，《中国经济导报》2022年6月7日第1版。

② 罗克研：《从"限塑令"到"禁塑令"》，《中国质量万里行》2020年第10期。

③ 颜毓洁、王艳：《全球掀起"禁塑"风暴》，《生态经济》2019年第1期。

（二）实施的效果及存在问题

1. 实施效果

综观限塑之路十余年，"限塑令"的颁布与实施，不仅有助于减少"白色污染"，而且对于推动中国生态文明建设也起着十分重要的作用。在颁布实施之初，其受到了社会各界环保人士的大力支持，特别是在商品零售场所，如超市、商场等领域中，一次性塑料袋的使用量明显减少。另外，调查显示，在2008年限塑令实施前，中国社会居民每天需要消耗大约30亿个塑料购物袋，平均每人使用两个塑料购物袋。[1]而在政策颁布之后，从2008年到2015年，中国商业超市的塑料购物袋使用量，有效减少了2/3以上，累计减少塑料购物袋140万吨左右。[2]此外，在2009年之后，中国塑料袋消费量一直保持在80万吨以下；在2015年之后，塑料袋消费量已减少至70万吨左右。[3]

值得注意的是，各大媒体曾报道限塑政策实施效果明显，特别是大型超市、购物商场。[4]但实际上，在具体的监督检查过程中，可能仍然存在盲区，从而导致政策实施十多年的时间里，社会对塑料袋使用总量的需求并未减少，特别是农贸市场、流动摊位仍存在大量使用塑料袋的现象。其中，使用回收废塑料而制成的有色塑料袋，也在各种批发市场和路边摊位等区域被大量使用。此外，在中国农村和偏远地区，相关实施助力的宣传力度不到位，导致人们对"限塑令"了解不全面，造成了政策实施开展的困难性。国家相关数据显示，2008—2018年，塑料制品产量持续保持增长态势，尽管增速有所放缓，但累计增长量仍在2014年突破了7000万吨，年人均塑料制品消费

---

[1] 刘明月：《上海明年元旦起商场超市将不再提供塑料袋，降解塑料袋是未来所需趋势吗？》，中研网，https://www.chinairn.com/hyzx/20201224/10223929.shtml，2020年12月24日。

[2] 《发展改革委：限塑令取得明显成效，将完善政策措施》，中华人民共和国中央人民政府网站，http://www.gov.cn/gzdt/2009-08/26/content_1401767.htm，2009年8月26日。

[3] 《限塑，从"要我限"到"我要限"》，《中国质量报》2020年12月8日第2版。

[4] 魏黎明：《我国"限塑令"政策执行分析与路径选择》，硕士学位论文，天津财经大学，2017年。

量超过40千克，首次超过世界人均水平。[①]虽然从2008年"限塑令"实施两年以来塑料袋占生活垃圾比例呈下降趋势，降速最快的阶段是在2008年政策刚开始实施到2009年这段时间里，使用量下降情况明显，为1.8%，证明了"限塑"初期政策实施效果比较理想。但是到了2011年，塑料袋的使用情况出现"回潮"，并且塑料袋占生活垃圾的7.84%，未能保持持续下降的趋势。[②]

与此同时，在电商新兴产业的助推下，塑料制品产量出现了快速增长趋势。相关数据显示，中国网民人数从2008年的2.9亿已增长到2018年的8.3亿，网络购物的用户规模达到6.1亿。[③]而这种互联网消费模式的发展，使塑料制品的消费量持续增长。其中，塑料制品消耗量最为惊人的当数快递物流业。据调查，2018年中国消耗编织袋就约有60亿条、塑料封套38.9亿个、塑料袋250亿个、胶带450亿米等，光胶带的使用量就足足可以绕地球近1000圈。加之，在快递运输过程中，为了保障产品的物流配送安全性，商家不惜过度包装，从而造成资源浪费，塑料废弃物增多。

总体来说，"限塑令"在颁布实施过程中，因受到多个因素的影响与阻碍，其限塑实施效果仍然有限，而中国塑料制品使用量也仍未得到较大的改善。作为一个"高塑化"的社会，塑料由于可塑性和流动性无处不在，我们也必须从多角度出发，寻找限塑受阻的原因，扫清阻碍，推动资源节约型和环境友好型"两型"社会发展，为我们和我们的子孙后代留住"绿水青山"。

2. 存在问题

作为公共环保政策，"限塑令"的实施反映了中国政府以人民群众的利益为导向的执政理念。[④]政策还要依靠相关执行主体来实现最终目标。而根据近十余年的限塑路径实况分析，其政策并未发挥出真正的作用，"白色垃圾"仍在

---

① 曹慧：《新版"限塑令"，限制了什么？又将促进什么？》，《中华纸业》2020年第7期。
② 魏黎明：《我国"限塑令"政策执行分析与路径选择》，硕士学位论文，天津财经大学，2017年。
③ 曹慧：《新版"限塑令"，限制了什么？又将促进什么？》，《中华纸业》2020年第7期。
④ 魏黎明：《我国"限塑令"政策执行分析与路径选择》，硕士学位论文，天津财经大学，2017年。

大量流通，公众的环保行为意识并未觉醒，政策执行力度和效果在逐渐减退，致使限塑路径阻碍较多。究其缘由，我们将从政策制定、落实执行和监督管理三个维度进行分析，发现至少存在以下突出问题。

首先，从政策制定角度来说：一是从2008年版的《商品零售场所塑料购物袋有偿使用管理办法》及《关于限制生产销售使用塑料购物袋的通知》到2020年版的《关于进一步加强塑料污染治理的意见》均以规章制度为主，其法律地位不足容易造成部分执行主体存在侥幸心理，从而影响政策的实施。二是限塑各主体环保责任分摊不均，特别是在政府、企业、消费者之间未分配合理的环保责任，从而未能解决消费者在限塑环保行为中的主要经济成本问题，而塑料制品生产厂和销售商却可以从限塑政策中获利，从而造成政府、企业、消费者之间环保责任失衡问题的发生。此外，该政策尚未出台塑料制品的绿色设计规范，也就是说，在塑料产品设计、生产流通、消费、回收处理中，并未将其纳入塑料制品全生命周期进行考虑，从而造成塑料制品各生命周期阶段环保责任分配不均。三是塑料垃圾末端回收管控政策、经济手段覆盖不全面。限塑政策仅强调了加强塑料废弃物的回收再利用和塑料回收基础设施建设，但对塑料回收行业并未出台与之相关的具体塑料回收优惠政策，例如税收优惠或是财政补贴等。由于目前中国塑料回收行业所面临的是原料供给少、回收成本高、回收利润低、相应扶持政策少等困境，从而严重阻碍了塑料回收行业的发展，导致该行业废旧塑料回收和资源利用的积极性明显下降，不利于政策整体目标的推进落实。①

其次，从政策落实执行的角度来说：一是该阶段在政策实施过程中，环保执行参与者的获利不均，即利益攸关者参与不足。具体来说，"限塑令"在落实执行过程中，各主体的利益诉求得不到回应，从而会产生负面情绪，增加了政策执行的阻力。二是外卖行业、快递行业以及可降解塑料行业等新兴行业缺乏塑料应用的行业规范，虽有相关限塑意识，但在生产、销售、流

---

① 陈继军：《中国石油和化学工业联合会向塑料回收利用发起首个全行业行动》，https://mp.weixin.qq.com/s/UPZcSOmq3Kl5q0pkFoJ4wA，2021年12月27日。

通、使用过程中仍存在塑料应用混乱的现象。特别是在外卖行业中，塑料垃圾未得到有效回收，对消费者的塑料使用意识未能做出正确引导，从而阻碍了"一次性塑料餐具减量30%"目标的实现。另外，对市场中所出现的各种可降解塑料应用极为混乱，缺乏可降解塑料行业标准和规范，从而阻碍了部分替代品的推广和应用。三是"限塑令"存在政策执行上的管控"盲区"。从最初的《关于限制生产销售使用塑料购物袋的通知》鼓励商场、超市"限塑"，到《关于进一步加强塑料污染治理的意见》是鼓励有条件的城乡接合部、乡镇和农村地区等，对其所属的零售场所、集市等禁止使用不可降解塑料制品。[①]其限塑政策管控范围仍旧片面，相关监管部门执法松懈，而这也严重抵消了"限塑令"在全国范围内的推行效率和效果。[②]

最后，从政策的监督管理角度来说：一是监管效力在地方有被"弱化"的可能，导致垂直监管效果有所减弱。[③]二是公众的监管参与度不足。公众参与监管的意识较为缺乏，相关部门对公众的监管意识宣传不到位，或是缺乏有效的奖励措施刺激公众监管意识；公众参与监管缺乏法律保障，[④]相关部门并未制定出较为完善的监管法律体系，公众对其参与监管的法律知识尚不明晰；公众作为消费者对塑料制品的便利性仍然较为依赖，并对其危害性认知不足，导致参与监管的主动性和积极性较差等。

第二节
欧美国家的"限塑令"与包装问题治理

包装作为全球塑料垃圾的主要来源，包装问题治理早就引起了世界各国

---

① 国家发展改革委：《国家发展改革委生态环境部关于进一步加强塑料污染治理的意见》，国家发展改革委网站，http://www.gov.cn/zhengce/zhengceku/2020–01/20/content_5470895.htm，2021年12月27日。
② 李欢、朱龙、沈茜：《我国塑料污染防治政策分析与建议》，《环境科学》2022年第11期。
③ 周适：《环境监管的他国镜鉴与对策选择》，《改革》2015年第4期。
④ 周适：《环境监管的他国镜鉴与对策选择》，《改革》2015年第4期。

政府和环境保护组织的高度重视。20世纪以来，为了治理因塑料废弃产生的环境问题，欧美等发达国家和世界环境保护组织不仅出台了相关政策制度，而且进行了一系列的理论探索和实际治理行动。不可否认的是，这些做法和行动取得了积极成效，不仅在一定程度上缓解了塑料污染的问题，而且于包装角度而言，更为重要的是在主客观上均推动了各类减塑方案在包装领域的实施与实践。回顾人类对"塑料"问题的解决方案，从限塑政令的阶段性广泛实施，到学术领域的减塑理论探索，再到包装减塑设计的大量实践，其背后隐含的是人类在特定时代的思考和认识，既有其进步性，也有其局限性。但不管怎样，都意味着全球范围内尤其是改革开放以来的中国，正在进行一场关乎人类环境保护的包装减塑运动。在新的时代背景下，特别是伴随着"新限塑令"在中国的深入实施，全面审视并反思这一历史过程，无疑有助于从过去汲取前进的经验与智慧，从而助力设计视角的包装减塑行动。

严格意义上来说，人类历史上的第一份减塑政令，是德国于1991年颁布并实施的《包装废弃物管理法》（简称《包装条例》）。这部法令旨在控制和减少包装废弃物的数量，是世界上第一个关于包装废弃物减量化和倡导包装废弃物循环利用的管理法规，[1]施行的初衷是延伸生产者责任制度，即将包装废弃物的处理责任由政府分摊给了生产者、供货商等企业。[2]此后，很多欧美发达国家也相继出台了相关的政策与制度。与此同时，生产生活领域的塑料应用问题也引起了社会的广泛关注与讨论。尽管观点莫衷一是，但人们对于塑料所带来的负面影响，已然开始重视。从第一份限塑政令颁布至今，世界范围内与包装减塑相关的政策与制度，不仅难计其数，而且更迭频繁。历史地看，这些制度都从生态环保的角度出发，由间接涉及限塑问题，到直接指出限塑问题，限塑政策内容也逐步精细化。制度的变迁意味着观念的革故鼎新，与特定时代、特定国家的特定情况等因素息息相关。

---

① 王文君：《我国城市生活垃圾分类法律制度研究》，硕士学位论文，安徽财经大学，2021年。
② 刘晓：《德国生活垃圾管理及垃圾分类经验借鉴》，《世界环境》2019年第5期。

    工业发展与环境保护之间的矛盾是在社会进步的过程中逐渐显现的，在这一进程中，欧美各国关于包装减塑制度也是逐步细化并完善的。这既是工业发展与环境保护之间的矛盾逐步深化的必然结果，也是人类环保意识逐渐觉醒的过程，欧美等发达国家的减塑制度变迁大致历程如表0-1所示。

表0-1   欧美等发达国家的减塑制度变迁

年份	国家/地区	制度名称	制度内容	影响
1965	美国	《固体废弃物处理法案》	合理地回收利用工业危险废弃物	最早关于工业危险废弃物的法律
1970	日本	《固体废弃物管理和公共清洁法》	规范日本废弃物的处理	
1972	德国	《废弃物处理法》	在生产中尽量避免废弃物的产生	循环经济理念开始萌芽
1975	欧盟	《废弃物规制法案》（75/422/EEC）	对废弃物进行了定义	是欧盟固体废弃物领域最重要的法案之一
1976	美国	《美国资源保护与回收法案》（RCRA）	重新建立国家的固体废弃物管理系统	
1991	德国	《包装废弃物管理法》	包装投入市场流通的制造者、包装者、经销者承担回收和循环利用责任	实现包装废弃物资源的回收和循环
1994	欧盟	《包装和包装废弃物指令》（94/62/EC）	管理包装市场有序运行，减少包装对环境的影响	
1994	德国	《循环经济和废物处置法》	促使更多的物质资料保持在生产圈内	对废物清除行业起到了明显的推动作用
1995	日本	《容器包装回收利用法》	规定包装容器回收的类别，增加产品使用寿命	
2000	日本	《循环型社会形成推进基本法》	提出建设循环型社会	提出循环型社会的发展方式
2008	欧盟	《废弃物框架指令》（2008/98/EC）	明确定义废弃物的循环的流程	
2018	欧盟	《废弃物框架指令》（2008/98/EC）	增加"扩大生产者责任计划"确保生产者承担产品生命周期责任	

续表

年份	国家/地区	制度名称	制度内容	影响
2018	英国	《废物管理责任：实施规范》	建立全链条塑料循环经济，规划法令的实施范围，描述了废弃物回收的几种过程	
2019	欧盟	《关于减少某些塑料对环境的影响》（2019/904）	应充分尊重再使用、修复和回收的需求，明确"一次性塑料产品"的定义	
2021	欧盟	最终版《一次性塑料产品指南》	执行（2019/904）文件	
2021	德国	《包装废弃物管理法》修正案	商家需要接受电商平台和物流企业的监督检查并提供已遵守包装法规定的证明，否则其产品将不允许在德国销售	将电商平台和物流企业加入其中

一　间接相关的包装减塑制度

20世纪50年代到70年代，欧美并未形成直接针对包装塑料污染问题方面的减塑政策，也尚未形成单独且完善的包装法律，大部分政策内容只对一般的污染物或废弃物进行了笼统的、大范围的归类，而包装废弃物的相关环保政策也只是在环境法或固体废弃物等相关法律中稍有提及。到了80年代，全球贸易的飞速发展加快了全球化进程，使得各个国家之间的贸易往来更加紧密，尤其是非欧美国家产品进入欧美，造成了大量包装废弃物，欧美国家首先加快了有关包装问题治理及包装减塑制度的形成步伐。

对于欧盟来讲，西欧六国在1957年签订的《欧洲原子能共同体条约》，最早将环保问题写入条约，但也仅仅在单一条目中提及，该条约的核心目标是建立统一的生产标准，[①]并没有明确的环境保护规定。1965年，美国颁布了《固体废弃物处理法案》，指出危险固体废弃物处置低效回收不当，产生不必要的浪费和耗竭，需要联邦政府通过财政及技术援助等相关手段在全国范围

---

① 张永亮、郭林将：《欧盟环保"双绿指令"及其启示》，《生态经济》2008年第4期。

内减少工业危险废弃物和不可回收材料的数量，[1]但这一法律在当时并没有引起足够的重视，直到产生社会公害事件之后才重新修订。1967年，欧盟又出台了一项名为《危险物质分类、标签和包装指令》（67/548/EEC）用于规范危险物质的分类，规范标签和包装的生产，限制危险物质的流通界限。二战后，德国为了尽快恢复国民经济，在苏联和西欧马歇尔计划的支持下，大力发展经济，并逐渐恢复到战前水平，不计后果的短期高强度发展产生了大量环境问题。因此，德国在1972年制定了《废弃物处理法》单行法，对废弃物进行了定义，规定在生产中尽量避免废弃物的产生，对已有废弃物尽可能地再利用并回到生产建设中，该法律是最早有关废弃物减塑的法律，标志着废弃物减塑开始以法律形式实施，循环经济理念开始萌芽。

1975年，欧盟颁布《废弃物规制法案》（75/422/EEC）对废弃物进行定义，并配套《废物焚烧指令》《包装废物指令》以及《废物填埋指令》等多项指令，后经过多次修正，成为欧盟固体废弃物领域最重要的法案之一。美国1976年将《固体废弃物处理法案》修订为《美国资源保护与回收法案》（RCRA）重新建立了国家的固体废物管理系统，并为当时的危险废物管理项目设置了基本框架。[2]欧美有关包装减塑的立法始于丹麦。丹麦先后在1981年和1984年通过第397号法令规定和第95号修改法令，其内容主要是对可回收包装进行收费，这标志着欧美有关包装方面的立法初具雏形。但该法令存在一些争议，因此，还不能够完全称得上是包装减塑法令。此外，德国也是较早设立相关废弃物法律的国家之一。1986年德国颁布了《废物防止和管理法》规定了垃圾减量、回收、回用的一般义务，开始将废物减量和能源再利用理念落实到环境治理上来，确立了废物预防和再生利用优先于废物处理的原则。直到1991年，德国制定了《防止和再生利用包装废物条例》及其修正案，该条例最显著的特征是要求把包装投入市场流通的制造者、包装者、经

---

① United States Environmental Protection Agency, "Solid Waste Disposal Act of 1965 (PDF)", https://www.govinfo.gov/content/pkg/STATUTE-79/pdf/STATUTE-79-Pg992-2.pdf.
② 胡华龙、罗庆明：《从新固废法反观国际经验》，《中国生态文明》2020年第4期。

销者承担回收和循环利用责任，^①实现包装废弃物资源的回收和循环，这标志着环境保护相关的立法开始逐步细化至包装领域。

至此，受德国影响，欧美国家有关包装减塑方面的立法开始逐步走上历史舞台。丹麦瓶子案和德国包装法令直接影响欧盟在包装方面的立法。为了解决贸易以及环境保护问题，欧盟在1994年发布了《包装和包装废弃物指令》（94/62/EC），目的在于确保欧盟各成员国内部包装市场的有序运行，减少贸易壁垒，也为了减少包装废弃物尤其是塑料包装对环境的影响，但是该法律只关注包装回收和包装再生指标，没有限制包装废物总量及类别，因此并没有良好的实施效果。德国于1994年颁布《循环经济和废物处置法》，进一步落实包装减量化和资源循环，提高能源回收利用率，该法令经过两年过渡后于1996年正式生效，该法主要目标是促使更多的物质资料保持在生产圈内，生产过程中避免产生废弃物，并且要求对已经产生的废物进行循环使用和最终资源化的处置。

欧盟发布包装指令后，各成员国也依据规定将指令要求转化为本国包装减塑法律，例如英国1998年颁布《包装基本要求条例》、1999年颁布《包装废物生产者责任义务》、2002年实施《可再生能源义务法令》等。这些政策发布后，2007年伦敦市通过一项法案，商店禁止提供免费塑料袋，如确有需要，则要缴纳15便士的税费，英国此举动目的在于鼓励消费者使用环保袋，减少塑料购物袋所造成的污染，^②2015年7月，英国政府发布了《废弃物分类和评估指南》，该指南针对塑料包装分类回收进行了详细说明，以更好地指导民众如何使用及回收塑料。至此，欧美等发达国家关于环境保护方面的立法已经渐趋完善并逐步涉及包装领域，与包装减塑间接相关的法律制度也日益增多。

受欧美国家影响，亚洲发达国家在致力于环境保护立法的过程中也逐步开始设立包装环保减塑相关方面的法律。例如，日本由于其国土面积狭小，

① 陈晋：《德国对垃圾废物的立法》，北京法院网，http://bjgy.bjccurt.gov.cn，2007年7月24日。
② 王光镇、丁问微、刘鸿志：《英国塑料污染防治对策与〈英国塑料公约〉的进展》，《世界环境》2020年第4期。

资源匮乏且人口密集，20世纪50年代到60年代经济快速发展引发大量的环境污染问题，[①]因此日本政府在1970年制定了《固体废弃物管理和公共清洁法》，用来规范日本废弃物的处理，实施生活垃圾收费制度，此条法律颁布后，日本又相继出台了具体的资源回收法律和措施。21世纪前，日本的废弃物治理大多以末端治理为主，如于1991年先后发布《资源有效利用推进法》和修订《废弃物处理法》，在1995年颁布的《容器包装回收利用法》规定了包装容器回收的类别，增加产品的使用寿命以减少资源消耗，以上法律颁布后日本开始着手循环型社会构建。21世纪以来，日本开始逐步重视包装废弃物的回收利用。

韩国的工业发展要晚于日本，但在20世纪70年代迅速抓住欧美工业转移机遇，从落后的农业国转变为工业化国家，到90年代，不计代价地发展工业生产，造成环境严重污染，[②]韩国政府于1995年制定了《关于促进资源节约利用的法律实施规则》的规定，这是一项有关限制塑料制品使用的法规，规定在商场不能使用聚氯乙烯塑料袋，1升以下的矿泉水瓶，由PET瓶改为玻璃瓶等，违反以上规定3次将被罚款40万韩元，[③]这项措施仅仅只是列出了相关塑料限制的规定，并没有很好的实施效果。2019年，韩国正式开始实施《资源循环利用法》修正案，禁止有色饮料包装的使用、禁止氯乙烯（PVC）材质的使用等。亚洲发达国家关于环境保护立法的起步较晚，但由于可以充分借鉴欧美发达国家的经验与教训，因此限塑进程较快，相关的法律制度的制定相对来说也更加细致和完善。

与包装减塑间接相关的制度法规的建立始于工业化发展相对较快的欧美各国，这些制度法规的发展变化主要基于其工业化发展进程中所遇到的环境问题，随着塑料制品在日常生活中应用范围越来越广，塑料包装等塑

---

① 胡华龙、罗庆明：《从新固废法反观国际经验》，《中国生态文明》2020年第4期。
② 金裕景、司林波：《韩国环境保护政策实施状况、特征及启示》，《长春理工大学学报》（社会科学版）2014年第7期。
③ 佚名：《韩国重新制定有关塑料制品使用的法规》，《国外塑料》1995年第3期。

料废弃物的持续堆积使得生态环境遭到了越来越严重的破坏，人们的环保意识也逐渐从固体废弃物的治理层面逐步转移到塑料污染治理层面，并开始进一步细化至塑料包装领域，此后，越来越多的包装减塑制度开始走上国际舞台。

二　直接相关的包装减塑制度

进入21世纪，环保已经成为大众广泛关注的话题，加之世界塑料污染问题日益严重，全球范围内的塑料污染治理逐渐被提上日程。以往的限塑政策虽初见成效，但相对于塑料污染的扩展速度与加深程度而言仍是不尽如人意。各国政府不得不转变治理思路，开始从包装行业本身及包装全生命周期范围内寻求更为有效的解决之道，力求为包装减塑提供更强有力的约束与更为明确的发展方向，因此与包装减塑直接相关的法律制度也逐渐增多并日益完善。中国在这一时期也进一步缩小了与发达国家的限塑差距，开始借鉴发达国家的限塑经验，因地制宜地开展包装减塑工作。

2000年，日本为促进废弃物循环发布《循环型社会形成推进基本法》，[①]提出建设循环型社会，并指出循环型社会的发展方式如抑制废弃物产生、重复使用、再生利用、热回收、环境负荷和适当的责任分担等，但"循环型社会"仅仅是一个理念，要考虑到循环资源在技术上的处理难度，以及各方面循环的可能性，循环社会需要一代代的人共同努力，不仅需要生产、消费、贸易多环节以及国家层面等多方面的参与，[②]还需要群众摆脱高消费欲望，当前社会才能逐渐转变为循环型社会。除基本法外，日本2001年的《资源有效利用促进法》和《绿色采购法》等用来综合管理废物处置和再生资源循环利用。

2012年，德国重新修订了《循环经济和废物处置法》，并更名为《循环

---

① 甘艳婧、徐波：《国外城市生活垃圾收费制度的演进及对我国的启示》，《经济研究参考》2020年第21期。
② 郑少华：《从对峙走向和谐：循环型社会法的形成》，博士学位论文，华东政法大学，2004年。

经济法》(*Circular Economy Act*)在全德实施，①定义了循环经济的基本要素。2015年，欧盟修订了《关于减少轻型塑料购物袋消耗的指令》，②该指令要求各成员国避免使用厚度低于50微米的轻质塑料袋，在2019年12月31日前，每人每年使用的轻型塑料购物袋不超过90个，2025年底不超过40个。2017年，德国通过了新包装法*VerpackG*，创立包装注册制度，将快递运输包装纳入范围，实施更高的回收目标和管控，增加了可回收包装的种类，还要求上架的饮料必须在其外包装上注明是一次性还是重复使用。③

2018年在德国最新发布的《德国固废管理2018》报告中，明确提出法律法规建设是推动循环经济和废弃物管理的基础，其中对于垃圾管理避免产生—再次使用—物质回收—能量回收—处理处置的五级程序，及污染者付费原则的要求是核心。英国于2018年发布了一则《废物管理责任：实施规范》的文件，希望将整个塑料产业链中的企业和政府联合起来，建立全链条的塑料循环经济，将原本直接废弃塑料转变为经济发展的手段，规划了该法令的实施范围与人群，即生产者、运送者、经销商、代理商和管理者，将法令的实施范围划定到各类人群，明确各群体关于废弃物的义务范围，描述废弃物回收的几个过程，包括恢复利用、预备再使用、再循环、处置等方面；④同年，发布《英国塑料公约》，该公约是由非政府组织自发的合作项目，联合塑料生产全链条的公司和资源持有者，发展循环经济，解决塑料从生产到回收全线污染问题。

---

① 周昱、徐晓晶、保嶽：《德国〈循环经济法〉的发展与经验借鉴》，《环境与可持续发展》2019年第3期。

② Directive (EU) 2015/720 of the European Parliament and of the Council of 29 April 2015 amending Directive 94/62/EC as regards reducing the consumption of lightweight plastic carrier bags (Text with EEA relevance), https://eur-lex.europa.eu/legal-content/EN/TXT/PDF/?uri=CELEX:32015L0720&-from=EN.

③ 陈卓：《快递包装回收中生产者责任延伸制度的责任承担——德国新包装法的启示》，《连云港职业技术学院学报》2021年第4期。

④ Department for Environment, "Food & Rural Affairs and Environment Agency, Waste Duty of Care Code of Practice", https://www.gov.uk/government/publications/waste-duty-of-care-code-of-practice.

2018年欧盟修改《废弃物框架指令》（2008/98/EC），指令修改目标在于改进废物管理，将废弃物转变为可持续物质，推广循环经济以减少欧盟对进口资源的依赖，增强经济长期竞争力，增加"扩大生产者责任计划"以确保产品生产者对产品生命周期浪费阶段承担责任；[1]此外，欧盟还修改了《包装和包装废弃物指令》（94/62/EC）以提高包装废弃物的再利用率，目标是到2025年底回收最少65%的包装废弃物，2030年最低回收70%。[2]2018年7月欧盟又发布了一项名为《欧洲塑料在循环经济中的策略》（2018/2035（INI））的决议，该决议对7月前所有关于塑料循环和废物处理的文件进行了总结和回答，提出塑料问题的关键挑战是以负责任和可持续的方式生产和使用塑料，新技术和替代方案的研究创新起着重要作用，欧盟应利用当前政治势头，转向可持续的循环塑料经济。[3]2019年，欧盟发布了《关于减少某些塑料对环境的影响》（2019/904），该文件表示在循环经济中，塑料和塑料产品的设计和生产应充分尊重再使用、修复和回收的需求，关注海洋塑料污染问题，明确"一次性塑料产品"的定义，旨在从2021年7月开始禁止投放使用9种一次性塑料制品，[4]包括饮料搅拌棒、塑料刀叉勺、塑料吸管、塑料盘、塑料棉签棒和气球棒等。[5]2021年，欧盟发布了最终版的《一次性塑料产品指

---

[1] THE EUROPEAN PARLIAMENT AND THE COUNCIL OF THE EUROPEANUNION, "Directive (EU) 2018/851 of the European Parliament and of the Council of 30May 2018 amending Directive 2008/98/EC on waste (Text with EEA relevance)", https://eur-lex.europa.eu/legal-content/EN/TXT/PDF/?uri=CELEX:32018L0851&from=EN.

[2] THE EUROPEAN PARLIAMENT AND THE COUNCIL OF THE EUROPEANUNION, "Directive (EU) 2018/852 of the European Parliament and of the Council of 30 May 2018 amending Directive 94/62/EC on packaging and packaging waste (Text with EEA relevance)", https://eur-lex.europa.eu/legal-content/EN/TXT/PDF/?uri=CELEX:32018L0852&from=EN.

[3] European Parliament, "REPORT on a European strategy for plastics in a circulareconomy", https://www.europarl.europa.eu/doceo/document/A-8-2018-0262_EN.pdf, 2018-07-16.

[4] 蔡国先、王琳、黄越：《全球"限塑"要求对民航业的挑战与应对》，《民航管理》2021年第11期。

[5] THE EUROPEAN PARLIAMENT AND THE COUNCIL OF THE EUROPEANUNION, "Directive (EU) 2019/904 of the European Parliament and of the Council of 5 June 2019 on the reduction of the impact of certain plastic products on the environment (Text with EEA relevance)", https://eur-lex.europa.eu/legal-content/EN/TXT/PDF/?uri=CELEX:32019L0904&from=EN，2019-06-12.

南》，以执行欧盟关于一次性塑料产品的第2019/904号指令，该指南提出将循环经济从领先者提升到主流经济参与者，它宣布了产品整个生命周期的倡议，例如，针对产品的设计，加快循环经济进程，促进可持续消费，并确保所使用的资源尽可能长时间地留在欧盟经济中。

欧美国家工业化起步早、发展快，在国家发展早期塑料包装的使用上也会比普通发展中国家要多，经过欧美各国的环保实践，包装减塑制度已经初步形成合理的管理体系，在包装"生命周期思想"的影响下，欧美各国迅速建立起包装回收和包装废弃物管理的系统，出现了包装减塑管理的具体措施，包括生产者责任计划、污染者付费原则、强调中间商和中小企业重要性、消费者预付费以及押金返回制度等。对于欧美国家内部而言，包装减塑制度的颁布在一定程度上减少了贸易壁垒，同时也为经济发展提供了一定的生态保障；而从发展中国家视角来看，尽管在当时形成了一定的"绿色壁垒"，影响了发展中国家与发达国家之间的贸易往来，而也恰恰因此在客观上倒逼以中国为代表的发展中国家，必须制定相应政策及法规来改变现有产品出口标准，这其中就包括包装标准的重新制定，同时也在一定程度上推动了发展中国家在包装限塑方面的发展。总的来说，由间接相关到直接相关的包装减塑制度的确立，在为欧美等发达国家及各发展中国家提供了较为系统的塑料污染治理经验及教训的同时，也在全球范围内促进了包装减塑意识的觉醒。

第三节
包装减塑设计的理论逻辑与实践经验

发展是人类生存的永恒主题，人类在面对一系列相继出现的环境问题时，开始对传统发展观进行深刻反省，在生态环境保护及能源资源节约方面积极采取策略，不仅通过制定和完善与保护环境、治理污染等相关的法律法规、制度政策来减少工业社会对生态环境造成的破坏，在设计理论与实践方面，也同样取得了很多研究成果及实践经验。一方面，关于包装减塑设计的理论逻辑。至少可从三个方面进行理解：一是聚焦包装本体层面，即包装物质层面的减塑设计理论；二是针对包装非物质层面，即信息技术对于包装减塑设计的积极意义；三是关注体制构建层面，即包装回收体系及回收机制的进展情况。另一方面，包装减塑设计的实践经验。主要基于包装设计实践案例进行分析，着重从新型材料的创新应用、减塑方案的创新设计、全周期回收循环体系三个方面，把握不同阶段设计创新方向及特征，总结减塑设计的现状与问题，并剖析其发展变化背后的推动力及商业逻辑。

一　包装减塑设计的理论逻辑

（一）包装物质层减塑设计理论

1. 绿色包装设计理论

包装物质层的减塑设计理论主要有绿色包装设计、生态包装设计、低碳包装设计及可持续包装设计等理论，这几种减塑设计理论层层递进却又平行共生，在设计理论随着时代发展变化不断丰富的过程中衍生而来。

自工业革命以来，蓬勃发展的传统工业生产在为人类创造丰富的物质生活的同时，也加速了自然资源和能源的消耗，对生态环境造成了极大的破坏。最早对此进行反思的是美国设计理论家维克多（Victor Papanek），他在20世纪70年代初出版的专著《为真实世界而设计》（*Design for the Real World*）引起了极大的争议。维克多首次提出了设计与生态环境的关系，呼吁设计者应该认真关注地球有限资源的使用，努力保护地球的环境。遗憾的是，当时理解并认同其观点的人并不多。70年代全球"能源危机"爆发后，维克多的"有限资源论"才得到人们普遍的认可。自此，以可持续发展的理念为出发点和最终归宿的绿色设计理论得到了越来越多人的关注和认同。[①]绿色包装概念最早源于1987年联合国环境与发展委员会发表的文件——《我们

---

① 倪瀚：《绿色设计——21世纪工业设计发展的必然》，《上海理工大学学报》（社会科学版）2006年第2期。

共同的未来》；1992年，在里约热内卢举行的联合国环境与发展会议通过《21世纪议程》，第一次把绿色设计由理论和概念推向行动，从而使可持续发展理念在国际社会上得到空前的认同。绿色包装的具体含义是指，对生态环境和人类健康无害，能重复使用和再生，符合可持续发展的包装，也被称为生态包装和环境友好包装。其包装要求具体表现为两个方面，即保护环境与节约资源，而其深层内涵则随着时间的推移经历了一系列发展。20世纪80年代中期至90年代初期，"3R1D原则"的出现，才使绿色包装增添了新的内涵，即除了总体要求上考虑包装废弃物对环境的影响之外，还应在设计及制造包装时，在材料选择及利用层面做到包装减量化（reduce）、包装再利用（reuse）、材料可循环再生（recycle）及包装可降解（degradable）。到了20世纪90年代中后期，随着生命周期评价（life cycle analysis，LCA）方法的引入，[①] 可持续设计原则被提出，可持续设计将关注点延伸至产品整个生命周期，涉及原料、生产、销售、回收等全流程，可持续设计理念的提出进一步完善了绿色包装的内涵，其设计原则进一步延伸为"5R1D"，即增加了可再生（regenerate）及无危害（refuse）原则，以保证包装设计、生产、使用的整个生命周期都不会对环境和人体造成危害。[②]

从21世纪开始，人们逐渐意识到企业生产对绿色包装的重要性。与全面普及绿色知识相比，引导生产企业认识到绿色的重要性，并着手改进，使致力于可持续发展的相关企业从中受益更具可行性。2012年，SPC（可持续包装联盟）在美国和加拿大先后启动了"How2Recycle"项目计划，力图宣传推广，让更多人了解包装的可持续发展理念，为包装行业探索有意义的解决方案。2014年，闭环基金会（Closed Loop Fund）宣布通过提高回收率为城市创造经济价值。2015年，回收合作伙伴关系组织（The Recycling Partnership）启动"路边回收"计划；艾伦·麦克阿瑟基金会（Ellen MacArthur Foundation）发起了"新塑料经济"项目，从以上两项举措都可看

① 邓巧云、聂济世、徐丽：《绿色包装与智能包装结合探析》，《包装学报》2021年第2期。
② 邓巧云、聂济世、徐丽：《绿色包装与智能包装结合探析》，《包装学报》2021年第2期。

出，企业期望人们对可持续发展理念的宣传推广作出回应。2016 年，可持续包装联盟发布了《关于可回收利用的集中研究报告》，报告显示，只有一半的美国人能够获得垃圾回收利用服务，这代表许多人不得不为回收服务或在社区内使用垃圾场支付额外的费用。2017 年，《国家地理》发表了《Planet or Plastic——拒绝塑料星球》文章，向公众展示了有关海洋塑料污染的危害，引起了公众对环境问题的关注。2018 年，艾伦·麦克阿瑟基金会与联合国环境规划署联合发起了"新塑料经济全球承诺"行动倡议，尝试从源头推动可持续的循环塑料经济的发展，提出减少使用不必要的塑料、开发可重复使用的材料相关理念。2019 年，可持续包装联盟对近 100 个品牌商和零售商的可持续包装进行了分类，并撰写了一份再生材料设计指南，为商家的包装材料回收提供参考。①

综上所述，可持续设计理念是对绿色设计、生态设计的补充和延伸，可持续设计将绿色设计理念范畴扩展至经济、科技、文化、生态等社会的全面发展层面，不仅强调自然环境的可持续，还关注社会发展的可持续，试图在社会发展和自然环境之间寻找和建立一种平衡的永续发展关系。②对于包装行业来说，绿色包装设计理论契合了国家的绿色发展要求，为包装行业的可持续化发展提供了理论指引，未来随着全民环保意识的提升及科技发展进步，绿色包装设计必定会拥有更为广阔的发展前景。

2．包装减量设计理论

包装减量化设计主要是指在产品包装设计过程中通过减少包装材料的重量、面积和数量，以及简化包装造型、结构、装潢等来实现生产与流通、消费与使用过程的节能环保。③随着工业化进程加快及社会发展进步，塑料的生

---

① 丛冠华：《绿色包装设计的发展趋势》，《现代食品》2021年第13期。
② 荣明芹：《可持续设计理念在环境设计专业中的应用与实践》，《安徽建筑》2020年第10期。
③ 雷梦琳：《无印良品产品包装的减量化设计研究》，硕士学位论文，湖南工业大学，2018年。

产与使用量大幅增长，同时带来的资源浪费与环境污染等问题也愈加严重[1]，绿色包装设计理论也逐渐扩展到更为细致的减量设计方面。

2005年，欧盟国家颁布了欧盟第94/62/EC号指令，指出减量设计的最终目的是减少资源和能源消耗，包装减量设计的第一步就是禁止过度包装，防止大量包装垃圾产生。随后，诸多发达国家的包装企业开始进行包装减量设计理论与实践方面的研究，力图在保障商品包装基本功能的条件下，尽量简化包装的结构、造型及装饰，以减少包装材料尤其是塑料材料的使用。其中，澳大利亚的爱德华·凡尼森和广裕仁的《绿色包装设计》开创性提出绿色包装系统，系统运行过程中，包装产品生产日期、产销过程均能实现合理优化，运行效果通过大量实例反映出来，进而激发设计人员"绿色思想"，形成"绿色观念"，最终实现"绿色包装"。

周浩明、芬兰的拜卡·高靳文玛、刘新的《持续之道》是中西设计文化的碰撞，诞生于清华大学美术学院与西方设计强国芬兰顶级大学中的阿尔托艺术与设计学院于2011年10月27日，在清华大学美术学院共同主办的"持续之道：全球化背景下可持续艺术设计战略"国际研讨会，探讨了可持续设计新思路。[2]随着国际社会对于包装减量设计理论研究的推进，中国首先针对食品及化妆品行业颁布了《限制商品过度包装要求食品化妆品》，于2010年4月1日起正式实施，并于2021年进行修订。该标准对食品、化妆品的销售包装作了强制性规定，要求包装层数、孔隙率和成本必须在规定范围内。2015年，中国又颁布了《限制商品过度包装通则》，从包装材质、包装层数、包装间隙率等多个方面对包装减量设计作了详细规定。

除政策法规外，众多学者也针对包装减量化设计进行了深入研究，如郑宣、曹国荣在《包装减量化现状及思考》中，主要探讨国内外包装减量化发展情况，同时阐述薄壁化等方法，为减量化目标达成提供技术支持，给减

---

① 王程昱：《全生命周期视角下共享快递包装模块化设计研究》，硕士学位论文，湖南工业大学，2021年。

② 关会玲：《减量化理念的绿色包装设计研究》，《绿色包装》2020年第12期。

量化包装的操作提供了新思路；黄秀玲、徐兰萍、李明在《包装的减量与环保及案例分析》中结合了具体案例解释说明包装的减量和环保，通过具体实例 Sealed Air、Ang Newspapers 和 Nike 公司的具体包装措施，并结合图例和数据进一步说明了这些公司如何节约资源、实现包装的循环利用和再生和环保；除上述文献以外，汤文杰的《谈谈可持续包装》，梁燕君的《我国绿色包装的现状及可持续发展方向》，何敏丽、罗媛静、舒祖菊、孙广辉的《包装废弃物减量化管理现状及体系构建》，吴玉萍的《城市生活固体废弃物源头减量化管理探讨——以过度包装为例》等研究都提出了减量化包装的重要性以及如何进行减量化包装设计。①

近年来，国内外对于包装减量化设计理论的研究更加深入，并总结出包装减量化设计应遵循的五个原则：第一，减少包装的层数、缩小的包装体积；第二，采用绿色易降解的包装材料；第三，限制包装材料的使用数量；第四，提高包装的周转率，完善包装可回收工作，并且合理使用回收包装，进行再加工完成二次使用确保资源节能；第五，注重消费者环保意识的宣传，大力推进包装减量化进程，让包装减量化理念根植于心。②

具体来说，包装减量化设计理论主要涉及包装材料、包装结构与造型、包装装潢三个方面。对于包装材料减量设计来说，要减少包装材料用量，提升包装材料性能，尤其是减少塑料等有害包装材料的使用，加强对新型环保材料与技术的研发应用。对于包装结构与造型减量设计来说，造型与结构设计关系密切，优势互补，要减少不必要的造型设计，优化包装功能结构，以简化包装层级，优化包装资源配置。对于包装装潢减量设计来说，主要是协调处理包装图形、文字、色彩之间的相互关系，充分利用视觉符号，优化包装信息传达效果，通过最少的油墨印刷达到视觉审美与促销功能的完美融合。

随着绿色包装、生态包装、可持续包装及减量化包装等绿色包装设计理论的发展进步，包装的减塑设计理论进一步得到丰富和发展，同时也给设计

---

① 关会玲：《减量化理念的绿色包装设计研究》，《绿色包装》2020年第12期。
② 全心怡、徐慕云、谭志：《浅谈包装减量化现状及实现途径》，《大众文艺》2017年第6期。

师提出了更高的要求。但是减塑设计理论不仅仅适用于包装设计层面，想要深入贯彻落实包装减塑设计实践，需要形成一种自上而下的合力，政府要重视，全行业要推广，包装产业更要秉承可持续发展的理念，打造低碳环保的包装设计产业链。此外，还需要广大民众积极响应减塑生活理念，并践行无塑生活实践，共同推动包装行业减量化、绿色化及可持续化发展。

3．共享包装设计理论

随着社会发展进步，共享经济逐渐走上国际社会经济发展的舞台，共享经济是社会经济发展到一定阶段的产物，是根植于信息化社会生产力的新型经济发展模式。①共享经济改变了人们的生产生活方式，不仅方便了人们的生活，而且实现了资源的有效利用。在共享经济涉足领域不断拓展的背景下，包装行业也不断尝试契合共享经济发展需求，引入共享设计理念，实现包装资源的有效利用及多次循环使用，以解决包装领域出现的资源浪费及环境污染等问题。共享包装设计理念主要强调包装设计的共享性、通用性等特征，是指通过最大化增加包装的使用次数，实现包装单次成本的最低化、资源利用的最大化。无论从现阶段的共享经济驱动，还是产业转型需求，基于共享经济背景下的共享包装设计理论无疑成为②包装行绿色化、生态化发展的全新探索领域。

关于共享包装设计的研究，欧美等发达国家起步较早，且大多出现于快递物流行业，20世纪90年代，一些发达国家纷纷通过制定相关政策法规，对回收包装废弃物行为作了强制性规定，但并未出现可循环利用的快递包装的普遍推行，少数物流企业推出了类似可循环利用的共享包装。如芬兰设计师③、外层空间的B计划的创办人约恩内·黑尔格伦（Jonne Hellgren），为芬兰某物流公

① 任朝旺、任玉娜：《共享经济的实质：社会生产总过程视角》，《经济纵横》2021年第10期。
② 王程昱：《全生命周期视角下共享快递包装模块化设计研究》，硕士学位论文，湖南工业大学，2021年。
③ 江葵燕、罗惠欣、叶宏锦：《苏宁共享快递盒的运作优化研究》，《现代商贸工业》2019年第16期。

司设计的一款名为"REPACK"的可循环共享包装，是全球首个能重复使用的可持续包装服务，可以让消费者方便地退回网购物流包装以供商家循环使用，目前已有来自芬兰、瑞典、丹麦、德国和荷兰等超过40家网络电商企业正在使用这项服务。REPACK由外袋和缓冲内层两部分组成，分别由聚酯纤维和微孔聚氨酯材质制成，在很大程度上加强了REPACK共享物流包装的强度及物理性能，使得每个共享包装至少可重复使用20次，进而减少80%—90%的快递包装垃圾。

在中国，关于共享包装设计的研究起步较晚，且主要停留在相关理论研究层面，近年才出现共享包装设计案例。由于中国快递物流行业发展迅猛，快递包装所产生的资源浪费及环境污染问题对中国的绿水青山造成了严重的破坏[①]，所以关于共享包装的设计实践主要围绕物流行业展开。2010年，陆薇的《包装容器租赁共享模式的研究》一文主要论述了在可持续设计的大背景下，汽车制造企业供应链中包装设计的租赁共享化配置与管理模式，通过对汽车包装租赁共享模式的探讨，分析了租赁服务模式为汽车制造行业带来的经济效益。这种租赁共享模式可以说是共享包装设计理论的雏形，对于今后的共享包装设计研究具有重要的参考价值。2017年，京东物流正式投入使用了可以回收循环使用的"绿盒子"——青流箱[②]，采用可复用材料制成，不同于传统的瓦楞纸箱，在派件完成后可回收利用箱体，正常情况下可以循环使用20次以上，破损后还可以"回炉重造"。目前，支持可循环包装青流箱进行配送的商品种类数量已达数万个，涵盖美妆、食品、手机、网络配件、数码配件、办公用品等。[③]此外，苏宁也开始了共享快递的试水，推出了苏宁"青城计划"，依托苏宁小店上线的快递包装社区回收站，让快递包装二次利

---

① 王程昱：《全生命周期视角下共享快递包装模块化设计研究》，硕士学位论文，湖南工业大学，2021年。

② 江葵燕、罗惠欣、叶宏锦：《苏宁共享快递盒的运作优化研究》，《现代商贸工业》2019年第16期。

③ 佚名：《京东青流箱可循环20次以上》，《绿色包装》2019年第4期。

用率超过30%，①且在全国范围内苏宁快递的胶带减宽、减量填充物等绿色减量化包装也实现了100%覆盖。

综上所述，虽然中国不少物流企业已经开始了共享包装的创新应用，且在包装减塑及减少物流行业塑料污染方面也做出了积极贡献，但目前来讲，物流企业的共享快递所适用的商品品类及地域范围都相对有限，尚未得到普遍推广和广泛应用，这一点还需要物流行业及相关产业相互合作，不断探索出更为完善的共享包装运作模式。相信随着共享经济的发展及减塑设计理念的推行，共享包装的设计与应用必将逐渐由物流行业普及到包装行业的各个领域，带动全行业积极响应中国的限塑战略，为新时代绿色包装的可持续发展做出积极贡献。

（二）包装非物质层减塑设计理论

在生态环境保护与社会发展进步的矛盾与共生中，随着信息技术的进步与变革，人类文明也逐渐从工业时代的物质文明向后工业时代的非物质文明过渡，②在传统的物质设计始终不能很好地解决环境保护与社会发展之间的矛盾时，基于新兴信息技术的非物质设计逐渐走上国际舞台，非物质设计的概念最早源于20世纪80年代，西方设计学界首次提出非物质设计的理念，到了20世纪90年代中期，非物质设计引起了国内外设计学者的兴趣与关注。1995年3月，通过国际工业设计学术会议，第一次把"非物质"纳入设计学研讨领域。非物质设计是时代发展的需要，是人类文明自身的发展需求，也是设计发展到今日的必然产物。③本节主要针对非物质设计的理念，探讨新兴信息技术在包装减塑设计理论中的创新应用。信息技术的多元融合在包装设计发展过程中主要体现在AR（增强现实）、VR（虚拟现实）、MR（混合现实）等技术在包装设

---

① 《仓配行业2019年发展现状与2020年展望》，载《中国仓储配送行业发展报告（2020）》，中国商业出版社2020年版。
② 杨媛媛：《非物质文化的可持续发展与本土设计创新》，硕士学位论文，湖南大学，2008年。
③ 孙卉：《浅谈对非物质设计的认识》，《艺术科技》2017年第4期。

计中的创新应用，打造出的一种去包装化、无包装化及包装数字化等包装减塑新模式。

　　一方面，随着低碳经济建设的发展，"无包装"作为一种全新的包装设计创新发展方向日益得到重视，不仅符合绿色生态发展需求的包装行业发展方向，同时也为包装减塑设计提供全新设计思路。其中，就目前设计应用情况来看，"无包装"购物模式设计，当以美国的 Ingredients 无包装杂货店、Rainbow 无包装杂货店以及英国的 Unpackaged 无包装百货商店等设计案例为典型。① 此外，在设计理论研究方面，近年来也有很多专家学者开始了更为细致的"无包装"模式的探索，例如在减少儿童玩具塑料包装的使用方面，提出了儿童玩具的包装无塑化、去包装化等理论。②

　　另一方面，随着科学技术进步及信息技术的发展，包装非物质层减塑理论研究也增添了新内容，尤其是 AR、VR、MR 等新型数字技术在包装设计中的叠加应用，开启了包装非物质层减塑设计理论的全新方向。在此，我们主要从虚拟数字技术助力包装减塑设计发展方面对近年的典型文献进行梳理总结。其中，关于数字技术在包装设计中的应用研究方面，国内相关学者早在 2014 年就已通过对传统包装设计和数字技术下包装设计的特征比较，详细论述了包装技术从现实到虚拟的发展、静态到动态的展示，以及消费者从被动接受到主动参与的变化等包装的新特征；③ 到了 2016 年，则有通过分析微交互技术对虚拟数字化包装产业发展的重要影响，提出有形包装与无形包装相结合、实体包装与虚拟包装相统一的未来包装方向发展的新猜想。④ 而在此基础上，2017 年，更是有学者从 AR 技术在扩展包装展示维度的分析研究中，为绿色包装设计创新提供了一种能够丰富消费者与包装之间的交互方式的可

---

① 李琛、李晓旭：《低碳经济时代"无包装"购物模式分析》，《包装工程》2015 年第 23 期。
② 佚名：《零塑料和无包装成为玩具业新趋势》，《中国包装》2020 年第 4 期。
③ 冯文博：《数字技术下包装设计发展特征探析》，《包装工程》2014 年第 6 期。
④ 王宽宇、张永年、胡文娟：《论微交互设计模式对虚拟数字化包装发展的意义》，《包装工程》2016 年第 16 期。

持续设计思路。① 此外，2018年一项关于AR在智能包装中的应用趋势研究不仅为我们阐述了AR技术为智能包装设计带来的互动体验，还从AR技术在不同包装材质上的应用、扩大包装产品信息传递面、增强包装产品社交化、突破传统包装营销应用效果、替代传统纸质说明书等方面，为我们重点介绍了AR在智能包装中的应用趋势情况。② 同年，北京理工大学硕士毕业生在一项关于面向用户体验的虚拟购物城的构建研究中，针对VR技术在包装行业的创新应用问题，分别从人机交互、品牌文化、用户体验三方面分析了VR技术所搭建出的虚拟空间，对于变革包装展示形式、丰富消费者购物体验等方面的重要意义，为包装行业的减塑设计、绿色设计以及可持续设计提供了全新的发展方向。③ 与此同时，2019年，笔者探索了AR技术在包装中的应用优势和方向，归纳了AR技术包装的一般设计流程及设计应用原则，通过分析AR技术的实现原理、技术特点和现实基础，得出AR技术在包装上的应用优势及功能特性，并结合实际案例总结出AR技术在包装上的一般设计流程及设计应用原则，为AR技术在包装上的实际应用提供了理论指引。④ 2020年，塞缪尔·斯奎尔（Samuel Squire）在 "Labelling and packaging: Through the looking glass – AR wine labels" 一文中分析了AR包装在酒包装中的创新应用，并提出AR技术的叠加应用既可以创新酒包装的信息展示形式，还可以节约包装资源，⑤ 改善包装材料造成的环境污染等问题，进而提升品牌魅力。

综上所述，虽然目前虚拟数字技术在包装设计中的创新应用尚处于起步阶段，且关于信息技术的应用在包装减塑设计方面的意义与作用也尚未形成成熟的理论体系及实践成果，但包装信息的非物质化转移无疑是5G时代下解决包装材料污染及资源浪费的有效途径，虚拟信息技术的叠加应用可以将

① 廖巍、林琳：《基于增强现实技术（Augmented Reality——AR）的包装设计创意维度研究》，《包装世界》2017年第6期。
② 程雁飞：《增强现实在智能包装中的应用趋势》，《包装工程》2018年第7期。
③ 田启：《面向用户体验的虚拟购物城的构建》，硕士学位论文，北京理工大学，2018年。
④ 柯胜海、郭盼旺：《AR技术在包装上的应用研究》，《包装工程》2019年第12期。
⑤ 柯胜海、王远志：《结构驱动式包装设计》，《包装工程》2020年第4期。

包装的信息展示从实体包装转移到虚拟空间，以数字化的形式来进行信息传达。如此一来，便可以避免设计者为了提升包装本体的附加价值而在材料、结构、装潢等方面进行过度设计，进而减少包装资源的浪费，减少塑料包装及印刷给环境带来的污染。同时，数字化包装也是5G时代下包装行业转型升级的重要发展方向之一。

（三）回收体系与回收机制构建

在包装减塑设计理论中，回收体系与回收机制理论是在循环经济背景下产生的一种绿色设计与生产模式，循环经济又称物质闭环流动型经济，是一种"资源—产品—再生资源"的反馈式或闭环流动的经济形式。[①] 其是以"减量化（reduce）、再使用（reuse）、再循环（recycle）"即"3R原则"为经济活动的基本操作原则。[②] 循环经济最早是美国经济学家波尔丁在20世纪60年代提出生态经济时谈到的。20世纪70年代，循环经济的思想只是一种理念，当时人们关心的主要是对污染物的无害化处理。20世纪80年代，人们认识到应采用资源化的方式处理废弃物。90年代，特别是可持续发展战略成为世界潮流的近些年，环境保护、清洁生产、绿色消费和废弃物的再生利用等才整合为一套系统的以资源循环利用、避免废物产生为特征的循环经济战略。[③] 循环经济的主要特征是物质资源的有效回收及循环利用。[④]

关于包装回收体系与回收机制构建的研究，发达国家在政策法规制定、理论研究、企业实践等方面都已形成了比较完备的体系，德国早在1986年就制定了《废物回收与处理法案》，1991年通过了《德国包装法令》，1996年

---

① 任咏梅、胡士杰：《基于循环经济理论指导下的绿色物流发展》，《物流科技》2013年第9期。
② 戴宏民、戴佩燕：《生态包装的基本特征及其材料的发展趋势》，《包装学报》2014年第3期。
③ 刘永武：《关于煤矿企业发展循环经济的若干思考》，《大视野》2008年第7期。
④ 郑润琼、孙璇、潘艺：《循环经济下快递包装物回收体系的研究与构建》，《物流工程与管理》2020年第12期。

又通过了《德国包装废弃物处理的法令》，1996年颁布并实施了《循环经济与垃圾处理法》，这些法令确立了包装废弃物回收的生产者责任制原则，规定商品生产者和经销者必须回收可继续使用的包装材料。[①]为贯彻执行上述法令，1991年以"绿点"（GreenDot）为标志的德国双向系统 Dual System Deutscheland（DSD，也称绿点公司）成立。DSD是由近100家生产及销售企业组成的非营利民间组织，享受包装法规规定的免税政策。该公司形成了一套包含制造商、销售商及消费者在内的包装回收再利用的循环运作模式，在很大程度上实现了商品包装的回收利用。

1991年，澳大利亚《国家包装指南》一书出版，由政府召集工业、消费和环保部门代表联合编写。此外，澳大利亚各州都有自己的立法，昆士兰州于1994年5月颁布了《废弃物管理战略（草案）》，该草案对国家重要的政府机构产生了很大影响，并且确立无论是企业还是消费者，都该对废弃物的处理负责。草案重点强调了再生材料市场的发展，为配合行动，将扫除一切回收材料再利用的障碍。该州有60%的居民参与了废弃物的回收系统工程，从而为300多万居民创造了良好的生存环境。因此，澳大利亚政府把这个州列为典范，用以推动全国包装废弃物的回收和利用。

奥地利于1992年10月通过了《包装法规》，后公布了《包装目标法规》对其进行补充。该法规要求生产者与销售者免费接受和回收运输包装、二手包装和销售包装，并要求对80%回收的包装资源进行再循环处理和再生利用。1994年，奥地利又推出了《包装法律草案》，更准确地阐述了上述法律观点，并将欧洲包装"指南"内容容纳其中。该国还建立了回收循环系统，其中最有名的是"生态箱"和"生态袋"，将空的饮料和牛奶盒放在里面，装满了就送到回收站。由厂家再专门派人将"生态箱""生态袋"免费送到消费者家中，并将装满的箱子、袋子取走，从而使每年的废物量大大减少。

1993年，法国制定了《包装法规》，要求必须减少以填埋方式处理家用

---

① 王伟鹏：《德国包装废弃物回收体系及其启示》，《湖南包装》2004年第4期。

废弃物的数量。1994年，颁布了《运输包装法规》，明确规定除家用包装外所有包装的最后使用者要把产品与包装分开，由公司和零售商进行回收处理。法国的生产商和进口商共同成立了一个"生态包装有限公司"，作为家用销售包装废弃物中心回收系统，凡与该公司签约者，只要支付一定的费用就可贴上"标点"标志，有权使用该公司的商品。另外，他们还有专门负责玻璃包装和医药包装及木制包装废弃物回收再循环处理的公司。条例规定了有效标准与不同的回收率。与欧洲其他回收系统相比，ARA系统是从家庭与类似的场所以及工商部门回收包装。根据1996年发布的包装条例，法国全国性的收集回收计划已由环境主管部门批准实施并得到各方面的认可。[①]

此外，包装押金回收体系是促进包装回收的有效体系，且已被世界上诸多国家实施，芬兰早在1950年就出现了押金体系。该体系回收可重复使用的玻璃瓶、PET塑料瓶，以及一次性的金属罐、PET塑料瓶和玻璃瓶。芬兰还于1994年开始征收饮料包装税，通过降低或免除参与押金体系企业的税率来吸引企业加入押金体系。建立押金回收体系是落实废弃分类回收目标的有效手段，同时也是实现产品全生命周期管理，促进产品包装循环使用的有力抓手，对于构建包装回收再利用体系具有重要借鉴意义。[②]

在亚洲，日本一直十分重视废物再生利用。1995年，日本先后颁布了《包装再生利用法》和《促进容器与包装分类回收法》，[③]致力于构建多层次包装回收体系，并设定了产品包装的环保标准，以方便企业对废弃包装进行回收，此后几年，日本相继规定了《容器包装法》《家用电器循环法》《再生资源利用促进法》等一系列法律法规，进一步完善了包装回收体制。[④]

与发达国家相比，中国在包装回收体系与回收机制方面的研究起步较

---

① 郝鹏飞：《国外绿色包装法律规定》，北京法院网，http://bjgy.bjcourt.gov.cn/article/detail/2007/12/id/859594.shtml，2007年12月17日。

② 刘鹏：《芬兰饮料包装押金体系相关情况介绍》，《世界环境》2020年第6期。

③ 蓝庆新：《日本发展循环经济的法律体系借鉴》，《经济导刊》2005年第10期。

④ 郝鹏飞：《国外绿色包装法律规定》，北京法院网，http://bjgy.bjcourt.gov.cn/article/detail/2007/12/id/859594.shtml，2007年12月17日。

晚，且与发达国家有很大差距。在法律法规层面，中国先后制定了《循环经济促进法》《再生资源回收管理办法》《关于对废弃的一次性塑料性餐盒必须回收利用的通告》等多部法律法规，从制度层面加强了对包装回收体系构建的呼吁。

此外，在学术研究层面，杨凯等学者的《包装废物减量及回收体系构建研究》，着重分析了上海市包装废物回收利用现状及存在的问题，并提出包装废弃物减量及回收的调控保障机制，应从实行包装生产者责任制度开始进行源头调控，并搭建社区回收站、城区集散中心及扩区域综合调配中心，进行包装回收体系的完善。此外，应充分运用生产者责任制度、经济激励机制以及包装废物回收利用的代机制等调控手段，建立区域性的包装废物循环利用网络进行较高层次的经营规模，以保证畅通的包装废物减量及其资源化利用。[1]向贤伟在《包装废弃物回收利用的社会体系初探》一文中指出，建立合理的社会体系回收利用包装废弃物以节约能源势在必行，包装废弃物回收利用社会体系的构成应从国家立法、行业协调、企业实施以及消费者配合四个方面进行。[2]郑润琼、孙璇、潘艺在《循环经济下快递包装物回收体系的研究与构建》一文中分析了当前中国快递包装现存的问题和回收现状，以及国内外相关企业在推进绿色物流上的优势和不足，从而得出目前回收过程中各相关企业严重脱节，缺乏连接以进行资源整合和信息共享而导致现有回收效率难以得到明显提高的研究启示。在此研究启示下，他们依据循环经济理念，创新构想出一套以第三方回收企业为核心连接起包装物生产商、使用商和消费者，通过整合多方资源优势、打破信息壁垒，采用积极的激励措施，从而形成闭环快递包装物回收体系，使得快递包装物在此体系中实现利用、回收、再利用的循环使用。[3]

综上所述，中国包装回收体系与回收机制的构建起步较晚且尚未形成完

---

① 杨凯、徐启新、林逢春、王震：《包装废物减量及回收体系构建研究》，《中国环境科学》2001年第2期。
② 向贤伟：《包装废弃物回收利用的社会体系初探》，《包装世界》2000年第6期。
③ 郑润琼、孙璇、潘艺：《循环经济下快递包装物回收体系的研究与构建》，《物流工程与管理》2020年第12期。

善的体系，因此还需借鉴发达国家在政策制定及实施实践中的有益经验，并结合中国国情及包装行业发展现状，从政府、企业和消费者三方入手，进一步完善中国的包装回收体系。

二　包装减塑设计的实践经验

（一）新材料在塑料制品中的应用

自"限塑令"实施以来，用以代替塑料的新型材料的研发与应用取得飞快进展，其中以可降解材料、可回收材料及可循环利用材料的研发为主。在 *Break Free From Plastic* 的报告里，可口可乐连续四年被评为世界第一大塑料污染企业，自2019年以来，可口可乐的塑料垃圾比第二、第三名的总和还要多。为了适应循环经济发展浪潮，减少碳足迹的目标以及对"原生"化石燃料的依赖，2021年，可口可乐公司推出了首个瓶身由100%植物基塑料（plant-based plastic）制成的塑料瓶（如图0-1所示），这标志着可口可乐旗下包装的可持续发展实现了重要突破。可口可乐表示其生产技术已经达到量产标准，并且已经生产了约900个塑料瓶的原型瓶。此外，可口可乐还和长春美禾科技和芬兰林业巨头UPM达成合作伙伴关系，力图扩大可降解塑料包装的商业规模，共同致力于2050年实现净零碳排放的目标。

日本饮料巨头三得利集团（Suntory Group）是一家主要生产威士忌、龙舌兰酒、苏打水以及多种茶和瓶装水的公司，该公司于2021年12月7日宣布已成功制造出由100%植物材料制成的PET

图0-1　可口可乐植物基塑料瓶

图片来源：https://m.sohu.com/a/509070608_121124566/?pvid=000115_3w_a&strategyid=00014。

图0-2　三得利植物材料PET瓶

图片来源：https://view.inews.qq.com/a/20211207A0AXVZ00。

瓶（如图0-2所示），该PET瓶使用了两种原料：70%的对苯二甲酸（PTA）和30%的单乙二醇（MEG）。该植物基瓶原型是三得利与美国可持续科技公司Anellotech进行了近十年的合作后研发出来的，结合了Anellotech的新技术、从木片中提取的植物对二甲苯（已转化为植物基PTA）和从糖蜜中提取的植物基MEG生产的。三得利计划尽快将这种塑料瓶商业化，以实现其2030年在全球业务中淘汰所有以石油为基础的原始塑料，使用100%可持续的PET瓶的目标。据悉，这种完全可回收的植物基瓶原型与石油提取物制成的PET塑料瓶相比，碳排放显著降低，对于减少塑料污染，践行低碳包装设计具有重要意义。

　　森林与鲸鱼设计工作室（Forest and Whale）设计了一款名为Reuse的外卖包装（如图0-3所示），该包装是由小麦壳制成的一次性包装，可以盛任何食物，食物食用完后Reuse包装可以用来食用或者堆肥，大约30天就会被分解。容器的盖子由聚羟基脂肪酸酯（PHA）制成，这是一种基于细菌的复合材料，与普通塑料材料特性十分相似，它是不可食用的，但也可以在普

图0-3　Reuse可食性外卖包装

图片来源：https://mr.baidu.com/r/Mog4NqweGs?f=cp&u=97ad01bd61e3e40a。

通的堆肥箱中堆肥，在不到6周的时间内就会被分解。这款可降解的外卖包装通过可食用材料的应用创新了外卖食品的包装材料，其推广与应用可以在很大程度上解决外卖塑料包装的环境污染问题。

如图0-4所示的包装来自利乐公司新近推出的1升装无菌利乐峰包装（Tetra Brik Aseptic Edge）。作为利乐公司的明星产品——无菌利乐砖的升级版，利乐峰是专为家庭饮用牛奶开发的，适合纯奶、维生素强化奶、风味奶、大豆饮料、果汁、果肉饮料和非碳酸饮料等需要常温配送及较长保质期的产品。

图0-4　无菌利乐峰包装

图片来源：http://www.keyin.cn/magazine/bzcz/201205/17-910770.shtml。

在继承利乐包装高性价比、环保低碳等特点的基础上，利乐峰更加注重易于倾倒和便捷开盖等人性化设计，有助于品牌商降低生产成本、提高品牌曝光度，使品牌商、零售商和消费者共同受益。此款全新包装解决方案的主要特性有以下三点。第一，出色的功能性。为满足不同年龄层消费者的需求，利乐峰融入多处人性化设计。利乐峰拥有比利乐砖更大的倾斜顶面和大尺寸开盖，其倾斜顶面搭配30mm大尺寸开口的设计，不仅开盖更为容易，而且消费者无须将包装高高拿起即可轻松平缓地倾倒饮品。此外，其独特外形使其更具货架表现力，能够帮助商品在琳琅满目的同类产品中脱颖而出。

第二，降低生产成本。利乐峰采用直喷模塑技术（DIMC），使开盖颈部的底座能平坦塑封于包装材料下缘，不仅使包装产生了更大的倾倒面，而且最大限度地降低了塑料的使用量。30mm轻巧盖（Light Cap）和倾斜顶面的搭配，使利乐峰在分销堆放时更加稳固安全，并且节约了更多的储运空间。此外，用于灌装1升装利乐峰的利乐A3/FlexiLine生产线也采用了DIMC技术，可连接加工设备和二级包装设备，产能可达每小时8000瓶。该生产线还可在1升与500毫升利乐峰之间进行快速转换，使得产能达到最大化。第三，提升环境效益。通过采用开放式纸板盘分销方式，利乐峰可进行更高效的堆放，减少对纸板盘的需求，降低运输过程中的二氧化碳排放量。据悉，1升装利乐峰所使用的外包装纸箱用量比采用流畅盖（Stream Cap）的正方形1升装利乐砖减少了36%。[1]

美国孩之宝公司计划从2020年开始到2022年，从其新产品包装中淘汰几乎所有塑料。孩之宝将取消塑料袋、松紧带、塑料薄膜、窗户塑料片和吸塑包装，转而使用开放式包装，并使用纸张或其他替代材料替换塑料。除了用可持续的材料取代塑料包装外，一些公司还选择把包装作为玩具的一部分，以完全消除塑料污染和材料浪费。比如Educational Insights（教育洞察）的"设计和钻孔"系列。该系列包括火箭、垃圾回收车等拼搭玩具，适合学龄前儿童玩耍。孩子们在完成玩具的拼搭后，还可以将包装盒折叠，变成与各种游戏匹配的背景，从而得到更好的场景体验。[2]此外，对于孩子们想要丢弃的旧塑料玩具，孩之宝也已经展开名为Terra cycle（循环地球）的回收计划，这些回收的玩具都将被重新制作为游乐场、花盆以及用于其他创意。孩之宝董事长兼CEO布莱恩·戈德纳声称，虽然在孩之宝产品线及包装中重新采用无塑环保的新材料进行设计生产是一项复杂的任务，但他们有信心应对这一挑战。

综上所述，目前关于新型环保包装材料的研发与应用已经取得了很大进步，同时为包装减塑设计提供了更多材料技术支撑，国内外众多企业也开始

---

① 佚名：《利乐推出升级版包装"利乐峰"》，《包装财智》2011年第11期。
② 佚名：《零塑料和无包装成为玩具业新趋势》，《中国包装》2020年第4期。

了材料替换方面的减塑设计实践，开启了包装减塑设计的初步尝试，同时也为包装行业减塑发展之路打下良好的实践基础。

（二）包装减塑设计的创新应用

包装减塑设计的创新应用主要通过创新包装设计方法，从材料、结构、造型、装潢及新技术叠加等方面进行包装减塑设计，如包装材料替换、包装结构简化、包装辅助物再设计及包装产品化设计等，以此来转变包装设计创新方法、革新包装设计路径、减少塑料包装的用量或延长其使用周期，减小塑料包装给环境污染造成的压力。如图0-5所示是设计师 Youngdo Kim 为雀巢咖啡设计的一款包装吸管一体化包装袋，将速溶咖啡装在了长长的塑料管内，当把咖啡倒入杯中后，剩下的塑料管既可充当搅拌棒，也可充当吸管，这样就减少了额外包装附属物的设计，也减少了塑料材料的使用。

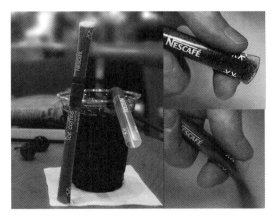

图0-5　雀巢包装吸管一体化包装

图片来源:https://mr.baidu.com/r/MoFyUx8OXu?f=cp&u=5cc21d4b4f9ec98a。

如图0-6所示是设计师阿斯利－奥兹奇韦莱克（Asli Ozcivelek）采用再生纸浆模制成的T恤包装盒，打开包装后，可简易组装成一个衣架继续使用。这款设计不仅采用了可降解的环保材料，还扩展了包装的后续功能，延长了包装使用寿命，十分符合绿色包装的设计需求。

图0-6 再生纸浆模T恤包装

图片来源: https://mr.baidu.com/r/MoGeJZN8nC?f=cp&u=63da61155f5d37c4。

在中国,电商行业的飞速发展使得快递包装业务量剧增,同时造成的环境污染问题也日益严重。加之共享经济的发展进步,国内众多物流企业开始致力于共享快递包装的应用实践。

名为Coolpaste的学术项目主要致力于可持续包装的设计与发展,该团队发现,人们日常生活中的快消品包装由于销量大、耗速快,往往会产生更多的包装废弃物污染。因此,该项目以高露洁牙膏为研究对象,以期开发出一种最大限度节约包装材料的可持续发展的牙膏包装设计。Coolpaste不仅对高露洁牙膏包装进行了环保的物理改造,而且重新设计了产品的图案。通过减少包装结构层级,简化包装装潢,缓解了包装资源浪费及印刷油墨污染等问题,是一款成功的可持续生态包装设计(如图0-7所示)。

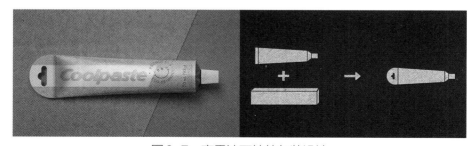

图0-7 高露洁可持续包装设计

图片来源: https://mo.mbd.baidu.com/r/MoFGEyxoY0?f=cp&u=c08fe89094fecf02。

"箱箱共用"是一家智能循环包装技术和服务提供商，也是国内首创的智能化物流包装共用平台，引发了物流包装的新变革，如图0-8所示。"箱箱共用"主要致力于为各行业客户提供包装循环与共用解决方案，凭借全行业物流包装、物联网、循环管理等综合研发能力，以及一箱一码、箱货共管、AI（人工智能）辅助决策等创新技术，为各行业用户提供从场外PaaS（packaging as a service）循环用箱服务，到场内SaaS（software as a service）循环管理的全链路数字化能力，共同推进物流包装的循环与共用，共建零碳未来。"箱箱共用"平台上线6个月时，订单量就超过100万箱，涉及生鲜、快消、汽车及化工等各领域，市场供不应求。"箱箱共用"凭借全行业解决方案、物流包装智能化、全链路数字化、智能网格化运营四大核心技术与能力，成为各行业的零碳循环伙伴，引领产业零碳变革，构建零碳循环伙伴新生态。

图0-8　"箱箱共用"智能循环包装

图片来源：https://www.xiangxiang.com/m/。

伊利QQ星曾为了响应以"守护自然，共建和谐生态"为主题的肯尼亚野生动物保护公益捐赠活动，推出了带有H5/AR互动技术的动物保护主题新包装（如图0-9所示），消费者使用京东AR扫描扫一扫包装封面的野生动物图案便可在现实空间中出现包装上的野生动物动画模型，小朋友可以与AR野生动物同框，留下珍贵的记忆。QQ星的这款AR包装充分利用AR技术特性，将不能完全通过实体包装展示的商品相关信息进行数字化转移，扩展商品信息展示维度，丰富信息展示内容，同时也增强了消费者与包装互动过程中的趣味性。[①]更重要的是，借助AR技术可将商品信息转移至虚拟空间，进而简化实体包装的装潢，减少包装印刷造成的油墨污染。同时，也为包装行业的减塑限塑的设计发展提供了重要的参考价值，在践行绿色设计，促进包装行业的可持续发展方面具有深远意义。

图0-9　伊利QQ星H5/AR互动技术包装

图片来源：https://mbd.baidu.com/ma/s/ts7o3ljd。

　　综上所述，包装减塑设计的创新应用在包装材料、包装结构、包装应用体系及包装技术创新等方面都得到了很大发展。如今，减塑限塑、打造低碳社会已成全球共识，在开放互联的竞合环境中，以零碳为核心的全新商业生态和技术企业正在不断诞生，越来越多的企业正在加强绿色供应链建设，对于包装行业来说，践行社会责任，构建绿色低碳的设计与生产体系已逐渐演变为其可持续发展的核心竞争力之一，因此包装行业还需从多方位、多角度加快转变减塑设计创新路径与方法，加强打造包装行业的可持续设计与发展模式。

---

① 匡甜甜、柯胜海：《虚拟包装在快销品领域的应用研究》，《中国包装》2022年第4期。

（三）全周期回收、循环体系的应用

包装废弃物作为再生资源的重要一类，其回收再利用体系的构建是减少包装资源浪费及环境污染的关键，随着"限塑令"在全球范围内的推行，越来越多的企业注意到快递包装行业限塑发展的商机以及环保产业的光明前景，国内外不少企业先后涌进包装行业的生产和回收市场，其中不乏一些在包装全周期回收循环体系构建方面取得较成熟发展的企业。

在德国，DSD公司是一家于1991年为配合实施《废物分类包装条例》而成立的废弃物回收公司，以回收包装废弃物为主。它接受企业的委托，组织收运者对他们的包装废弃物进行回收和分类，然后送至相应的资源再利用厂家进行循环利用，能直接回收利用的包装废弃物则送返制造商，DSD系统大大促进了德国包装废弃物的回收利用，[①]如图0-10所示。德国企业根据其包装材料使用类型及重量向DSD公司支付费用，并在产品包装材料上标示"绿点"，委托DSD公司回收包装材料。"绿点"系统运营三十余年来，为德国包装垃圾回收、循环利用发挥了积极作用。鉴于"绿点"系统在德国的成功推行，欧盟于1995年在布鲁塞尔成立了欧洲包装回收利用组织，帮助欧洲各国建立包装垃圾有效管理模式。目前，欧洲已有23个国家加入了"绿点系统"，涉及公司总数超过13万家，印有绿点标识的包装物总数超过400亿个。德国构建的以"绿点"公司为核心的包装回收体系给中国的包装垃圾分类回收工作带来了全新的行业视角与回收思路，其治理经验和回收理念，对于中国构建垃圾分类回收创新服务模式、创造环境友好型社会具有重要的借鉴意义。[②]

---

① 李翔、许兆义、元炯亮：《现代铝业生态环境系统研究》，《中国安全科学学报》2005年第4期。

② 何思倩：《德国包装垃圾分类回收服务设计研究——以"绿点"回收系统为例》，《装饰》2022年第1期。

图 0-10　德国绿点回收系统

图片来源：https://www.shangyexinzhi.com/article/4928470.html。

在中国，物流行业在包装全周期回收循环体系的构建发展方面较为成熟，除了上文提到的京东青流箱、苏宁"青城计划"，还有灰度环保科技有限公司、菜鸟驿站物流服务平台等众多积极投身于包装回收循环体系构建的物流企业。

为了响应创新、协调、绿色、开放、共享的发展理念，灰度环保于2017年自主研发了绿色循环箱ZerOBox，可循环使用50次以上，且生产使用过程均无胶水胶带，并添加了循环箱唯一码和RFID电子标签，配合电子面单，能有效进行运输包装耗材的数据化管理和生命周期管理，促进运输包装单元化和物流标准化，如图0-11所示。同时，灰度还陆续推出了冷链循环箱、环保循环袋等多款可适用于不同场景的循环利用包装容器。

目前灰度环保已在全国完成五大仓布局，并在2020年与国内四大电商平台签订完回收合作协议，完成了平台仓场景全链路回收的闭环。回收物流体系通过三个部分：自建+控股+整合，针对门店和商超，可达到48小时内快速响应县级城市的回收需求。

灰度根据客户采购需求，按照指定时间送货至OEM工厂（上游供应商），循环箱经过工厂、电商平台仓库、转运中心和门店流转后，依托灰度落地配资源进行揽收，灰度小程序实现对末端门店的库存和揽收时效的监控，如图0-12所示。目前灰度环保已与上百家企业达成合作，投放循环包装300多

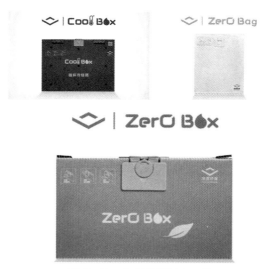

图 0-11 灰度环保 ZeroBox

图片来源: https://mbd.baidu.com/ma/s/XuKl088O。

万个,循环次数接近1亿次。此外,灰度环保还积极探索C端,携手京东物流、宝洁、爱回收共同启动"重塑新生"行动,鼓励消费者将家中的废弃塑料瓶放入灰度循环箱,继而开发出多元化的环保跨界产品,为绿色可持续发展贡献力量。此外,灰度公司还通过IT系统汇集绿色账单大数据,基于物联网整合各方数据,打造可信赖的绿色新能源数据地图。

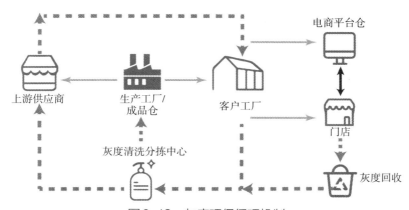

图 0-12 灰度环保循环机制

图片来源: https://ml.mbd.baidu.com/r/MoHt13xJiE?f=cp&u=bdeca6a0eab0c790。

综上所述，国内外众多物流企业与电商平台已经在快递包装全周期回收循环体系构建方面做出了积极努力，也为各行各业在包装回收循环体系构建方面提供了经验参考。包装行业全周期回收循环体系的构建对于变革包装行业体系，创新包装行业运作模式，实现其绿色、低碳、可持续发展具有重要意义，但回收循环体系的构建是一项非常复杂的系统工程，需要包装行业进一步强化企业主体地位，提升其社会责任意识，并加强与相关行业的联合，共同打造全行业包装回收及循环利用体系。

第四节
"限塑令"的设计学解读与本研究的实施方案

一 "限塑令"的设计学解读

当前，随着生产、生活方式的转变和新兴业态的发展，塑料伴随包装的生产、使用和废弃的全生命周期，带来了难以估量的环境成本，而其塑料污染治理工作面临着新的形势和挑战。正因如此，限塑、减塑乃至代塑的呼声在包装领域不仅日益高涨，而且相关实践探索也在持续进行，只是效果仍然有限。回溯过去，在很长一段时间里，人们更多是从政策约束、材料改良及材料替代等视角，考虑包装如何"减塑、限塑"的问题，而较少从设计层面对此予以专门的讨论和探索。其实，在面对塑料废弃后所带来的可能性环境问题上，设计事前干预的工具性价值是具有不可替代性的。从设计视角来解决"包装减塑"及包装污染治理问题，不仅具有逻辑的合理性，而且具有现实的必要性。

那么，回望2020年"限塑令"的基本原则、具体内容及要求，我们应该如何从设计学的角度切入，促进"限塑令"政策的顺利实施以及提供可行方案，从而实现包装减塑，进而治理包装污染问题呢？

（一）基本原则

首先，突出重点，有序推进。一是需要紧抓主要矛盾，强化塑料污染源头治理，管控好塑料制品生产、销售和使用的重点领域及重要环节（例如电商、快递、快餐、宾馆/酒店等领域，以及一次性塑料制品及其替代产品/模式等环节），①针对社会、行业和企业综合反映的禁限塑管理与治理问题，依据反映问题的重要程度进行分类提出管理要求；二是需要综合考虑各地区、各领域的实际情况，合理确定实施路径，②因地制宜制订治理计划和方案，积极稳妥地推进塑料污染治理工作。

其次，创新引领，科技支撑。依托科学技术创新，以可循环、易回收、可降解等发展理念为关键导向，研发推广性能达标、绿色环保、经济适用的塑料制品及替代产品，③实现禁塑、替塑、减塑三位一体的综合治理，并以此培育有利于规范回收和循环利用、减少塑料污染的新业态、新模式。

最后，多元参与，社会共治。摒弃单兵发展路线，以回笼社会力量的集结方式，发挥企业主体责任，强化政府监督管理，加强政策引导，凝聚社会共识，形成政府、企业、行业组织、社会公众共同参与的多元共治体系。④

（二）具体内容及要求

首先，在禁止、限制部分塑料制品的生产、销售和使用方面。

我们可以结合目前的电商、快递、快餐，以及不可降解塑料袋、一次性塑料餐具、宾馆/酒店一次性塑料用品、快递塑料包装等重点禁塑/限塑领域及塑料制品，开展具有针对性的包装分类治理的专项行动研究方案。意即对

① 《关于印发〈汕尾市推进塑料污染治理工作方案〉的通知》，《汕尾市人民政府公报》，2021年第3期。
② 《上海市发展改革委　市生态环境局　市经济信息化委　市商务委　市农业农村委　市文化旅游局　市市场监管局　市绿化市容局　市机管局　市邮政管理局关于印发〈上海市关于进一步加强塑料污染治理的实施方案〉的通知》，《上海市人民政府公报》2020年第24期。
③ 《关于印发〈汕尾市推进塑料污染治理工作方案〉的通知》，《汕尾市人民政府公报》2021年第3期。
④ 《上海市发展改革委　市生态环境局　市经济信息化委　市商务委　市农业农村委　市文化旅游局　市市场监管局　市绿化市容局　市机管局　市邮政管理局关于印发〈上海市关于进一步加强塑料污染治理的实施方案〉的通知》，《上海市人民政府公报》2020年第24期。.

现有一次性塑料包装制品进行详细的分类归纳，依据新"限塑令"的要求、原则和实施方法，把塑料包装制品分为限制使用类和禁止使用类，再分别对两类制品进行特征分析研究，建立可替代、不可替代和暂时周转可循环塑料包装品的谱系分类，并利用"减量化"设计、"产品化"设计、"共享化"设计等方法，对"不可替代类、可替代类、暂时周转可循环类、特殊处理类"等塑料包装制品，进行不同禁塑/限塑需求的包装制品开发及设计，最终实现包装减塑的目的。

一方面，针对"禁止使用"类别的塑料包装制品，可通过寻求某种具有相同功能或等同效用的可替代类型产品或模式进行更替，从而有效缓解或彻底解决因某种塑料制品被禁止生产、销售和使用后而造成的经济损失和社会不适应性，如不可降解塑料袋可转向可降解塑料袋的使用、注塑制品转向纸浆模塑制品的使用等；另一方面，针对"限制使用"类别的塑料包装制品，可通过"功能设计的技术减塑"方式，围绕材料减量、空间减量、结构优化等目标，利用增强性结构、标准化造型、几何化模块和商品物流一体化等设计手段，将具有"不可替代属性"类型的塑料包装制品进行包装"减量化"创意设计，从而增加单位材料的效用比，达到降低塑料包装制品含塑比重和提高包装内使用空间利用效率等效果，如包装应用材料的由厚减薄、由重变轻以及包装多余空间占比的由大变小等。

其次，在推广应用替代产品和模式方面。

一方面是针对可替代性的塑料包装制品，[①]对替代材料展开分类研究，建立替代材料性能库，对"材料替代、功能替代、样式替代、方式替代"等模式进行实证研究，探究塑料包装的替代性原则、要求和路径，并根据应用要求和应用场景的不同，研究不同塑料替代品的创新与减量设计策略。这是通过"产品代塑"方式，制订一次性塑料制品减量替代实施方案，将具有"可替代属性"类型的塑料包装制品进行包装"产品化"创意设计，

---

① 《两部门：加大塑料废弃物分类收集和处理力度》，中国新闻网，http://sn.people.com，2020年1月19日。

更改原有包装类型及形式的塑料材质应用，转而采用新型绿色环保功能材料，以及增加使用符合质量控制标准和用途管制要求的再生塑料，加强可循环、易回收、可降解替代材料和产品研发，降低应用成本，有效增加绿色产品供给。例如，在商场、超市、药店、书店等场所，推广使用环保布袋、纸袋等非塑制品和可降解购物袋；在餐饮外卖领域推广使用符合性能和食品安全要求的秸秆覆膜餐盒等生物基产品、可降解塑料袋等替代产品。或是在原有产品包装的基础上，进行包装整体、局部后续功能再利用的开发与升级，从而延长产品包装全生命周期的使用效果及提高产品包装复用率等。

另一方面是根据包装制品周转周期与运输距离的不同，探索可折叠、可循环、可管控、可适配的免胶式共享包装设计方法，并在电商、快递、外卖、日用快消品、生鲜冷链产品、特殊药品等包装领域进行一系列长短距离物流运输的周转型共享包装的创新应用及绿色物流模式研究，分类建设可复制、可持续的内生共赢回收机制。例如，以连锁商超、大型集贸市场、物流仓储、电商快递等为重点，推动企业通过设备租赁、融资租赁等方式，积极推广可循环、可折叠包装产品和物流配送器具；鼓励企业采用股权合作、共同注资等方式，建设可循环包装跨平台运营体系；鼓励企业使用商品和物流一体化包装，建立可循环物流配送器具回收体系；等等。

再次，在规范塑料废弃物回收利用和处置方面。[①]

一方面，对现行污染类塑料包装进行可视化分类图谱的建构，以及对不同性质的包装实施分类减塑设计实践，量化对比减塑方法与路径的优劣，提出最优方案，并通过实证检验，最终形成从个案到一般的设计方法与评价模型。

另一方面，基于塑料包装制品的谱系分类研究，对不同性质的塑料包装制品提出相应的回收设计规范和要求，以及进行塑料废弃物回收分拣类型的划分和回收标准的制定，如按具体包装形式、包装应用领域及包装回收系数

[①] 《河南省发展和改革委员会等两部门〈加快白色污染治理　促进美丽河南建设行动方案〉》，《中国食品》2020年第Z2期。

的不同，划分回收分拣指引等。在指示性设计上，可增强塑料包装制品的使用、操作流程指示及包装回收分类的操作指示，以便于塑料废弃物后续回收分拣及再利用。

除此之外，根据"限塑令"要求，我们还需要做到以下三点。一是加强塑料废弃物回收和清运。结合实施垃圾分类，加大塑料废弃物等可回收物分类收集和处理力度，禁止随意堆放、倾倒造成塑料垃圾污染；在写字楼、机场、车站、港口码头等塑料废弃物产生量大的场所，要增加投放设施，提高清运频次；推动电商外卖平台、环卫部门、回收企业等开展多方合作，在重点区域投放快递包装、外卖餐盒等回收设施；建立健全废旧农膜回收体系，以及规范废旧渔网渔具回收处置等。二是推进资源化能源化利用。推动塑料废弃物资源化利用的规范化、集中化和产业化，相关项目要向资源循环利用基地等园区集聚，提高塑料废弃物资源化利用水平；分拣成本高、不宜资源化利用的塑料废弃物要推进能源化利用，加强垃圾焚烧发电等企业的运行管理，确保各类污染物稳定达标排放，并最大限度地降低塑料垃圾直接填埋量。三是开展塑料垃圾专项清理。加快生活垃圾非正规堆放点、倾倒点排查整治工作，重点解决城乡接合部、环境敏感区、道路和江河沿线、坑塘沟渠等处生活垃圾随意倾倒堆放导致的塑料污染问题；开展江河湖泊、港湾塑料垃圾清理和清洁海滩行动。推进农田残留地膜、农药化肥塑料包装等清理整治工作，逐步降低农田残留地膜量。

最后，在完善支撑保障体系方面。[①]

各地政府部门需要有力执行和有序推进，最终将落脚点放在有效实施上。一方面，从政策本身出发，政策的制定者及有关部门需要强化组织实施工作，发挥其中流力量。一是要加强组织领导工作，要求相关部门建立专项工作机制，及时总结分析工作进展，重大情况和问题向党中央、国务院报

---

① 《两部门：加大塑料废弃物分类收集和处理力度》，中国新闻网，http://sn.people.com，2020年1月19日。

告。同时，开展联合专项行动[①]，强化督促检查，将重点问题纳入中央生态环境保护督察中。二是需要政府及企业强化宣传引导工作，加大对塑料污染治理的宣传力度，引导公众减少一次性塑料制品的使用量。同时，引导行业协会、商业团体、公益组织有序开展专业研讨、志愿活动等，广泛凝聚共识，营造全社会共同参与的良好氛围。[②]另一方面，从设计学角度出发，可通过"机制收塑"中的"运行机制、鼓励机制、保障机制、完善机制"四个角度，建立健全法规制度和标准。

（三）塑料包装的分类原则与标准

以往中国行业或是企业在进行塑料包装分类的时候，多数是以包装的具体功能用途、材料属性或是应用领域、应用场景等为主要分类依据。但是，从"新限塑令"政策出台之后，中国对塑料包装的治理与管控问题尤为重视，更是对禁止、限制或推广类的不同塑料及相关包装制品作出了详细的规定与要求。在此背景下，原来不是以限塑为目的的塑料包装分类方式，难以适应国家限塑规定要求以及相关行业、企业的后续发展路线需求。因此，笔者认为，非常有必要对各塑料包装的限塑标准及对应方法进行精确分类，建立一种以"新限塑令"政策内容为依据，适用于中国包装限塑、减塑需求的新型的塑料包装谱系分类方案，即是以塑料包装分类治理为目标，进行科学合理的包装分类，让治理目标更加明确。

根据以上分类需求，我们对塑料包装谱系分类方案的分类依据进行了重新界定。一方面，"新限塑令"要求有序禁止、限制部分塑料制品的生产、销售和使用，鼓励创新禁限塑技术和减塑模式的开发与研究，同时面向全国各地积极推广替代产品，规范塑料废弃物的回收利用，并且建立健全塑料制品

[①] 国家发展改革委、生态环境部：《关于进一步加强塑料污染治理的意见》，中国政府网，www.go.cn/zhengcel/zhengceku/2020–01/20/content_5470895.htm，2020年1月19日。

[②] 国家发展改革委、生态环境部：《关于进一步加强塑料污染治理的意见》，中国政府网，www.go.cn/zhengcel/zhengceku/2020–01/20/content_5470895.htm，2020年1月19日。

生产、流通、使用、回收处置等环节的管理制度。基于此,我们初步把塑料包装制品分为限制使用类、禁止使用类及替代产品类。

另一方面,我们从设计学角度出发,以"分类治理"为目标,对以上三类制品进行更为精准的分类处理,并根据"材料属性、功能界定、循环效率、可回收效率"等界定原则,分别对以上三类制品进行特征分析研究,建立"可替代性、不可替代性、暂时周转类以及特殊处理类"等塑料包装谱系分类方案,以便进行分类治理;并在此基础上,从"材料置换、整体替换、减量设计、循环共享"四个方面,界定以上四类制品形式的包装减塑方案的可行性。

1. 可替代类

可替代性塑料包装,是从我们国家"两个一百年"以及美丽中国和人类命运共同体建设的总体目标出发,围绕"新限塑令"的减塑需求,并根据现行时代背景下,而分类出来的一种减塑的对象。这类包装是指随着时代的发展、技术的变革,以及人们生活方式的变化,很多塑料制品包装,可以在同等成本、同等效用的情况下,被其他材料的包装或者其他包装样式替代,并能够满足人们的生产生活的需要,并不对环境产生影响或者尽可能少地对环境产生污染。一般具有以下属性:一是"可替代性"是指利用其他材料或方式去实现同类的包装功能;二是塑料包装本体所使用的材料类型本身不易降解,具有污染性;三是出现了能够达到同一目的或者功能的替代性包装材料;四是在某些场合具备被其他产品替代的可行性。

除此之外,依据"新限塑令"的具体内容及要求,我们将"不可降解塑料袋、一次性塑料餐具、宾馆/酒店一次性塑料用品、快递塑料包装"等塑料制品类别[①],列为"可替代类"的重点减塑对象,并积极探索、推广应用相关替代产品,如纸浆模塑包装、可降解塑料包装、天然材料包装等一类的绿色包装材料应用制品。另外,对于含塑料成分的可替代类制品,我们可通

---

① 郁红:《国内"禁塑令"全面升级》,《中国石油和化工》2020年第2期。

过材料属性与功能界定对包装整体进行研究分析，判定该塑料制品是否具备"可替换属性"，即该塑料制品本体在进行其他材料置换或是更替其他包装样式、行为方式之后，是否会影响我们对于该类制品的正常使用，以及替代制品是否能够达到被替代塑料制品的同样包装功能以及使用目的。例如，在商场、超市、药店、书店等场所使用的一次性塑料购物袋，可以满足人们盛放、携带商品的功能需求，而使用环保布袋、纸袋等非塑制品或可降解购物袋也同样可以满足上述需求时，则表明该塑料制品具有"可替代属性"。

因此，针对具有"可替代属性"类型的塑料制品，我们可以通过利用产品设计的方法来对该类包装进行设计，使包装成为产品的一部分以及具备"产品化"的功能特性，在实现包装附属功能增值的同时，还能实现包装生命/使用周期的延续，从而达到绿色环保的标准。

2．不可替代类

不可替代性塑料包装的"不可替代属性"相较于可替代性塑料包装的"可替代属性"，是相对的说法，并不是绝对且无法替代的。有些塑料制品因国民行为习惯及技术、成本等方面因素的限制，在一定时期或特殊环境下，暂时无法被其他替代材料或替代产品取代，因而具有一定的不可替代性。但是，随着技术的不断迭代与突破，其"不可替代属性"是可以转化为"可替代属性"的。除此之外，因塑料本身可以替代多种特殊材料在包装领域中应用，而塑料制品又具有成本低、阻隔性能好，便于加工等优势，目前被应用在多个领域，特别是跟我们生活息息相关的饮料行业、快餐行业和快递包装行业，正直接或间接地影响着我们的生活习惯和行为方式，因此在衡量塑料的材料属性、功能特性的平衡性上，目前我们难以找到可以替代塑料制品的材料，这也是有些塑料制品被归类于"不可替代类"的原因之一。

该类包装一般具有以下属性：一是"不可替代性"是指目前无法利用其他材料或方式去实现同类的包装功能；二是尚未找到能够达到同一目的或者功能的替代性包装材料；三是在某些特定场合中，不具备被其他产品替代的可行性；四是因制品成本及人们使用习惯等因素，暂时无法取代塑料及其制品的使用；五是基于塑料本身的材料属性及功能特性，难以在平衡性上找到与塑料制品相抗衡的替代物。例如塑料矿泉水瓶的使用，虽然其在包装材料置换或是其他整体替换方式上，都能够找到相应的替代性包装材料或是替代性产品，但就目前情况来看，却仍然难以完全对该类塑料制品进行取代使用，其具有不可抗力因素。

因此，针对这些不能被完全取代的塑料制品，我们需要采取其他方式与手段限制其使用频率。比如，在材料研发、方案设计以及生产使用方面，通过技术手段减少不可替代性塑料制品中的含塑成分，提高回收塑料占比；或者是利用"包装减量设计"等设计手段提高不可替代性塑料制品的等价效用比及废弃物再利用价值。

3. 暂时周转可循环类

周转可循环性塑料包装制品的"周转可循环属性"，是基于上述两类制品的"可替代属性""不可替代属性"，重点针对电商、快递物流等领域所划分的包装减塑分类对象，目的是提高塑料制品的复用率，延长制品使用周期，其是促进包装行业可持续发展的重要手段之一。在物流包装领域，周转型包装不仅可以提高包装周期循环次数以及使用频率，还可以有效解决目前行业关于塑料包装制品的"减塑""替塑""循塑"等问题，是行业发展包装绿色生态链的关键。这种包装具有可循环、可降解、可管控的特点，可以代替某些特定行业的一次性快递包装在物流运输过程中使用，增加包装的可使用次数与频率，降低包装单次物流周转的运输成本和环境成本。目前市面上已有部分公司尝试使用共享周转包装代替传统的一次性塑料快递包装制品，例如，国内苏宁物流推出的"Zero Box"以及顺丰快递推出的"丰·Box"等，皆已投入使用。为了便于对目前周转包装分类的特征分析研究，笔者根据"循环数率、可回收率"等界定原则以及"循环共享"等发展方向，对其包装制品进行了合理分类处理，主要包括内部周转包装、共享周转包装及智能周转包装三种类型。在此基础上，通过"暂时周转可循环类"系统分类模型的方式，指导未来周转可循环性塑料包装制品的设计与生产。

4．特殊处理类

特殊处理类塑料包装，相较于以上三类制品的分类方法，其在包装减塑对象中的分类界限及标准方法，是相对模糊且不明确的，因某些特殊领域的包装应用标准及要求各有不同，兼顾对象群体不统一，导致我们难以对其所属包装类别进行清晰、准确的罗列。因此，笔者依据"新限塑令"的要求、原则和实施方法，重点将医疗卫生安全领域、农作用品高覆盖领域、贵重物品重价值领域、弱势群体领域，以及部分具备特殊处理分类条件的电商、快递、快餐等领域的塑料包装制品，统一归纳为"特殊处理类"。一般具有以下属性：一是"特殊处理性"是指依据材料属性与特殊处理需求的适应性条件，优先考虑制品的包装功能及使用目的的实现；二是制品所属领域对材料类型的选择，具有强制性；三是因使用对象、场景需求等精分条件不同而具有针对性或适配性的包装材料应用。

除此之外，如应急保障、极端环境等不同场景，餐饮服务、医疗卫生、化工制品等不同行业，老人、儿童、患者、伤残人士等不同人群的特殊处理条件中，部分塑料包装制品需要为特殊情境下的特殊需要做出灵活调整，具体问题具体分析，依据产品特性、气候条件、流通方式和生产成本等问题进行综合考虑，最终选择与使用场景需求一致的包装功能特性及材料属性。例如，在一次性塑料医疗用品的"划分属性"或"替代属性"上，我们应考虑中国医疗行业包装应用的实际情况，在其所属应用领域以及关乎制品安全性、卫生性等特殊条件下，相应地对部分塑料制品进行合理替代或是强制材料类型选择。

二　本书的主要内容和实施方案

本书主要从设计的源头，对包装减塑制品理论和模式进行系列研究，并提出具有针对性的包装减塑解决方案。全书分为上、下两篇，上篇"理论篇"包含三个章节，下篇"实践篇"包含六个专题。

理论篇的研究内容分为以下三个方面。

第一，不可替代性塑料包装制品的减量化设计理论及评价体系研究。

针对不可替代性的塑料包装制品，围绕材料减量、空间减量、结构优化等目标，通过增强性结构、标准化造型、几何化模块和商品物流一体化等设计手段，增加单位材料的效用比，达到减塑的目的，并建立"材料减量、效用等价"的理论及评价体系。

第二，可替代性塑料包装制品的产品化设计策略与创新方式研究。

针对可替代性的塑料包装制品，对替代材料展开分类研究，建立替代材料性能库，对"材料替代、功能替代、样式替代、方式替代"等模式进行实证研究，探究塑料包装的替代性原则、要求和路径，并根据应用要求和应用场景的不同，研究不同塑料替代品的创新与减量设计策略。

第三，周转型塑料包装制品的共享化设计方法与回收机制研究。

根据包装制品周转周期与运输距离的不同，探索可折叠、可循环、可管控、可适配的免胶式共享包装设计方法，以及在电商、快递、外卖、日用快消品、生鲜冷链产品、特殊药品等包装领域的创新应用和绿色物流模式，分类建设可复制、可持续的内生共赢回收机制。

实践篇的研究内容是以包装减塑设计专题研究的形式，主要是按照"新限塑令"的内容、要求实施原则及行业对"减塑""替塑""循塑"等类型包装的设计需求，针对电商、快递、快餐外卖等污染治理难度较大的重点领域，以及一次性塑料购物袋、一次性饮用水瓶、包装辅助物体（如吸管、叉、勺）等塑料制品的突出问题，进行探索研究所得，具体内容与思路如下。

包装减塑设计作为一种研究对象，如何从设计学角度进行研究，目前学术界并没有很好的研究范式，但是为了拓展对包装减塑设计的研究，本书专门针对不同类型的包装减塑设计形式，进行单独的研究。具体来说，实践篇部分是围绕包装减塑设计的分类框架以专题的形式进行，围绕每个专题下面的包装减塑设计的概念、分类、设计应用、设计关键进行深化研究，包括"新限塑令"背景下共享环保购物袋设计研究、免胶式快递包装设计研究、"新限塑令"背景下同城外卖包装替代品设计研究、公共空间饮水瓶及其配套装置设计研究、包装辅助物减塑设计研究、高档白酒共享快递包装设计。这些专题研究既具有一定的共性，又存在着各自的特点，每个专题的内容基本涵括某一类包装的概念、其设计实现及设计关键等内容，目的在于为"减塑""替塑""循塑"等类型包装的设计实践提供范式。最后的包装减塑设计案例内容作为课题研究的实践成果进行展示。这些实践案例涵盖快递包装、免胶包装、共享包装、快餐外卖包装、公共饮水包装及包装辅助用品等多个领域，是基于包装减塑设计理论的最新探索成果，旨在为包装减塑与可持续性包装的设计、应用和推广提供借鉴。

综上所述，该成果一方面是从设计学角度，展开对包装减塑设计理论与实践应用的研究，希望能够拓展设计学的研究空间，并且进一步完善中国现代包装设计理论及应用研究体系；另一方面是从限塑角度，提出了一系列塑料包装制品分类治理方案，并对应提出了不同的减塑方法与路径，希望能够进一步推动中国绿色可持续设计理论的发展。除此之外，该成果还提出了一系列可操作、可复制的包装减塑设计新方法、新模式与新路径，希望能够为包装企事业单位设计实践提供一定的范式与方案的参考。总体来说，本书希望能在中国包装行业的绿色转型升级过程中，为包装环境污染的现代化治理，以及"新限塑令"的顺利实施提供智力支持与学理支撑。

其中，理论篇内容主要是基于"新限塑令"的政策要求背景，根据塑料包装自身的材料特性、使用场景、使用刚性需求等因素，将其分为可替代性塑料包装、不可替代性塑料包装以及暂时周转型共享包装三大类别进行分类研究。在此基础上，重点提出周转型塑料包装制品的共享化设计、不可替代性塑料包装制品的减量化设计、可替代性塑料包装制品的产品化设计三种包装减塑设计策略与方法，以此为实践篇专题设计奠定坚实的理论基础。

理论篇

上篇

　　发展是人类生存的永恒主题，人类在面对一系列相继出现的环境问题时，开始对传统发展观进行深刻反省，在生态环境保护及能源资源节约方面积极采取策略，不仅通过制定和完善与保护环境、治理污染等相关的法律法规、制度政策来减少工业社会对生态环境造成的破坏，而且在设计理论与实践方面，同样取得了很多研究成果及实践经验。

2020年1月19日，国家发展改革委、生态环境部公布了《关于进一步加强塑料污染治理的意见》（以下简称《意见》，行业称之为"新限塑令"）。根据《意见》要求，中国将按照"禁限一批、替代循环一批、规范一批"的思路，加强塑料污染治理，特别针对电商、快递、外卖等新兴业态带来的塑料废弃物污染等日益突出的问题，提出了逐步禁限部分塑料包装物使用的具体要求。[①]然而，对于如何研发效果等同甚至效果显著的塑料替代制品，以及具体的减塑方法、评价体系，则未能提供有效方案，因而亟待展开具体研究。有鉴于此，理论篇希冀从设计的源头，对包装减塑制品设计理论和模式进行系列研究，提出具有针对性的包装减塑解决方案和具有内生动力的可行性机制，进而为"新限塑令"在全国包装领域的顺利实施提供学术支撑。

其中，理论篇内容主要是基于"新限塑令"的政策要求背景下，根据塑料包装自身的材料特性、使用场景、使用刚性需求等因素，将其分为可替代性塑料包装、不可替代性塑料包装及暂时周转型共享包装三大类别进行分类研究。在此基础上，重点提出周转型塑料包装制品的"共享化"设计、不可替代性塑料包装制品的"减量化"设计、可替代性塑料包装制品的"产品化"设计三种"包装减塑"设计策略与方法，以此为实践篇专题设计奠定坚实的理论基础。

---

① 柯胜海、陈薪羽：《"新限塑令"背景下共享包装功能结构设计研究》，《湖南包装》2020年第1期。

第一章
周转型塑料包装的共享化设计

　　自相关政令颁布以来，中国包装行业关于塑料包装替代制品的研究及实验层出不穷，相关市场的应用更是硕果累累，但即便如此，也依旧难以撼动塑料包装制品在包装界的地位，毕竟塑料包装制品的可用性、功能性、延展性及廉价性等优越性特征是其他材质包装制品难以比拟的。因此，塑料包装制品与塑料包装替代制品两者之间是相互依存的关系，共同促进包装行业绿色生态链的健康发展。而对于不可替代的塑料包装制品研究，除了利用"减量化"设计形式实现塑料包装制品的结构减量、材料减量、空间减量以及层数减量之外，还可以利用共享化设计形式增加塑料包装制品的周期循环次数以及使用频率，实现周转型塑料包装制品的可持续发展，从而达到"减塑""限塑""替塑"的目的。

第一节
周转型塑料包装共享化设计的概念及要求

　　（移动）互联网、云计算、大数据及物联网等现代信息技术的出现及发展，骤然加快了共享经济新模式的变革。时代显现出个人资源开发再运用、行业资源跨界共享、企业资源对外输出、社会资源深度挖掘的发展趋势，随即引发了共享经济发展的热潮。加之移动互联网设备的普及和第三方支付手段的成熟，共享经济进入社会生活的方方面面，并在交通出行、外卖餐饮、酒店住宿、医疗服务、快递运输等多个领域发挥了重要作用。

一　共享化塑料包装设计的概念与内涵

"共享"释意为共同分享，主要是指将一件物品或者信息的使用权或知情权与其他所有人共同拥有。[①]那么，何谓共享化设计？其在此特指所设计的对象、内容及功能形式能够进行多单元、多维度的分享，并作为非个人所属物提供给一定范围内受众群体使用的物件设计，具有共用性、非私有性、通用性等特征。另外，共享化设计还伴随着经济的发展而衍生出一种以租代购的商业模式，通称为共享经济。其主要指的是人们以共享为特征的使用价值出让获利，是将产权中的使用权分离的一种经济活动组织方式。一方面，共享经济是在互联网技术广泛应用的条件下所产生的，是人们基于资源共享条件进行的分工合作与共享发展，其实质是作为社会经济活动主体的人与人之间关系的变化；[②]另一方面，共享经济发展的重点在于如何共享使用权，即通过借助互联网交易网络平台，整合零散化的信息和资源，将有交易需求的个体汇集并进行相互匹配，充分将社会闲置资源的剩余价值合理利用。

由于共享经济的特性，其所形成的体系对于社会、行业的发展布局及其经济脉络影响甚大，更是能与各行业、领域间的事物产生共享效益，进而开发共享产业链。从最早的共享单车、共享汽车及共享充电宝等工业产品，到现在的共享包装，无不体现着共享化设计，并对我们的生活方式与周边环境产生一定程度的影响。而随着国家2020版"新限塑令"政策的颁布，以及各省份关于"减塑""限塑""替塑"修正条例的实施，塑料包装制品的去与留，以及今后包装设计的发展趋势成为整个包装行业乃至各领域都需要着重思考的重要问题。因此，塑料包装制品的"共享化"设计是具有重大发展意义的，将是今后塑料包装制品的一种主流包装设计形式。

在物流包装领域，塑料包装制品的共享化设计，其实质上就是选取塑料

① 郑志来：《共享经济的成因、内涵与商业模式研究》，《现代经济探讨》2016年第3期。
② 宋逸群、王玉海：《共享经济的缘起、界定与影响》，《教学与研究》2016年第9期。

材质制成的共享包装设计，也是一种周转型快递包装设计形式。这不仅可以提高包装周期循环次数以及使用频率，还可较好地解决目前行业关于塑料包装制品的"减塑""限塑""替塑"等问题，是行业发展包装绿色生态链的关键。从广义上来说，共享包装是由第三方物流企业制作的系列化、标准化的包装容器，按照客户需求数量进行投放，并根据客户使用次数，以单次远低于同规格木质包装的价格进行结算。从狭义上来说，共享包装在物流运输领域也被称为共享快递包装，是共享理念与快递包装设计方案的集合体。[1]而暂时周转型塑料包装的共享化设计则是共享快递包装设计概念的再定义，是一种选取塑料材质进行设计的共享快递包装形式。具体来说，即是基于共享经济理念，专门针对快递、电商行业的包装应用需求所研发的系列包装及包装容器设计，也是实现包装以租代购的新商业模式。同时，其还是使包装在不同主体之间或同一主体在不同运输流程中可重复使用的一种非固定式通用包装。这种包装具有可循环、可降解、可管控的特点，可以代替某些特定行业的一次性快递包装在物流运输过程中使用，增加包装的可使用次数与频率，降低包装单次物流周转的运输成本和环境成本。

二　共享化塑料包装设计的原则与要求

共享化设计是周转型塑料包装区别于其他包装形式的核心所在，其使包装具备的通用性功能，不仅满足了不同类型或规格产品的包装所需，还实现了包装的多次循环使用以及包装回收效益的最大化，降低包装使用成本，提高行业创收效益。[2]因此，考虑到暂时周转型塑料包装与传统快递包装的差异性，其除了需要具备包装基本的安全防护及储存运输功能之外，还必须遵循如下一些设计原则与要求。

---

① 中国中车：《共享包装来了，竟然是一种"中车方案"》，搜狐网，https://www.sohu.com/a/192865161_233479，2017年9月18日。

② 朱和平：《共享快递包装设计研究——基于设计实践的反思》，《装饰》2019年第10期。

(一)共享性

共享性是周转型塑料包装的"共享化"设计的关键要素,其在共享包装设计体系中的重要性不言而喻,是区别于传统快递包装设计的核心所在。周转型塑料包装正是以此为设计要点进行新型快递包装形式的创新设计,而这种创新设计主要体现在包装结构与包装服务两个方面:一是在现行快递包装的基础上,改进与创新包装结构形态,满足包装运输与回收时所需安全运输与便捷回收的包装功能设计;二是创新快递行业的包装服务模式,满足不同消费人群对不同快递包装业务的需求与体验,符合快递行业的绿色包装生态发展需求。具体来说,在产品包装需求上:一方面是需要满足同类型产品或同物理、化学属性的不同类型产品的包装通用需求,使单个包装在具备基本包装功能的基础上,兼具多个限定或非限定要素的包装功能设计,以满足不同类型与属性产品的不同包装功能需求,达到减少产品包装品类的目的;另一方面是需要满足同一包装对不同规格或属性产品的包装适配需求,使单个包装具备可适配不同规格产品的包装结构以及可适配不同属性产品的包装材料,以此减少包装规格品类,便于仓储管理,并提高包装对外界环境的适应性,从而实现产品包装需求的共享性。

在包装服务模式上,一方面是需要在包装运行模式中满足不同消费群体的特定或非特定的共享包装服务需求(标准与定制的两种服务需求),使得包装服务范围具有可扩展性、包装服务形式具有可多变性,以此构建周转型塑料包装在物流运输全流程中的包装运行机制,便于包装前端物流的运输管理;另一方面是需要在包装回收模式中满足不同消费群体的不同包装回收场景的服务需求,以及相应的包装回收应用配套设施与设计流程,以构建周转型塑料包装在物流运输全流程中的包装回收系统,使负责包装配送的前端物流与包装回收的后端物流能够顺利接轨,完善整个共享物流体系的全物流网络系统,实现包装服务模式的共享性。①

---

① 张德海、刘德文:《物流服务供应链的信息共享激励机制研究》,《科技管理研究》2008年第6期。

（二）环保性

环保性是周转型塑料包装的共享化设计的必备要素，其在共享包装设计体系中可谓肩负着包装可持续循环发展的重任，是周转型塑料包装有别于传统一次性快递包装发展理念的内在表现，也是未来绿色包装发展方向的重点所在。周转型塑料包装的环保性主要体现在包装材料的选取方面：一是由于目前快递包装需求量激增而导致的环境问题所需；二是由周转型塑料包装可循环回收使用的包装特性所定，其包装内外因素无不体现着包装环保性的重要作用。因此，周转型塑料包装在设计与生产时，必须遵循包装环保性的设计原则与要求。具体来说，即在包装设计方案上，周转型塑料包装的共享化设计需要考虑包装后续可能会给周边环境带来的生态问题，以及包装使用不当或被废弃时可能造成的潜在伤害与污染等，类似于这些预警性、防范性的环保性问题（例如如何解决过度包装问题、优化减量化包装方案及提高包装回收效率，减少包装废弃物等），都是需要在前期的设计环节中进行具体、详细的调研与考虑，从而得到有效的解决方案或预防措施，并在包装装潢的视觉设计上减少包装印刷的色彩种类与工艺使用；而在包装生产制作上，周转型塑料包装的共享化设计则需要考虑用于生产的包装材料是否已达到国家相关环保安全标准，以及包装材料特性在整个包装生命周期中的变化情况；其是否支持包装可多次循环回收使用的功能要求，并且包装已达最大可使用次数时；其包装废弃物的回收处理措施能否得到保障；包装的新一轮生产环节与上一轮回收环节是否有序接轨，真正实现环保性物流系统的生态可持续运转。[1]

（三）简易性

简易性作为周转型塑料包装的共享化设计的要素之一，其在共享包装设计体系中有着设计催化剂的作用，加速周转型塑料包装在市场范围内的推

---

[1] 彭国勋、许晓光：《包装废弃物的回收》，《包装工程》2005年第5期。

广与应用，催化共享包装学术研究的成熟及设计实践的应用。而包装的结构烦琐度和使用难易度会对包装的生产成本和用户的消费体验产生一定程度的影响，因此周转型塑料包装的简易性主要体现在包装结构设计与包装使用体验两个方面：一是其包装结构设计需简单、便捷，不宜过于复杂，能支持包装快速打包成型和折叠回收；二是用户在使用包装过程中能有良好的体验感，包装功能操作简单明了。具体来说，即在包装结构设计上，周转型塑料包装的"共享化"设计需要考虑包装生产、运输及回收环节的包装形态变化情况，以及各个环节间的包装功能需求，并且依据其包装功能的内在需求，要求其包装结构需具备可满足包装简易生产、快捷打包、安全运输、便捷回收、高效储存等设计因素，从而降低包装成本及提高物流效率。不仅如此，周转型塑料包装还应具有特定或非特定的功能形态设计，并利用其可变性与可适性应对不同产品包装与用户服务的常规性与特殊性需求，实现包装内在需求的简易性。在包装使用体验上，周转型塑料包装的共享化设计需考虑包装的结构与形态如何优化用户在寄送与接送包裹过程中的感受。[①]在包装收取环节，提供灵活的收取方式（如直接签收、代理签收、暂存待取等）和多时段可配送服务的选择。同时简化包装的使用与回收流程，使用户能轻松打开包裹，归还包装，便于快递员高效地执行回收作业。而在寄送环节，包装及其配套的自助物流服务设备具有直观易用的操作界面，不仅提升了用户的自助寄件体验，也便于快递员的揽件作业，从而进一步扩大周转型塑料包装的市场应用范围提升使用率。

（四）防窃性

防窃性作为周转型塑料包装的"共享化"设计的基本要素，其在共享包装设计体系中扮演着包装安全卫士的角色，是给予用户安全用、放心用消费服务理念的一道安全保障，也是迎合未来快递包装安全需求的发展趋势。周

---

① 陈昊：《基于用户体验的产品包装设计策略》，硕士学位论文，山东工艺美术学院，2014年。

转型塑料包装的防窃性主要是解决包裹在运输过程中被人开启、窃取包装内容物及用户信息安全的问题，而其包装开启方式与快递信息面单的安全性设计则是包装防窃性设计要求的重要突破口。换言之，周转型塑料包装，一是需要保障用户的订单包裹在物流运输过程中不被人盗窃、调包或者开启，内容物不会丢失；二是需要保障用户的个人信息安全及隐私保密，避免信息泄露所造成的潜在危害。具体来说，即在包装安全设计上，一方面是需要在包装本身内容物上进行内部安全设计。例如，在包装开启方式上，可利用一次性或多次性的安全锁扣来加强包装的安全性，并且利用"一物一码"的安全防盗技术，保障订单包裹发件的唯一性及包裹信息的溯源性，用户可根据包裹订单号实时查询包裹运输轨迹与安全状态，[①] 在签收包裹时可验证"物流验证码"的真假和查询包装已开启次数，获悉此包裹是否存在安全问题，以此提高包装的安全级别以及增强单向用户的包装安全信息透明度，实现包装本身的防窃性。另一方面是需要对包装进行外部安全设计。例如，在快递信息面单上，可通过信息集成化方法，把以往电子面单上显示用户与包裹的相关信息进行数据化处理，并将其数据信息上传至（移动）互联网以及云计算等虚拟网络服务终端设备，再利用实体包装联合虚拟展示的方式进行双向链接及转换，最终以图形、文字作为转接内容的媒介，用户与相关工作人员可通过移动终端或其他设备对其转接媒介的扫描来获取快递信息面单的全部内容，此措施可以有效保护用户的个人信息安全以及提高快递订单信息的处理效率，实现包装信息的防窃性。

（五）智能性

智能性作为周转型塑料包装的共享化设计的附加要素，其在共享包装设计体系中有着可让包装价值升华的作用，也是包装设计加分项。智能性在包装领域中作为智能包装设计的设计属性，其隶属于人工智能技术与包装设计

---

① 沈敏燕：《果蔬类农产品冷链物流信息溯源研究》，硕士学位论文，苏州科技大学，2017年。

的包装集合体，也是构造未来"智慧"包装形态智能化的设计要点，①给予了包装设计在有限条件下可创造无限可能的创新潜力，实现周转型塑料包装的共享化设计核心由共享性的单线创新转变为共享性与智能性的双线融合。这不仅为周转型塑料包装增添新的功能特性与组合方式，满足用户的更多包装服务需求；还为包装创造了新的包装应用途径，扩大了产品包装品类的可使用范围。而周转型塑料包装的智能性主要体现在包装本体内容设计与外置内容设计两个方面：一是包装本身的功能设计可面向特定包装功能需求或特殊包装功能定制的包装智能化设计；二是外置内容设计可与包装本体形成系统配套体系。具体来说，即在包装本体设计上，周转型塑料包装的"共享化"设计需要考虑包装本体内容的智能性，如在包装本体的局部加入智能化技术（例如计算机技术、精密传感技术、GPS定位技术的综合应用等），改变原有的包装属性，增添或增强其包装功能特性（例如包装保护、信息传达、包装促销等增强型功能，以及自觉性环保功能、安全警示功能、智能管控功能等），使包装具备可应对不同包装功能需求的包装智能性特质（例如材料智能性、数字智能性、结构智能性、混合智能性等），适应未来包装形态的变化及技术嫁接的应用，并创新包装局部智能化设计的运用方式，为周转型塑料包装的共享化设计开启"群体通用"标准型包装和"个人通用"专属型包装的两种设计路线与发展模式，满足大众群体与个别群体在处于不同时间、地点而对不同层次、类型的包装服务需求。而在包装外置设计上，周转型塑料包装的共享化设计需要考虑包装外置内容的智能性，如在包装外部配套措施中采用智能化理念、技术，设计出"智能式共享包装管理平台""共享包装智能物流系统""人工智能共享包装自助服务站"等增强型服务设施与设备，使之可与周转型塑料包装形成完整的"智慧共享物流体系"，增强共享快递包装从生产线、流通线及回收线等包装全流程的透明度与可信度，提高用户的信赖感。

---

① 柯胜海、庞传远：《材料智能型包装的分类及设计应用》，《包装工程》2018年第21期。

第二节
周转型塑料包装共享化设计的类型及价值

随着电子商务经营范围的不断扩大，其所涉及的行业、领域也越来越多、越来越广，加之现行网络直播带货的兴起，电商网购增势不减。与此同时，这也将为物流运输行业带来一波新的发展机遇及挑战，并且其物流包装废弃物也可能给生态环境带来极大的破坏。其原因在于，现行物流系统的运输吞吐量能否支撑得起物流订单量的激增，尤其是特殊时间段内（6·18、双十一、双十二等电商活动）的爆炸式增长，仍是个大问题；而现行快递包装的可用包装类型能否满足特殊商品对物流运输包装的特殊功能需求，仍待解决；重要的是，其包装废弃物能否得到有效回收处理仍是个未知数。此外，随着商品品类的进一步细化，其对包装的具体分类需求也越来越明显。因此，周转型塑料包装作为未来快递包装形态的一种主导形式，其包装的分类也应更加明确及具体，以此更好地满足不同商品对不同类别包装的需求，即可按其包装形式与运输距离进行划分。而周转型塑料包装的可适应性，恰好可满足这一包装特性需求，并且其还具有实现快递包装资源有效集成和持续节约的价值。

一　共享化塑料包装设计的分类及其特征

（一）按照包装形式划分

1. 共享化塑料快递袋设计

周转型塑料快递袋的"共享化"设计，其包装主要承载体积小、质量轻、价值较低等物品的运输，一般采用环保型塑料或者其他含塑混合材质居多，以及使用材料拼接的设计手法较为常见，具有防水性能强且易清洗的特点。另外，此类包装的共享化设计通过优化包装结构设计，减少包装生产材料的消耗，获得与以往同等或更好的包装抗震保护性能，达到节省包装资源以及降低包装生产与运输成本的目的。例如，由牛皮纸和生物塑料等混合材料所制成的"Air Package"快递袋（如图1-1所示），其是一个可重复使用的充气式快递包装，在将产品装入包装后进行

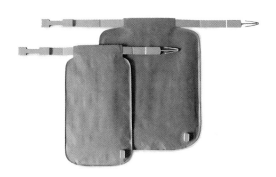

图1-1　"Air Package"快递袋

图片来源：http://www.ixiqi.com/archives/96401。

封口，并通过包装外部的阀门注入空气后扣紧阀门（如图1-2）。其优势主要体现在四个方面：一是Air Package内部气囊的每个气柱都是单独排列的，组合起来可对产品进行全面覆盖的缓冲保护，充气后产品与Air Package紧密贴合，不会因箱内空间过大产生产品损坏及移位的问题。二是Air Package内部的单独气囊具有逆向止气的性能，某个单独气柱因外力破裂后，其他气柱不会有所损坏，因而不会影响整体的防护效果。三是通常情况下充气使用的都

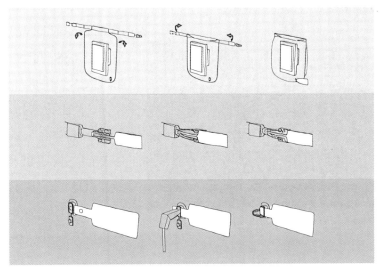

图1-2　"Air Package"快递袋操作步骤

图片来源：http://www.ixiqi.com/archives/96401。

为自然中的空气，非常方便获取。由于产品的特殊性，也可以根据不同情况加入氮气、二氧化碳等气体。四是 Air Package 用于充气的胶膜只占包装整体的 5%，包装在未充气前可以铺展平整，且材料轻薄、不占空间，可以节省仓储和运输的空间。

2. 共享化塑料快递盒设计

周转型塑料快递盒的共享化设计，其包装主要承载多种类、多尺寸及不规则形状等物品的运输，一般采用环保型塑料或者其他含塑混合材质居多，而包装形态上则以包装盒型与安全锁扣的一体化设计居多，不仅锁扣可进行多次替换，而且包装具有抗摔、耐高低温、抗湿度性能强以及不易损坏且重复使用率较高的特点，可快速将包装打包成型，方便折叠回收，节省包装储存空间。另外，相比其他共享包装形式来说，目前周转型塑料快递盒的市场投放数量和使用率都相对较高。例如，灰度环保科技公司创新研发的"Zero Box"快递盒（如图1-3所示），[①]该包装使用绿色环保 PP 材料，重量轻，具有较高的耐热性，可承受 110℃—120℃ 的高温，表面刚度、抗划痕性好、表面不容易开裂且具备一定的韧性。同时，生产过程中不排放有毒有害气体和污水，无须封箱胶带即可拼装成型，不仅环保耐用、成本低、操作过程简便，还可循环利用。使用时先展平箱子，将箱子撑开，并将箱面按压至箱子内部，合上箱盖，将上方卡扣对齐上方凹槽，把拉环插入圆孔并按压至底部对准凹槽即可成型，而且折叠后的快递箱可以适应仓库与运输途中的堆叠码放，节约仓库容量，有

图1-3　"Zero Box"快递盒

图片来源: https://www.zerobox.com/。

① 灰度环保有限公司：《一款没有胶水不带胶带封箱的盒子》，https://www.zerobox.com/，2018年9月29日。

效提高物流运输效率和物流周转率。除此之外，实验表明这款快递箱可以有效循环使用60次以上，单次使用价格折合比纸箱低至少30%以上，是国内现行周转型塑料快递盒的典型代表。

3. 共享化塑料快递箱设计

周转型塑料快递箱的共享化设计，其包装主要承载标准化的，体积大小较为统一、规则等物品的运输，一般采用环保型塑料或者其他含塑混合材质居多，但考虑到包装内装物对包装材料的特殊需求，也会根据产品本身的物理、化学特性，选用与之相适应的特殊型材料，为包装增添内装物产品所需的材料特性，满足不同类型或不同属性产品的包装需求。而包装形态上则以产品的安全防护设计和包装的便捷回收设计为主，还包含更多样化的可适配性功能设计。除此之外，周转型塑料包装的"共享化"设计还可根据产品体量进行单元化物流箱的模块化定制，降低包装储存空间的间隙率及物流运输成本。例如，顺丰速运的EPP循环保温箱（如图1-4所示），①其作为冷运物流使用的循环保温箱，有着巧妙排布的冰盒卡槽设计，避免货物相互挤压的同时可实现冷气循环及准确控温。而且其采用与婴儿奶瓶相同的PP材料制作，不含有毒发泡剂和助剂，并可快速降解，拥有极佳的耐久性、柔韧性及防冲击和表面保护性能，结合顺丰的运营模式可实现持续循环使用，有效避免"白色污染"。

图1-4 顺丰速运EPP循环保温箱

图片来源: https://www.sohu.com/a/190748727_757185。

---

① 《告别纸箱，顺丰这款循环箱可使用70次以上》，腾讯网，https://new.qq.com/rain/a/20211118A0602A00，2021年11月18日。

（二）按照运输距离划分

1. 短距离周转型塑料包装设计

短距离周转型塑料包装的共享化设计，其包装主要承载同城的快递运输，可快速适应同城快递运输中的高时效性、快便捷性以及多功能性等要求，满足单个城市范围内的用户对商场、超市以及餐饮店的购买需求。这不仅减少了产品运输过程中的耗损，还能有效减少一次性塑料包装的使用，一定程度上减轻了环境的压力。

2. 长距离周转型塑料包装设计

长距离周转型塑料包装的共享化设计，其包装主要承载跨城和多城的快递运输，可承受高频次的搬卸、拆折，多次使用，有效保障物品在全国范围内的运输安全以及减少包装的资源浪费现象，而标准化的规格则可以满足单一物流与集约物流的需求。结合了先进智能技术的快递包装还可以实现物流全流程的监控和追溯，有效推动共享快递包装的高效率运行。

二　共享化塑料包装设计的价值

目前，快递、电商行业由于受到（移动）互联网及移动支付等高新技术的影响，其市场业务量也受到了史无前例的激增，正以百亿件为单位的速度逐年增长，但行业现行的快递包装仍以一次性的木质纸箱包装居多。由此可知，现行的一次性快递包装给行业和环境带来的压力是十分巨大的，解决方案的出台已经迫在眉睫。加之物流行业绿色循环是大势所趋，各大电商企业纷纷开始涉足共享包装领域，周转型塑料包装将极可能成为未来快递包装的一种主导形式，是实现快递产业绿色发展的一种有效手段。而且周转型塑料包装的共享化设计除了使包装具备传统快递包装基本的保护与运输功能外，其优势还在于包装能够与5G技术、智能化技术以及智慧物流进行技术结合，使包装具备更高级别的信息安全性、产品防护性、运输与回收的便携性等功能，推动包装从资源消耗型向绿色环保型转变，实现对社会资源的有效集成和持续节约。[①]其中,周转型塑料包装的"共享化"设计由于包装应用模式的特殊性,其价值主要体现在以下三个方面。

第一,周转型塑料包装的共享化设计通过共享机制特征,提供包装多次循环使用的基本功能,极大程度上降低个体包装单次使用的环境成本、物流成本与回收成本,以实现包装减量化与绿色化设计效果。

第二,周转型塑料包装的共享化设计是包装产业链与社会经济资源进行合理优化配置的关键,通过包装的管控式设计,实现包装在仓储、运输、销售及回收过程中的精益化管理,有效提高包装产业链效用比。

第三,周转型塑料包装的共享化设计通过包装搭载智能硬件模块,实现抵御和抑制包装物品的机械变化与生物变化的作用,增强了商品和信息流动的安全性,拓展了包装在物流系统中的智能功用。[②]

第三节
周转型塑料包装共享化设计的程序及方法

周转型塑料包装的生命周期主要包括设计、制造、流通、回收等程序。每个流程涉及的环节不同,对包装功能需求的侧重点也会有所不同。制造环节主要涉及包装原材料的选择与使用,流通环节主要涉及包装的装卸、分拣、运输和配送。回收环节主要涉及包装的溯源和循环可持续。通过对周转型塑料包装功能性需求和设计要求(如图1-5所示)的研究,从材料选择、结构设计及信息传达设计三个方面,探索周转型塑料包装的共享化设计方法,并为后续同类型包装设计研究提供些许参考。

---

① 柯胜海、杨志军:《共享快递包装设计及回收模式研究》,《湖南工业大学学报》(社会科学版)2020年第2期。
② 柯胜海、陈薪羽:《"新限塑令"背景下共享包装功能结构设计研究》,《湖南包装》2020年第1期。

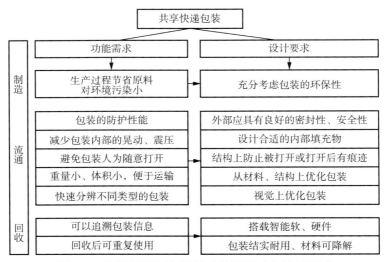

图1-5 周转型塑料包装的功能性需求和设计要求

图片来源：笔者绘制。

一 材料选择

目前，中国的快递包装主要由瓦楞纸箱和塑料袋组成。调查数据显示，不同材料在快递包装占比最大的为大号黑灰塑料袋，约占47.63%，其次是小号纸箱和瓦楞纸箱，分别约占47.49%和44.03%（如图1-6所示）。

同时，包装的使用也会排放一定量的二氧化碳。相关研究报告表明，2018年中国快递包装排放二氧化碳高达1303.10万吨，若不尽快采取有效措施加以控制，到2025年中国快递包装在全生命周期的碳排放量将突破5706.10万吨（如图1-7所示）。[①]另外，由图1-7可知，中国快递包装材料在生命周期各阶段中，在原材料阶段产生的碳排放占比最大，如何从源头减少快递包装碳排放量迫在眉睫，对于快递包装材料的选择也成为至关重要的问题。相关包装材料类型、常用品种、应用形态及优点汇总，如表1-1所示。

---

① 绿色和平：《2019年中国快递包装废弃物产生特征与管理现状研究报告》，https://www.useit.com.cn/forum.php?mod=viewthread&tid=25526&from=album，2019年11月30日。

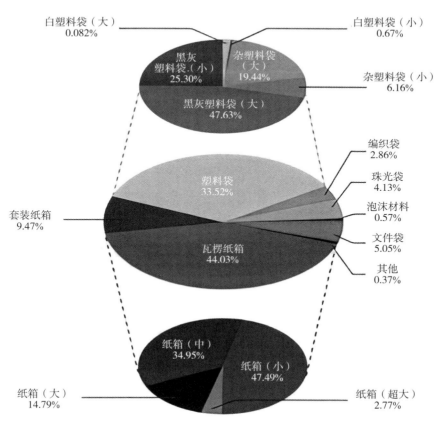

图1-6　不同材料在快递包装的占比

图片来源：中国快递包装废弃物产生特征与管理现状研究报告。

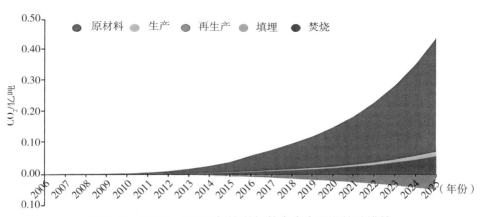

图1-7　2006—2025年快递包装全生命周期的碳排放

图片来源：中国快递包装废弃物产生特征与管理现状研究报告。

表1-1　　　　　包装材料类型、常用品种、应用形态及优点汇总

材料类型	常用品种	应用形态	优点
纸材	①白卡纸 ②胶版印刷纸 ③普通食品包装纸 ④牛皮纸 ⑤厚纸板 ⑥标准纸板 ⑦瓦楞纸板	①瓦楞纸箱 ②瓦楞纸盒 ③平板纸盒 ④纸袋 ⑤纸杯（碗） ⑥纸罐 ⑦纸筒	①原料来源广泛，价格低廉 ②具有一定的刚度和强度 ③具有良好的弹性和韧性 ④具有优良的印刷适应性 ⑤具有较好的耐热性 ⑥质轻可折叠，节省储运空间 ⑦加工方便，适应性能好
塑料	①聚乙烯 ②聚丙烯 ③高密度聚乙烯 ④低密度聚乙烯 ⑤亚克力有机玻璃 ⑥聚酯 ⑦聚碳酸酯	①塑料薄膜 ②塑料箱 ③塑料瓶 ④塑料桶 ⑤塑料袋 ⑥塑料网 ⑦泡沫塑料	①透明度好，内装物可以看清 ②具有一定的物理强度 ③防潮、防水性能好 ④耐药品、耐油脂性能好 ⑤耐热、耐寒性能良好 ⑥耐污染，包装卫生 ⑦适宜于各种气候条件
金属	①低碳薄钢板 ②镀锌薄钢板 ③镀锡薄钢板 ④镀铬薄钢板 ⑤铝板 ⑥铝箔 ⑦镀铝薄膜	①集装箱 ②钢桶 ③钢箱 ④饮料罐 ⑤药品管 ⑥牙膏管 ⑦衬袋	①机械性能优良、强度高 ②加工性能优良 ③具有极优良的综合防护性能 ④特殊的金属光泽，易于印刷装饰 ⑤材料资源丰富，能耗和成本低，具有重复可回收性
玻璃	①纳玻璃 ②铅玻璃 ③硼硅玻璃	①玻璃瓶 ②玻璃罐	①具有优良的化学惰性和稳定性 ②具有优良的光学性能 ③具有低膨胀性和耐高温
陶瓷	①陶器 ②瓷器	①陶器瓶、罐 ②瓷器瓶、罐	①优良的耐热性、耐火性和隔热性 ②具有耐酸性和耐药性
天然材料	①木 ②藤 ③草 ④叶 ⑤竹 ⑥茎 ⑦壳	①工艺品包装 ②礼品包装 ③运输包装 ④一次性包装 ⑤天然绿色包装 ⑥隔热包装 ⑦缓冲包装	①就地取材，绿色环保 ②成本低廉，易于加工成型 ③优良材料特性，保护性能好 ④材料功能用途广泛
复合材料	①玻璃纸与塑料 ②纸与塑料 ③纸与金属箔 ④塑料与金属箔 ⑤玻璃纸与塑料和金属箔	①真空包装 ②气体置换包装 ③封入脱氧包装 ④干燥食品包装 ⑤无菌充填包装 ⑥蒸煮包装 ⑦液体热充填包装	①功能完美 ②品种多样 ③价格低廉 ④可适应不同产品需要

国外已经开始积极研究可再生材料和利于降解的防护性材质，国内对快递包装材料的研究无论在理论成果方面还是工艺技术方面都较为欠缺。

在周转型塑料包装的"共享化"设计中，材料选择的合理性依赖于对产品性能和材质研究的科学性。首先需要考虑快递内装物的具体形态、重量、成本等首要因素，其次需要根据其物态的区别进行针对性设计。除此以外，在可持续理念的发展模式下，所选材料需要在周转型塑料包装的使用周期中对人体不会产生危害，并且能够最大限度地缓解环境的压力。因此，包装材料的合理性和环保性是实现周转型塑料包装的"共享化"设计的重要基础。周转型塑料包装的材料必须满足可循环使用的条件，其具体内容如下。

（一）轻量性

轻量性指的是在保证包装的有效强度和安全防护性能的前提下，适当降低包装材料的容积比例，使用较少的原料和能源的投入达到规定的生产及消费目的。2018年2月，中国发布《快递封装用品》国家标准，[①]该标准修订了轻量化的原则，建议企业在满足快件安全寄递要求的前提下，采用低克重、高强度的原材料生产快递封装用品。新的《快递封装用品》国家标准对节能减排、低碳环保、可持续发展等重要绿色发展理念有着十分重要的意义，可以更好地满足绿色快递的发展需求。泡沫塑料作为一种重量轻、成本低的包装材料，被长期用于生鲜产品、易碎物品的保护中。但是泡沫塑料无法重复使用，在环境中也无法降解，不仅对环境危害大，对人体也会产生不良影响。特别是泡沫塑料碎屑，容易被吸入口中，产生生命危险。因此，周转型塑料包装使用的材料在生产过程中要减少塑料制品在整体中的配比，通过压缩包装材料的体积和面积来减少材料成本，减小包装密度使质量减轻，让包装在轻型化的基础上更加轻薄，这不仅可以减少原料成本和运输成本，还可以实现节能减排，在源头上减少资源消耗和包装废弃物的数量。

---

① 经济日报：《〈快递封装用品〉等291项国家标准发布》，中国政府网，http://www.gov.cn/xinwen/2018–02/08/content_5264781.htm，2018年2月8日。

（二）耐磨性

耐磨性是指材料抵抗机械外力磨损的性能，是在单位荷重的磨损条件下，单位面积在单位时间的磨损程度。传统瓦楞纸箱的箱体四角在多次搬运装卸后，特别是触碰到潮湿处或被雨水淋湿，会造成包装的损坏，严重的还会影响到内装物品，因此包装材料的耐磨性是需要充分考虑的。为了方便携带和配送，长距离周转型塑料包装的共享化设计，其包装主要采用可折叠的外结构，在使用周期内会经历多次重复开合，在机械或人工装卸时包装表面也会产生一定的磨损。因此，包装折线处和折角处需足够耐磨，材料需足够坚固耐用，以免使用过程中被碰撞磨损而毁坏。[①] 相比于硬度、温度、强度等影响因素，包装材料耐磨性的影响因素主要是塑性和韧性以及表面粗糙度。高塑性和高韧性的材料不仅具有良好的抗变形能力，而且在变形或断裂过程中具有较高的吸能能力。这些特性，加之材料表面适当的粗糙度，有助于提升包装材料的耐磨性、耐腐蚀性和抗疲劳性能。

（三）耐折性

耐折性指的是材料在反复弯折或折叠时，能够抵抗破坏并保持结构完整性的能力，通常在一定应力作用下进行评估。包装在不同地点转移的过程中会有许多不可控的因素，例如包装展开和折叠时会高频次地对同一部位进行翻折，久而久之会对翻折线造成一定的磨损。不同运输工具在行驶途中会产生随机的振动，在不同质量的路面运输的颠簸造成的冲击力也会造成包装相互挤压。人工分拣时随意抛掷快件的现象也时有发生，快件跌落产生的压力也会损坏包装表面。因此，周转型塑料包装所选材料需表面刚度高、抗划痕，且耐折性强，能抵抗一定的冲击力和振动，不易开裂。

---

① 黎英、陈龙：《论共享包装设计的可持续发展之路》，《湖南包装》2018年第5期。

（四）阻隔性

阻隔性是针对渗透对象如气体、水蒸气、液体、有机物等而言的，材料对特定渗透对象由其一侧渗透到另一侧的阻绝隔离性能。快递在运输过程中需要考虑气象环境因素，城市跨度大的快递运输会受到天气的影响（例如雨、雪、风天气，高温、太阳暴晒等）有可能导致快递内装物发生变化（例如冰冻物品出现融化、渗水或化学制剂出现化学反应等情况）。因此，周转型塑料包装使用的高阻隔性的包装材料具有低透过性、阻隔性和耐化学药品性的特点，可以有效隔绝水、油，耐高温、抗腐蚀，扩大了可运输的产品范围，有效避免了外部环境对内装物的影响，也提高了周转型塑料包装的利用价值。

（五）生态性

生态性是指材料的使用可以减轻对地球环境的负荷，具有能与自然生态环境协调共处的性质。主要包括三个方面的内容：一是材料在开采、生产、运输、储存等过程中对地球资源、能源和环境是否有不利影响；二是材料在使用过程中是否会对人体健康产生危害；三是材料在解体、分解时产生的垃圾、粉尘等是否会对环境产生危害，以及产生的垃圾是否可以回收利用。如今，在快递运输中被广泛使用的瓦楞纸箱因得不到合理有效的统一回收而被当作废品丢弃，封箱使用的透明胶带也是包装废弃物的主要来源，因此，生物降解塑料以其质量轻、耐腐蚀、适应强度优及可降解的特性，成为周转型塑料包装的首选。这种包装材料可以使原材料得到重复利用，降低生产成本，缓解资源短缺的问题，促进节约型生产，促进社会效益和经济效益的提高。

二　结构设计

周转型塑料包装的共享化设计，主要通过两方面的技术途径实现适配性、抗压性、安全性等功能，分别是机械工程技术和数字管控技术。其中，机械工程技术主要指利用物理定律，将不同的机械结构系统分析、整理并制造组合式结构的一种综合性应用技术；而数字管控技术则是指集成（移动）互联网技术、二维码识别技术、物联网技术，以及对产品的信息进行分析和处理并实现对产品的管理和控制的信息技术。[①]根据上述两种技术手段，将具体的功能设计进行物化形式设计，由此得出以下三种不同功能的周转型塑料包装结构设计形式（如表1-2所示）。

表1-2　　　　　　　　周转型塑料包装结构设计形式

	类型		特点	优势	针对领域	途径
周转型塑料包装结构设计形式	可折叠外结构	轴心型剪式铰折叠结构	沿轴心向内挤压	运输过程中节省空间；配送过程中便于携带	常规的日常用品	机械工程技术
		平铺型翻折式折叠结构	沿中心向内翻折			
		伸缩型平行式折叠结构	沿水平线平行压缩			
	可适配内结构	充气式适配结构	充气缓冲气囊可紧密贴合产品	减少产品在运输流程中受到损坏；节约多尺寸快递包装的使用	体积小的产品	
		弹性绷带适配结构	松紧绷带可固定产品		非常规的日常用品	
		多规格螺旋式适配结构	螺旋升降按钮可控制包装大小以适配产品		酒水类产品	
	显窃启辅助结构	破坏式辅助结构	插拔式锁扣	一次性安全部件防止产品被开启	判断外包装开启前的安全性；保证产品在流通中不被调换	大部分日常用品	数字管控技术
			自锁式尼龙扎带			
		信号报警辅助结构	动态二维码开启箱体保证产品安全		贵重物品	

（一）折叠外结构设计

可折叠结构也称可展开式结构，它是具有一定对称性的特殊结构。其特征是具有两种不同的工作状态，分别为折叠状态和展开状态。折叠状态下，

---

① 柯胜海、陈薪羽：《"新限塑令"背景下共享包装功能结构设计研究》，《湖南包装》2020年第1期。

结构体积缩小，利于运输或储存。在外界驱动力的作用下，折叠结构逐步舒展为展开结构并锁定为稳定状态。[①]由于可折叠结构具有一定的伸缩性，利于重复性折叠存放和管理，因此可以应用于绝大多数的配送领域，其中扁平化是可折叠结构表现方式之一，包装整体可以通过简易结构变换提高物流环节中的空间利用效率，并且体现在快递物流的各个环节中。其优势在于：一是仓储、装卸环节，可折叠周转型塑料包装可以节省大量人力资源消耗，折叠后的包装在堆码时还可以提高库容利用率，最大限度地利用仓库储存空间；二是运输过程中无须预留空箱存放位置，一定程度上也节约了成本，减少了空间占用；三是回收过程中，折叠后的包装体积可缩小几倍，便于携带。[②]因此，周转型塑料包装的可折叠结构形式主要分为以下三种类型。

1. 轴心型剪式铰折叠结构

轴心型剪式铰折叠结构是将塑纸板经裁切压痕后成型，上摇盖与箱体连接，经外力挤压后可以实现箱体折叠的形式，其特点是折叠时箱体沿轴心向内挤压。折叠时箱体两侧沿着轴心 O 呈 "X" 形向下挤压，箱体上、下两面趋于重合后达到折叠状态（如图1-8）。

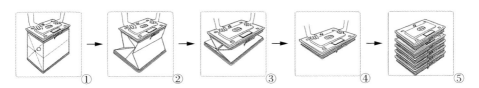

图1-8　轴心型剪式铰折叠结构示意图

图片来源：笔者团队成员创作作品。

2. 平铺型翻折式折叠结构

平铺型翻折式折叠结构是箱体通过拆分四周的纸板以达到完全平铺的形

---

① 孙从军：《折叠网格结构的几何构成及其力学性能研究》，硕士学位论文，哈尔滨工业大学，2007年。

② 柯胜海、陈薪羽：《"新限塑令"背景下共享包装功能结构设计研究》，《湖南包装》2020年第1期。

式，其特点是折叠时四周沿中心向内翻折。例如，灰度环保科技有限公司研发的冷链箱（如图1-9所示），箱体四面可以向外展开并卸下，卸下后展平箱子可达到平铺状态。

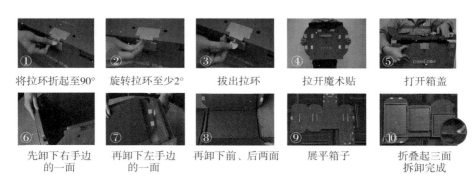

| ① 将拉环折起至90° | ② 旋转拉环至少2° | ③ 拔出拉环 | ④ 拉开魔术贴 | ⑤ 打开箱盖 |
| ⑥ 先卸下右手边的一面 | ⑦ 再卸下左手边的一面 | ⑧ 再卸下前、后两面 | ⑨ 展平箱子 | ⑩ 折叠起三面拆卸完成 |

图1-9　平铺型翻折式折叠结构示意图

图片来源：https://www.huidugroup.cn/。

3. 伸缩型平行式折叠结构

伸缩型平行式折叠结构是沿水平线压缩或者延伸物体体积，以此改变其对空间占用体积的形式。其特点是折叠时沿水平线平行压缩，横截面的直线间距具有一定的周期性。折叠时A所在面与B所在面相向挤压以实现压缩后的扁平状态（如图1-10所示）。

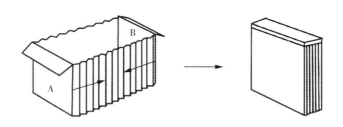

图1-10　伸缩型平行式折叠结构示意图

图片来源：笔者绘制。

可折叠结构的设计关键主要有两点：一是包装折叠处在长期使用后较易磨损，因此对包装材料的耐用度和强度有一定要求。在包装折叠结构的材料选择上，应根据包装折叠频率，选用韧性与耐性较强的材料，增加折叠结构的使用寿命，保证包装的使用效果。二是由于包装的壁厚会对周转型塑料包装的使用产生较大影响。实验研究表明，包装的壁厚过薄会造成刚性和强度不足，运输、装卸时若受到挤压冲撞容易变形或者破坏，甚至报废不能继续使用，对内装物也会产生一定的影响。而包装的壁厚过大除了浪费材料外，还会相应增加成型周期，会产生气泡、缩孔等加工缺陷，其中以PE材料作为参考，推荐包装壁厚在0.6mm至3.2mm最佳。[1]

（二）可适配内结构设计

可适配结构也称自适应结构，指能够适应不同尺寸及多种形态的产品并可减弱运输过程中产品受到的外界压力或震动的影响，以提升包装的缓冲性能和适用容错率的结构形式。在其结构设计上，首先，包装的适配部件要以不影响产品放置为前提，尽量减少相应的体积结构；其次，包装内结构应尽量以通用性设计为原则，提升应用维度和操作效率。可适配内结构设计的优势体现在：第一，可以缓解装卸、分拣以及配送等环节的震压，避免产品在运输过程中受到二次损坏；第二，可以提升多尺寸快递包装的使用效率，减少不必要的包装浪费。周转型塑料包装的可适配内结构形式主要分为以下三种类型。

1. 充气式适配结构

充气式适配结构是通过气囊中的空气来缓和外界的物理冲击力，从而达到保护产品的结构形式，能根据内转物体积与形态大小来适配缓冲气囊的保护范围，以实现包装最佳减震减压效果。充气式的周转型塑料包装箱（如图1-11所示）通过对箱内气囊在设备辅助下进行充气，使气囊能够与内装物充分贴合，达到保护内装物的效果。充气式适配结构在设计中需要注意两点：一是气囊材料的外壁不宜过薄，以免物流过程中发生尖锐物划破的情况；二是应注意充气口数量的设置，需控制充气的时长，以免在充气步骤浪费过多时间。

---

[1] 韩玲：《关于塑料产品的结构设计及材料成型注意事项》，《机电产品开发与创新》2018年第4期。

图1-11　充气式共享包装箱

图片来源：笔者团队成员创作作品。

2．弹性绷带适配结构

弹性绷带适配结构是指产品通过包装内部两端的魔术贴布相交从而达到固定作用的结构形式，其特点是利用绷带可伸缩的特性，固定产品的移动范围，降低产品破坏概率。例如，顺丰速运使用的可循环快递包装箱——"丰·BOX"（如图1-12所示）采用的就是可调节松紧的魔术贴布固定产品，[①]由于其可活动范围较大，可以适应非常规形状的产品的运输。

图1-12　顺丰速运"丰·BOX"

图片来源：http://www.56lim.com/news/show-84.html。

---

① 《顺丰可循环包装"丰·BOX"践行绿色环保理念》，搜狐网，https://www.sohu.com/a/426054117_120329146，2020年10月20日。

3. 多规格螺旋式适配结构

多规格螺旋式适配结构，指通过螺旋调节旋钮的高低控制大小以固定产品的形式。多规格螺旋式的周转型塑料包装（如图1-13所示）是针对酒品行业设计的，它能适配不同高度的瓶形、多种口径尺寸、不同大小瓶底，通过改变传统酒品包装的结构，内置一个螺旋可升降调节旋钮，可旋转升降来控制包装内空间的大小，从而使不同尺寸的酒品在包装内保持固定。多规格螺旋式适配结构设计具有一定的局限性，在设计时还应充分考虑其他领域产品的运输。

图1-13　多规格螺旋式的周转型塑料包装

图片来源：笔者团队成员创作作品。

可适配内结构的设计关键主要有两点。一是设计时需注意测试结构的稳固性，尤其是运输特殊物品时，避免出现共振现象。由于固有频率接近或相同而产生的冲击效应形成的破坏力，会使快递包装的结构出现疲劳破坏，从而降低了对内装物的保护效果；同时，长时间运输中振动产生的力量会导致内装物表面相互摩擦，引起松动、划痕等现象的发生，影响内装物质量。二是适配部件的封合牢度和间隔距离应根据产品大小、重量、表面是否有棱角等来确定，充气缓冲结构可采用多层聚乙烯薄膜与高强度、耐磨损的尼龙布作为缓冲的表面材料，不仅能延长其使用寿命，还可回收利用，并且克服了一般气垫薄膜因所充气体受周围气温的影响而热胀和冷缩的缺点。[①]

（三）显窃启辅助结构设计

显窃启设计，指通过打开或破坏部件结构上安置的显示物或障碍物才能取出内装物品的安全设计形式。当显示物或障碍物被破坏则会留下开启凭证，以提供防伪功能。显窃启技术在包装上的应用因包装材料、容器结构、内装物的不同有很大区别，具有多样化特征。[②] 在结构设计上，首先，显窃启辅助结构设计应以人性化为原则，坚持以人为本的设计理念，结构应简洁易懂，易于操作。其次，针对不同领域的产品应设计相对应的显窃启辅助结构，例如，通过在包装中加入智能辅助设备，以增强实时监管能力，虽然制作成本相对较高，但因安全性能优越而适合珠宝、艺术品等领域的贵重物品。其优势主要体现在两个方面：一是可以直观地判断外包装开启前是否被开启，具有单次破坏性的特点，便于配送员与消费者辨别；二是可以保证产品在流通过程中不被调换，有效避免以假乱真的现象。周转型塑料包装的显窃启辅助结构形式可以分为以下两大类型。

1. 破坏式辅助结构

破坏式辅助结构是通过放置一次性的安全部件防止产品被开启的结构，安全部件具有使用方便、成本低廉的特点，主要分为插拔式锁扣和自锁式尼龙扎带。插拔式锁扣操作上相对简单、便捷，可快速对包装进行上锁封箱，而且其防伪安全性能强、包装材料环保可降解。例如，应用于灰度环保科技有限公司设计的 Zero Box 循环环保箱插拔式锁扣，其锁扣通过箱体环形圈后插入箱体盖中央的空隙，并向下90°按下即可完成封箱（如图1-14所示）。而

① 雷杰、李鑫、李杰：《新型充气式防震包装的研究》，《包装世界》2005年第1期。
② 金国斌：《智能化包装技术及其发展》，《中国包装》2002年第5期。

自锁式尼龙扎带则具有止退功能，扎紧后无法解开，具有绑扎快速、绝缘性能好、自锁禁锢等特点。例如，由丰合物联设计的快递宝使用的一次性扎带在锁扣上印上了二维码，当前存放的内载物信息都可以通过扫描二维码获得（如图1-15所示）。

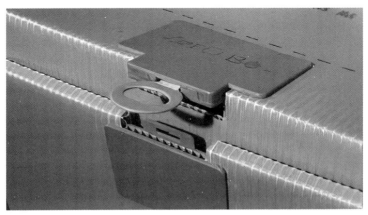

图1-14 Zero Box插拔式锁扣

图片来源: https://www.huidugroup.cn/。

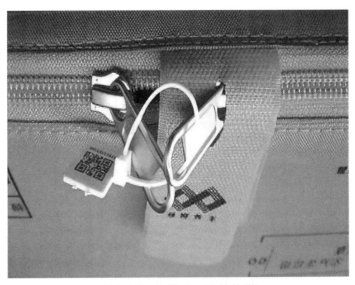

图1-15 快递宝一次性扎带

图片来源: https://www.xianjichina.com/special/detail_317861.html。

2. 信号报警辅助结构

信号报警辅助结构是通过包装内搭载的传感器、智能技术等软硬件设备，在包装处于不安全状态时向消费者发送报警信号。其特点是通过动态二维码保证箱体内产品安全，优势在于通过与手机互联，实时监控产品状态，最大限度地确保用户寄件物品的安全与隐私，因此可应用于价值较高的贵重物品。手机扫描包装显示屏出现的实时二维码后可以获取包装的相关信息，并自动向云端服务器发送该包装请求开锁的信息。服务器接收消费者请求信息后进行确认并发送开锁命令。手机蓝牙接收到服务器的开锁指令后，将开锁命令也称为开锁密钥传输至包装门锁芯片，芯片接收信息并确认，最后通过电路控制锁芯执行开锁动作（如图1-16所示）。

图1-16 信号报警原理

图片来源：笔者绘制。

显窃启辅助结构的设计关键主要有三点。一是破坏式辅助结构可以充分考虑新型材料，例如在人为外力作用下会变化颜色的一种塑料薄膜，薄膜在使用前涂有不同波长的反射干涉涂层，可以通过颜色变化判别。或者一种新型光纤封条，只需用照明光线或者依靠室外明亮光线即可分辨位置是否产生错动。[①] 二是破坏式辅助结构由于其结构特性只能一次使用，因此更多应用于快消产品中，设计时应找准产品定位与消费需求。三是信号报警辅助结构的成本相对于其他结构成本较高，操作较复杂，大部分企业难以支付大量购入该类型包装所需的高昂费用，因此在应用时可以考虑改进其模式，如租赁模式就可以随用随租随还、不需要存储过多的包装，可减少企业在包装上的高

① 张逸新、吴梅：《包装的材料防伪技术》，《包装工程》2003年第5期。

额投入，从而实现资源节约化、方式灵活化。此外，通过互联网共享数据满足了企业和消费者对数据实时性的要求，但是数据的安全隐患还需要加以防范。

三　信息传达

（一）本体信息传达

周转型塑料包装本体主要包括物流信息和商品信息，在信息传达功能上，更侧重准确传达和传达效率。因此，周转型塑料包装的信息传达设计，主要包括以下两个方面。

1. 信息管理数字化

周转型塑料包装每天都处于分散的不同环节中，并在同城运输、跨城运输的物流链间流通，其间所需处理的物流信息量和商品信息量是十分庞大的。如何快速、高效地进行信息管理，是目前周转型塑料包装的信息传达设计所急需解决的问题。因此，周转型塑料包装的信息管理数字化在此设计环节中，具有至关重要的作用。为了准确地传达包装的信息及特性，依据可识别性原则，对包装上的图案、文字、颜色等信息进行数字化改造，使包装的物流信息和商品信息实现数据透明化的信息管理。而其设计内容主要体现在两个方面：一是在物流信息方面简化快递运单，对包装的物流状况和产品属性等信息进行数字化管理，构建数字化的高效包装管理体系；二是在商品信息方面进行标准化设计，统一快递袋（箱）上的颜色、文字、标记。由于周转型塑料包装不会被缠绕的胶带、快递面单遮盖包装本体，外部的信息可以更有效地传达给快递员和消费者。

2. 色彩设计情感化

色彩具备的象征意义在传达商品属性的同时，还可以引起消费者的情感共鸣。快递包装的视觉色彩可以创造相当可观的附加值，是有效直接的信息传达方式和富有吸引力的设计手段之一。同时色彩也可以象征不同的感觉，而善于总结色彩的象征性特点并加以利用，可以引导人们进一步关联产品特性。例如，蓝色会给人寒冷、冰冻的感觉；红色会给人温暖、警觉、富有冲击力的感觉等。周转型塑料包装色彩设计应遵循情感化原则，根据不同的应用领域对应的快递类型，建立统一的视觉体系，让经手快递的工作人员和消费者可以通过颜色区分快递类型。

（二）非物质化信息传达

非物质设计是社会信息化的产物，是以信息设计为主的基于服务的设计。[①]在非物质化设计的发展趋势下，一方面，快递包装不仅仅代表了一个承载商品的容器，人在共性需求上的满足不再是产品设计的核心，非物质化的设计将拓宽产品设计在人们日常生活多样性和细微含义的可能性；[②]另一方面，随着人们资源、爱护环境意识的提高，消费观念也从物的层面转变为服务层面，从物为我用转为物尽其用，从而使有限的资源得到充分有效的利用。

因此，在物联网正极速发展的时代背景下，周转型塑料包装需要本体信息传达与智能化功能相结合，以便适用于更多的应用领域，并且通过非物质的智能化功能拓展可以实现包装价值的最大化。主要体现在以下两个方面。

1. 包装信息管理

传统快递包装普遍存在物流信息识别紊乱、仓储运输隐患等问题，而周转型塑料包装可以通过非物质化设计和可靠的在线包装信息管理，减少包装面单的使用，有效提升包装的安全性。二维码技术的应用从管理层面有效地弥补了因物流次数的增加而造成的包装保护性、安全性等方面功能被客观减弱的缺陷[③]，可以实现商品溯源信息的可视化传播，对产品的全过程实现实时可视化监控。例如，海鲜或者疫苗类冷链产品，由于其对存储、运输环境要求比较高，

---

① 成朝晖：《设计的未来与未来的设计——解析非物质设计》，《中国美术馆》2007年第11期。
② 张敬：《非物质化设计趋势下包装的情感体验设计研究》，硕士学位论文，华东理工大学，2012年。
③ 柯胜海：《基于二维码技术的电子商务"零包装"设计研究》，《包装工程》2013年第8期。

便可以采用实时可视化演示的方式，增加消费者产品安全可信度。此外，还可通过对商品产地以及各种优势资源的拍摄展示，实现产品的品牌追溯与推广。[1]与此同时，消费者也可通过扫描盒体二维码获取物态包装的相关信息，并通过小程序了解周转型塑料包装的使用过程和回收流程。

2. 包装交互传递

在信息加速传播的时代，每一种非物质信息设计都是可以进行互动传播的，与生产方、运输方、使用方的信息交流是贯穿包装生命周期的全过程中的。周转型塑料包装以信息共享平台的形式通过非物质信息设计向使用方展示包装生产制造过程，提供不同类型的包装选择，实现商品复杂使用过程的动态化展示，并且通过回收提高信用值的奖励机制促进与使用方的互动体验，让包装交互传递形成快速、广泛、低成本并具有针对性的一体化信息传递模式。

四　内容设计

周转型塑料包装的共享化设计，不是单纯的运输包装设计，也不是单纯的某一个结构或者功能的设计，而是涉及包装全生命周期、实现包装多种功能与形式完美结合的一种跨学科综合设计。由于周转型塑料包装的使用群体众多、使用范围广泛以及绿色可持续发展的特性，其设计应遵守环保性、通用性与易用性等设计原则。为了更贴合市场的未来发展需求，周转型塑料包装的共享化设计还需以技术嫁接为切入点，以包装回收服务设计为节点，结合新理念、新技术和新材料进行跨界产品输出，打造全新的智能一体化物流共享服务系统，并完善包装设计系统的相关内容。因此，周转型塑料包装的共享化设计内容，主要包括以下三个方面。

（一）包装实体形态

周转型塑料包装的实体设计作为实现整个物流共享服务系统在市场推行

---

[1] 柯胜海、吴益博：《平台式包装设计研究》，《装饰》2019年第6期。

的前提条件，必须在包装的材料、结构和技术等方面进行全新的设计研发，解决好包装的保护、运输等功能问题；同时，对包装的绿色可循环、回收便利性及产品适用性也要予以重视与保障。在包装的实体设计中，最为重要的是包装的可折叠、可适配、防窃启的标准化结构设计。其次，需要对包装的材料进行选择性应用。由于共享包装具有多次使用的特点，因此，可以适当放宽成本上的考虑，可选择降解性、耐折性较好的材料作为主体材料。最后，需要在包装的主体上进行识别驱动码的模块设计，在实现包装一物一码的同时，实现包装物与信息网络的有效对接。

（二）包装技术嫁接

从周转型塑料包装未来发展趋势来看，周转型塑料包装的共享化设计不仅需要考虑包装的材料与结构，还需要考虑不同学科领域间的技术嫁接设计，与时俱进地跟当下最前沿的理念、技术结合，使周转型塑料包装真正具备改变目前行业发展现状及优化人们生活方式的能力。技术嫁接指的是把一个领域中的理论方法、技术实践，嫁接转移到另一个领域的研究运用中，两者结合后产生的研究成果能适应新领域的技术要求与实践运用。其原理是在传统快递包装的基础上，采用绿色、环保的新材料，构想新包装结构及进行包装减量化，加入智能化技术、5G技术，联合智慧物流、5G网络覆盖下的万物互联大数据监测平台，使周转型塑料包装具备智能化功能，如无线检测识别、周边环境感知和实时信息传递功能，以实现包装的智能管控、防伪溯源等附加功能。这样，利用技术嫁接的形式使周转型塑料包装配套物流共享系统形成了一个全新的物流服务体系，可推进制造业物流往绿色生态发展的转型升级。[1]

（三）包装回收装置

周转型塑料包装的回收装置设计是指在包装回收工作中，其作为一个小

---

[1] 徐晓静：《基于绿色物流的绿色包装研究》，硕士学位论文，北京交通大学，2007年。

型自助服务站点且兼具包装暂存、回收及寄件功能的装置设计。这种回收装置操作简单、移动性能强，具有包装中转、过渡的作用，可放置在人工服务站点范围内的服务盲区，或作为缩短各站点间距离的中转站点使用，以此提高消费者收取包裹、使用寄件服务或归还周转型塑料包装的便捷性，同时也满足消费者日益增长的快递服务需求。因此，依据建设智能一体化物流共享服务系统的需要，回收装置应具备更人性化、智能化的功能，如AI智能助手、人脸识别、手机远程操作等功能，并且能关联智慧物流、大数据检测平台，进行信息收集、分析，增强系统操作行为的拟人化，使整个操作过程更加便捷，优化消费者的体验感。除此之外，回收装置还应遵循环保性、安全性、便捷性的设计原则，充分考虑周边环境、气候变化等地理条件，以及回收装置与人员配置间的物流管理、物流配送等问题，突出快递"最后一公里"配送方式的创新。[①]周转型塑料包装的回收装置设计得是否合理，会在很大程度上影响消费者对快递服务的体验及后续包装回收工作的难度，是影响周转型塑料包装能否大范围推广使用的一个重要因素。

第四节
周转型塑料包装的应用体系

近年来，共享包装领域的设计与研发均已取得了不错的成绩。相较于传统的快递包装，现行的共享快递袋、共享快递盒、共享快递箱等，其在包装设计形态、材料挑选、结构设计上都有了一定程度的创新与突破。而随着5G时代的到来，万物互联也已不再是幻想，这将会给各行业、领域的发展带来更多的可能性。而对于电商、物流行业的发展来说，更是有百利而无一害。同时，这也将会极大地拓展共享包装的可应用领域，以及增加更多包装应用模式的可能性和发展性。

---

① 王瑾：《关注环保难题 加快对快递包装分类回收》，《中国包装》2014年第3期。

一 周转型塑料包装的应用领域

目前，快递业同城运输与跨城运输所使用的包装通常都是传统瓦楞纸箱，并没有根据物品类型区分，国内也没有出台相关的规范标准，因此二者对包装需求的差异性也导致了很多问题的产生。首先，在消费升级的趋势下，同城运输催生了即时配送。即时配送最早是从餐饮外卖开始的，随后在商超领域得以快速发展。同城的运输包装大多不会经历分拣、仓储等环节，运输的物品往往都是急需使用的，一般直接通过商家送达用户手中。为了节约包装成本、节省人员包装时间，很多商超在处理订单时，不会按照物品的特性分类放置，用户收到快递后包装内的物品经常出现交叉污染等问题，例如冷冻产品的冰块融化污染到其他食品。其次，跨城运输通常途经多个分拨中心，快递包装会经历多次装卸、搬运，而为了节省时间，大多数快递都不会轻拿轻放，普通纸箱承载的运输物品在遭受暴力运输后往往容易损坏甚至报废。因此，周转型塑料包装作为一种新型快递包装，在其包装应用领域上具有一定的针对性。主要体现在以下两方面。

第一，针对短距离同城运输的大型超市、餐饮店的产品包装，如快消日用品、生鲜冷链产品或外卖快餐等，其特点是小批量、高频次、时效性强。此类产品在运输过程中对包装环境有较高的要求，尤其是外卖食品更需要在短时间内快速送达并保证食品完好无损，所使用的包装一般呈现出材料绿色化、功能分区化、环境可控的三个特点。[①]而传统线下超市大部分会提供一次性塑料袋或环保编织袋，餐馆的外卖食品使用的也是一次性塑料餐盒，由此便导致不同种类不同温度产品的无序堆积。因此，周转型塑料包装的短距离同城运输和配送服务，要从包装的送达时效性、保温保鲜性等方面进行综合考虑，实现分区管控、方便配送等功能。

第二，针对长距离运输的高附加值产品包装，如易碎品、名贵产品或特

---

① 何俊生：《快递行业配送路径模型优化研究》，硕士学位论文，重庆交通大学，2013年。

殊药品等，其特点是大批量、低频次、安全性强。此类产品在运输过程中对包装的缓冲性能有较高的要求，需要包装具有较好的抗压耐磨、防震防摔的产品安全防护功能，保护包装内产品在运输过程中的完整性。而传统快递包装往往依靠普通纸箱作为基础运输载体，其抗冲击和抗压性能都不足以保护内置产品，而且其在运输配送时也时常出现丢件、以假乱真的现象。因此，周转型塑料包装的长距离运输和配送服务要更加注重包装的产品安全防护、用户信息安全及包裹信息化管理等功能性需求的设计，从而提高包装的运输及配送服务的高效性、安全性、可控性。

基于此，周转型塑料包装在短距离和长距离的物流运输、配送服务中，其包装的具体应用领域，主要包括以下两个方面。

（一）周转型塑料包装在短距离运输中的应用

1. 同城快餐类的周转型塑料包装

餐饮外卖行业近年来发展极为迅速，从原来的电话订餐逐渐发展为通过App订餐，中国饭店协会外卖专业委员会、美团研究院共同发布的《中国外卖产业调查研究报告（2019年上半年）》显示，2019年上半年，中国外卖市场规模保持快速增长，高达2623亿元。[①]而外卖订餐也成了大量的公司白领、工厂员工、学生老师等群体日常生活中不可或缺的一种生活方式。这类人群大部分都属于不会做饭、不愿意做饭和没时间做饭的群体，大多数依靠订外卖来降低时间成本以提高工作生活效率。伴随着外卖行业这种新型服务业的快速发展也使得外卖送餐服务竞争越发激烈，由此也产生了诸多问题。首先，大部分餐饮外卖包装的功能在适用性上存在一定的缺陷，[②]单纯的塑料盒、塑料袋等简易包装无法对食品实现有效的保护，汤汁漏洒、餐盒交叉污

---

① 中国饭店协会外卖专业委员会：《中国外卖产业调查研究报告（2019年上半年）》，http://www.100ec.cn/detail--6529098.html，2019年9月30日。

② 谢斌、宋伟：《在线餐饮外卖发展、城市环境负外部性与垃圾监管》，《陕西师范大学学报》（哲学社会科学版）2018年第6期。

染、开合包装难的现象比比皆是，给消费者带来了较差的体验感。其次，目前普遍使用的餐盒无法达到保温保鲜的功能，由于配送不及时导致餐食变冷的问题还未找到合理有效的解决方法。再次，大多数外卖商家为降低成本常选用价格低廉、卫生质量不达标的包装塑料，用其盛放高温食物。当包装温度超过65℃时，塑料会析出毒素，渗入食物中，造成不可逆的健康隐患。最后，普通塑料的不可降解性也加重了环境污染，使用范围最广的塑料，如聚乙烯、聚丙烯和聚氯乙烯等也是无法在海洋中完成生物降解的。极小一部分可以生物降解的聚合物的降解则需要一些特定条件，例如在工业堆肥中长时间经过50℃以上的高温处理。由此所引发的健康问题和环境问题亟待解决。依赖大量消耗一次性用品的生活方式，必然造成严重的资源消耗和环境问题。

因此，快餐类的周转型塑料包装应按照食品不同的特质来进行选材和设计。针对短距离同城范围快餐类的周转型塑料包装，其共享化设计应从功能性与环保性两方面进行考虑。

第一，周转型塑料包装的功能性包括实现对食品的有效保护和保温保鲜功能。根据外卖食品的不同特点进行分区包装，防止不同品类食品相互混合影响口感。分区后外卖包装可以使配送员更直观地分辨不同的餐食，更快捷地找到餐食，提高工作效率的同时也能提高消费者的用餐体验质量。为实现食品保温保鲜功能，可以对外卖箱进行温度分区设计，高温区使用可充电加热蓄温板，低温区使用可充电制冷蓄温板，从而保证消费者食用到最可口的餐食。

第二，周转型塑料包装应采用生物可降解的环保型塑料材质，这样既不会给环境造成极大的压力，也不会与食品产生不良反应。① 例如，瑞士伯尔尼的 Re Circle 公司就是世界上较早推出可重复使用餐盒的企业。Re Circle 运用的是"随身携带"配合"押金返还"模式，公司会对合作商家出租餐盒，而顾客可以在 Re Circle 网站的地图上寻找会员餐厅，通过支付9欧元押金便可

---

① 王俊英：《餐饮外卖包装的适用性改良设计研究》，硕士学位论文，河北大学，2019年。

使用Re Circle可重复使用餐盒（如图1-17所示）。用餐后，顾客可以将餐盒送到任意一家Re Circle合作伙伴的门店，退回押金或交换干净的盒子。店铺将负责清洗餐盒并让它重新回到循环当中。同时顾客也可以选择保留餐盒，支付的押金将不退还。Re Circle除了提供可重复使用的食品容器外，还提供了两种可重复使用的餐具（如图1-18所示），分别是双头的叉勺和单独的刀、叉、勺等，方便消费者携带。

图1-17　Re Circle可重复使用餐盒

图片来源：https://www.recircle.com.my/。

图1-18　Re Circle可重复使用餐具

图片来源：https://www.recircle.com.my/。

2. 同城快消品类的周转型塑料包装

快消品主要指的是使用寿命较短、消费频次较高且持续消费的非耐用性消费品。品类多种多样，包括个人护理品、家庭护理品、烟酒产品、包装食品饮料等，[1]是人们日常生活的刚需。快消品的特点主要体现在便捷性、流动性、同质性方面。据统计，2023年全国居民人均消费支出结构中，快消品消费在居民消费中的比重约为43.6%，是居民消费金额最大的项目，表明快消品在居民消费中具有重要地位。[2]随着居民消费水平的不断提高，消费者网购习惯的不断深化，快消品企业在电商平台不断发展。[3]2019年，电商渠道在快消品各渠道的销售额占比将保持快速增长，淘宝的天猫商城作为国内最早一批建立本地网上零售超市的电商企业，旗下的天猫超市也涵盖了近万种商品，由于其可提供次日配送和每天三次配送、指定时间配送及指定日期配送等优质的配送服务，成为消费者日常购买快消产品的主要渠道之一。2019年1月，菜鸟联手天猫超市推广纸箱回收利用，回收利用的箱子是原本运输食品或纸品的五层瓦楞纸箱，符合规范的箱子会被贴上绿色标签，然后与天猫定制箱一同等待装货。这项举措的实行在一定程度上为中国节约了大量木材资源与水资源，提高了消费者的环保意识。但是快消品快递包装中大量使用后的纸箱、泡沫填充物和透明胶带被丢弃后无法回收，对环境仍产生了不可逆的危害。

因此，快消品类的周转型塑料包装的共享化设计应考虑包装的简便及易用性。为减少快递过度包装的情况，快消品类的周转型塑料包装在可循环回收的基础上将快消品大致分为两类：一类是无须二次包装的快消品，运送到仓库后无须任何操作，便可使用周转型塑料包装进行发货。这类快消品本身需具备一定的抗压抗损能力，如纸品、毛巾拖鞋、米、面、粮油等。另一类是无法使用自带包装的快消品，必须在到达仓库后进行二次包装才可发货。这类快消品在运输过程中若受到挤压震动，可能产生不同程

---

[1] 张潘丽：《基于订单预测的电商快消品前置仓仓储量优化研究》，硕士学位论文，华北电力大学，2020年。

[2] 《2023年居民收入和消费支出情况》，国家统计局网站，https://www.stats.gov.cn，2024年8月17日。

[3] 《财务RPA在快消品行业的应用案例》，https://blog.51cto，2020年2月11日。

度的磨损，如香烟、个人清洁品、化妆品等。快消品类的周转型塑料包装分类的优势主要有两个方面：一是减少包装材料成本、节省商品储运空间；二是消费者在平台购买快消品时，可以在商品界面看到该商品属于哪一类快消品，让公众更实际地参与到这项节能减排的环保举措中，提高分类回收意识。

3. 同城生鲜冷链产品类的周转型塑料包装

生鲜产品涵盖了栽植产品、肉类产品、水产品等未经深度烹调加工的泛农牧产品，在社会经济生活中属于需求量较广、较大的饮食类产品。随着互联网生鲜消费市场的兴起，诸多新老电商开始着手整合生鲜消费平台，其中最具代表性的综合性电商平台天猫网就催生出一大批生鲜销售商，他们借助天猫网原有的消费流量开始了网购生鲜物流包装的输出，基本形成了外装瓦楞纸盒、内装泡沫箱，以干湿冰袋进行填充的物流包装模式。[①] 而冷链产品从冷库仓储、短驳、安全质检、运输、销售等各个环节中，都需要处于规定的温度中，以保证产品质量安全、减少损耗，通常一条完整的冷链运输线成本是普通运输的3倍，所以生产厂家在无法进行高成本自建专业冷链物流的情况下，加之生鲜冷链食品不耐保存、易损耗的特征使得在运输和配送中使用的快递包装方式显得尤为重要，物流成本在生鲜电商的成本结构中占比巨大。根据资料统计，生鲜产品的物流集中运输损耗普遍在5%—8%，有的甚至超过10%，而在配送过程中，耗损基本上都超过20%。其中，最常见的问题主要表现在以下两个方面。

第一，冷链物流中的商品，在流通的过程中需要遵守3T原则，即流通所需时间（time）、贮藏所需温度（temperature）及产品的耐受性（tolerance）。[②] 冷冻和冷鲜都有严格的温度要求，冷鲜产品中不同的种类甚至需要按照不同的保质期限对应更为复杂的温度区间，因此，产品的多样性也要求商家必须尽可能监控商品的整个流通过程，这极大地提高了冷链运输包装的复杂性。

———

① 孙光晨：《物联网时代下的网购包装设计研究》，硕士学位论文，湖南工业大学，2015年。
② 龚树生、梁怀兰：《生鲜食品的冷链物流网络研究》，《中国流通经济》2006年第2期。

第二，蔬果类产品在运输途中由于包装不到位而相互挤压、震荡导致食品表面受损，不仅增加了消费者的售后时间，也加重了商家因退换货产生的成本。

因此，生鲜冷链产品的物理属性要与包装特性相匹配，同城短距离范围的生鲜冷链产品类的周转型塑料包装应考虑包装材料和保鲜效果。其内容具体体现在两个方面：一是包装内部材料相对于普通快递包装除了需要达到坚固耐用以外，尤其在防水性、抗菌性、密封性等方面提出了更高的要求；二是结合包装的保鲜技术、微冻技术、预冷保鲜技术等，提前对生鲜冷链产品进行预处理，同时生鲜冷链产品类的周转型塑料包装将搭载温控装置，实时对包装内的温度进行调节，以保证新鲜水果蔬菜的原生态及肉类的光泽和鲜美，满足了生鲜冷链食品在同城短距离配送中消费者对品质的高要求。

（二）周转型塑料包装在长距离运输中的应用

1. 易碎产品类的周转型塑料包装

2018年，国家邮政局Q3快递满意度调查报告中在快递安全方面，消费者意见集中于快递的破损变形问题。同一辆快递运输车所运载的快递往往由不同种类、形态各异的物品构成，其中不免包含一些易碎易损的物品，如玻璃制品、易损3C产品、镜子、灯管等。目前，市面上大部分的易碎品包装主要有以下三种类型。

第一类是散装材料填充物。其主要由废旧报纸、泡沫块、气泡膜等组成，这类填充物来源广泛且价格低廉，成为大多数商家的包装首选。但是其没有安全防护结构，只作为零散填充使用，缓冲性能较差。

第二类是一体成型的模壳缓冲包装和纸板。其主要针对具体产品进行一对一固定。这类包装防护性能较好且成本低，但是仍存在功能单一，废弃后难以处理等问题。

第三类是由瓦楞纸等纸材料组合成的包装骨架结构。其是由纸板经过一定弯折制成特定于包装内的结构框架，主要应用在酒品、3C产品中，但是这类纸板的抗湿、防潮性能较差，受潮后纸板易变软皱裂，产品的防护性能将大大降低。市场上针对易碎产品的快递包装设计还存在一些弊端，破损问题也给商家和消费者带来了一些麻烦。

因此，针对易碎品的周转型塑料包装应以结构设计为主要考量，[1]以减缓物品受到挤压和振动产生的破坏力，保证包装内装物的完整功能和整体价值为首要目标。首先，在保证产品安全的前提下，要提高包裹的装箱速度，从物流流程源头提升效率。其次，易碎品的缓冲结构应可循环使用，并且能适用不同尺寸、形态的易碎品。例如，顺丰速运针对易损3C产品和易损小件研发的"紧固包装"（如图1-19所示）。紧固包装作为一种新型的内包装材料，由薄纸板和塑料薄膜构成，与普通的气泡膜包装相比，有以下两个优点：一是以杯子为例，它的装箱效率比较高，可提升五倍左右；二是用30cm×15cm的塑料薄膜可以替代2—3m的气泡膜填充。实验表明，经过10次跌落实验后，里面的产品仍完好无损，承重能力要远大于同规格的纸箱。紧固包

图1-19　紧固包装

图片来源：http://www.qihuiwang.com/chanpin/871289.html

装通过让产品远离碰撞接触面，解决了传统气泡膜低效且内防护力较弱的问题，给国内易损品快递包装提供了解决思路。

2. 贵重产品类周转型塑料包装

黄金、珠宝、艺术品作为传统行业中高价值的品类，在很长一段时间内都集中在传统门店销售。电商行业的发展使得消费者的消费需求和消费习惯都发生了变化，特别是"80后""90后"的年轻消费者对款式个性化的诉求越来越

---

[1] 吴萍、高铭悦：《易碎品容器的瓦楞纸板包装设计研究》，《包装工程》2015年第1期。

高，传统门店消费模式已经无法满足消费者的需求，同时，支付方式的变化也让在线交易慢慢为大众所接受。但是珠宝等贵重物品在运输过程中丢失的情况接连发生，即使是由知名快递公司投递的，也没办法完全保证产品的安全，丢失快递后赔偿的损失与产品的价值相比就是九牛一毛。一些珠宝首饰的自身体积较小，包装后的快递体积也比较小，快递到达消费者手中前会经手多人，经过多次分拣运输，珠宝首饰就容易在这个过程中遗失甚至被人窃取。此外，贵重艺术品、珠宝等在线下门店都会配备专人和专业仪器进行检查，确认产品的真伪成色，而通过线上购买的产品经过快递运输后，消费者没有条件检查产品与商家出货前是否为同一款，给不法分子从中调换产品提供了便利。此外，艺术品种类丰富，不同艺术品对运输的环境要求不一，不仅需要具备适宜的温度和湿度，还需要杜绝虫蛀，甚至需要具备抗氧化的条件，国内在这方面的发展还有所欠缺，不乏因运输不慎导致艺术品损坏的案例。

因此，针对贵重产品的包装运输需求，周转型塑料包装的安全防伪性设计至关重要，是产品运输安全及溯源防伪的保障。而关于其包装的安全防伪性设计，则可以在两个方面进行考虑：一是周转型塑料包装内部缓冲物的材质应可以完全包覆内装的贵重产品，[①]并且不会与产品产生较大的摩擦；二是周转型塑料包装应搭载显窃启装置，且每个包装都应置有特定的电子编码，可以有效防止产品被调包的现象发生，消费者也可对产品进行溯源，确保与商家所发货物一致。国外已经有公司向注重隐私的家庭或对消费体验敏感的用户提供珠宝、手表、收藏品物品的运输服务，虽然不是成熟的共享快递包装，也给国内研发这类快递包装提供了一定的思路。如成立于1997年的Parcelpro，在纽约、洛杉矶、旧金山、迈阿密、中国香港、东京和新加坡等地都设有珠宝区办事处，同时在纽约、洛杉矶和加利福尼亚州的比弗利山庄提供武装守卫的集货与配送服务。Parcelpro能为贵重物品运输预先提供风险评估电子报告，实现货物随时在线查询与追踪，而且Parcelpro提供的这些服务只需在官网或通过智能手

---

① 张开生、秦博：《基于纸浆纤维的贵重物品内包装塑造系统研究》，《中国造纸学报》2022年第1期。

机 App 就能获得。Parcelpro 建立了物流运输环节与电商软件的连接，通过商业插件 Magento 为贵重物品的零售商、制造商和批发商提供基于互联网大数据及 Magento 线上商店的运输风险评估和保险解决方案。

3. 特殊产品类周转型塑料包装

2018 年 7 月 15 日，长春长生生物科技有限公司冻干人用狂犬病疫苗生产被曝光存在记录造假等严重违规行为。在此之前，该公司已经被发现疫苗效价指标不符合有关规定。疫苗的质量问题频发也使得疫苗安全由此引起社会强烈关注。除了疫苗生产质量问题引发广泛关注之外，疫苗全流程的冷链物流也引起了社会和业界的热议。医药冷链物流是一项系统工程，是指为了达到人们对疾病预防、诊断和治疗的目的，让冷藏药品实体从生产方到使用方所进行的生产、运输、存储、配送等一系列活动。智能冷链物流在实施过程中主要强调四个方面，分别是药品运输的实时监控、物流过程数据智慧化、网络协同化及信息管理智能化。[1]国内医药卫生体制的改革给药物生产加工企业提供了良好的发展机遇，同时为血液制品、细胞因子、疫苗等冷藏药品的运输创造了机会，促进了中国冷藏药品规模持续扩大。但是相对于国外健全的管理体系和完善的综合型冷链物流网络，国内的冷链物流还存在许多不足之处。首先，血液制品、细胞因子、疫苗等冷藏药物的保存条件要求非常高，不同类型的药物对温度和湿度都有特殊的要求范围，且有效期普遍较短，需要在一定时间内及时送达。其次，运输药品所使用的低温仓库及运输车也导致其物流成本居高不下，许多小型医药公司难以维持这样高成本的物流投入，进而会导致由于降低成本造成药品效果不达标的情况。而对于欠发达地区普遍人均收入较低，没有能力承担药品冷链物流昂贵的设施成本和交通运输成本，生产水平落后造成的储存、转运等环节的不规范，也导致药品安全问题存在很大的隐患，也是药品安全事故接连发生的重要因素之一。据统计，高达 30% 的冷链药品报废都归因于物流，同时一部分生产企业分销成

---

[1] 崔普远、金桂根、汪晨冉、黄明杰：《医药智能冷链物流协同模型构建》，《物流工程与管理》2019 年第 1 期。

本也都消耗在储存和运输过程中的药品损坏上。

因此，特殊物品类的周转型塑料包装通过植入智能化技术手段，不仅可以满足医药物流行业的包装运输需求，而且可以在特殊药品的物流运输中发挥重要作用。另外，植入智能化技术的周转型塑料包装的共享化设计能根据特殊物品的特性来调整包装适配性，满足特殊物品的特殊包装功能需求。而且其包装的便携性设计，也方便医务人员将其携带到较偏远的地区，节约冷链物流成本，避免运输过程出现"断链"的情况。因而特殊物品类的周转型塑料包装的主要特性，主要包括以下三个方面。

第一，特殊物品类的周转型塑料包装不仅可以提供物理性保护，如防震耐冲击、阻热防光、阻水防潮等，还可以提供化学性保护，通过包装内装有二氧化硅粉末与液氮混合物的气囊缓慢释放液氮，以维持恒低温的环境。

第二，包装内附有温度检测芯片，能够实时监测内装药品温度，在温度有大幅波动时及时通过手机提醒医务人员。

第三，每个周转型塑料包装都单独对应一个编码，解锁需要医务人员扫描二维码后输入密码才可开启，包装内的数据芯片能够记录每次包装被开启的人员和时间，利用芯片不可篡改的特性，可以有效地提高医药物流行业可追溯性和透明度。

二　周转型塑料包装的应用模式

近几年，随着电商行业蓬勃发展，物流作为支撑电商行业的重要组成部分，规模和成本都在不断增加，国家的环境保护意识、监管力度也日趋严格，快递包装技术的提升使其在这条庞大产业链中的角色越发重要，已然成为影响快递业发展的基础因素之一。[①]在现代智慧物流背景下，寻求快递包装网络合理有效的解决方案是提高物流过程的运营效率的途径，只有将模块化、信息化的快递包装应用到合理的应用模式中去，才能构建高效的现代电

---

① Hellström D., Saghir M., "Packaging and logistics interactions in retail supply chains", *Packaging Technology and Science*, Vol.20, No.3, June 2007.

商企业物流网络。[①] 由此可见，基于智慧物流环境的周转型塑料包装应用模式设计研究，对于有效实现降低快递运输成本、缩短快递送达时间、智能化的实时掌控快递途中状态等智能化物流的方向要求，具有非常重要的现实意义。因此，根据包装物流运输距离的不同，周转型塑料包装的应用模式（如图1-20所示），主要包括以下两个方面。

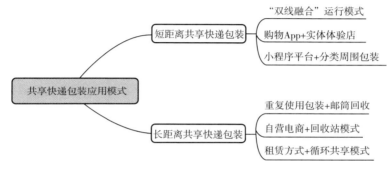

图1-20　周转型塑料包装的应用模式

图片来源：笔者绘制。

（一）短距离周转型塑料包装应用模式

1. 短距离周转型塑料包装的定义

短距离周转型塑料包装主要是指集中在同一城市内使用，在单次里程较短、距离跨度小的运输范围内提供某些领域循环使用的快递包装，其本质就是以物流通道为切入口，为用户提供短距离配送服务。[②] 随着新零售时代来临和其他新的商业模式的形成，短距离周转型塑料包装在减少用户等待时间，优化用户体验方面的优势较为突出，将逐渐取代普通快递包装成为未来同城物品交易运输的重要手段。

---

① García-Arca J., Prado-Prado J C., García-Lorenzo A., "Logistics improvement through packaging rationalization: a practical experience", *Packaging Technology and Science*, Vol.19, No.6, November 2006.

② 张俊杰.：《网购时代下快递环保包装解决策略》，《包装工程》2015年第20期。

2. 短距离周转型塑料包装的特点

（1）轻便性

短距离周转型塑料包装操作简单方便、自重轻，在提供同城范围内的快递运输时，一方面，可以适应于小型电瓶车、三轮车等不同规格交通工具的放置，减轻载重便可运输更多的快递物品；另一方面，可以减轻快递员的负担，同时给消费者提供便利。

（2）模块化

短距离周转型塑料包装是集控温、保鲜、防潮、抗菌等功能为一体的包装，通过包装的分区模块化处理并根据不同的应用领域满足各类产品的运输需求。此外，周转型塑料包装有与配送车辆相匹配的多种标准尺寸，运输不同体积大小的产品时可以对其进行模块化的组合，以减少配送空间的浪费，同时也可避免某个包装部分损坏后导致整体包装的报废。

（3）可控性

短距离周转型塑料包装可满足外卖食品、生鲜产品和冷链产品对温度和时效上的需求，可实现三个范围的控温，包括–20℃—0℃、2℃—8℃以及15℃—25℃。有效冷藏环境可长达72—120小时[①]，并且可以对整个物流过程的包装温度进行实时准确的监测，尤其是配送过程的监控，以保证内装物小限度的耗损。

（4）适配性

短距离周转型塑料包装的适配结构具有通用性，可以适应不同尺寸及多种形态、温度的产品，不同温度的产品可以通过分区包装统一配送，以减弱运输过程中产品受到的外界压力或震动的影响，保证产品的新鲜度和完好性，从而提升包装的适用容错率和配送效率。

3. 短距离周转型塑料包装的共享方式

以往消费者想要购买生鲜或采购食品时，大多选择邻近自身居住区的社

---

① 陈耀庭、黄和亮：《中国生鲜电商"最后一公里"众包配送模式》，《中国流通经济》2017年第2期。

区便利店。社区便利店的消费群体涵盖范围比较广，包括以前习惯去菜市场的中老年消费者、居住区域尚无提供线上生鲜服务的消费者，以及在社区便利店附近居住的其他消费者。随着生活节奏加快、消费升级日益明显，越来越多的消费者选择通过线上网购生鲜商品，也萌发了一些短距离商业模式的产生，短距离的同城配送区别于同城快递和同城快运，是在保证时效的同时兼顾送货到门的配送方式，通过解决配送"最后一公里"的问题，尽可能地实现经济效益与社会效益的完美结合。因此，基于短距离运输包装的典型商业模式，总结出三种包装共享方式。第三种包装共享方式是基于前两种现行包装共享方式优化的新型共享方式。三种包装共享方式的具体内容如下。

（1）"双线融合"运行模式

"双线融合"运行模式是线上线下一体化的一种新兴消费模式。线上模式主要通过购物网站提供服务，而其线下模式则是依托于传统的大型商场超市提供服务，两者合一后，将极大地提高商品经营销售的时效性及突破经营服务范围的局限性，提升商品竞争力，降低冷门商品因销售渠道问题而造成的产量囤积。其优势在于可以满足人们在不同消费时段的购买需求，同时覆盖城乡的庞大销售网络让人们能够线上下单，线下提货。大润发旗下的飞牛网就是采用这类运行模式的典型商家。飞牛网的线上服务与大润发线下实体店共享一个采购供应链，提供覆盖全品项17个大类的商品。用户可以通过平台选购商品，结算后由离送达地3公里内的大润发超市进行配送，一个小时内可送达。大润发作为国内传统零售企业，积累了一部分用户资源和较好的口碑，推出飞牛网线上商城后能更好地实现线上商业与线下服务的互补，既结合了传统超市的便利性，又兼备了互联网商店的及时性，但是大润发作为大型超市在城市中的密集程度仍较弱，无法满足未覆盖区域的消费者日常生活需要，并且飞牛网所使用的包装仍是传统的塑料袋，对线上不同种类的商品并没有进行区分包装，自带包装的产品与生鲜熟食在运输中难免会产生接触，使用后的塑料包装也会被直接丢弃，给消费者带来不便的同时也给环境造成了很大污染。因此，大润发飞牛网"双线融合"的运行模式还存在不足之处，但这种模式也给商超类进入互联网的企业提供了一定的借鉴。

（2）购物App+实体体验店

购物App+实体体验店是新零售业态下综合超市、餐饮店和菜市场，运用先进技术设备且依托完整物流体系下实现用户、货物、场景三者之间的最优化匹配的零售模式。而此种包装共享方式的优势，主要包括以下两个方面。

第一，相比于其他商超，这种模式更注重"体验零售"，一定程度上解决了消费者购买商品时只能通过电商平台的图片和文字介绍进行了解所导致的"文不对物"的问题。

第二，运营方式更加人性化，让消费者享受到便捷的购物体验。例如，采用量贩式定量简易包装时，省去了传统超市中自选排队和称重的环节；在实体体验店购物，则可提供加工服务，消费者在生鲜区购买的食品在支付一定加工费后，店内负责烹饪加工，处理后的食品可以直接到店内就餐休息区享用；在购物App上下单的还可以享受快速配送，门店附近3公里内可以实现30分钟送货上门，既可以单独线上消费，也可以实现线上线下智能拼单。

阿里巴巴推出的盒马鲜生就是购物App+实体体验店模式的典型代表，是包含餐厅体验的新型商超。作为一家主营生鲜的新零售代表，线下门店的开放时间搭配线上App的服务时间，可以基本满足线上线下的消费者生活习惯。同时实体体验店也提供了方便快捷的自选餐食，可以在就餐区享用，并且盒马鲜生还直接通过当地蔬果基地采购食材，经过全程冷链运输、加工包装后进入冷柜售卖。仓店一体也是助力这种模式成功的关键。众所周知，物流成本、过程损耗是生鲜生意的一大"痛点"。在盒马鲜生采购区和餐饮区的背后，还隐藏着一个负责线上的物流配送中心，无论是在门店购买，还是App线上下单，都能实现"五公里范围，半小时送达"，其高效的作业流程得益于盒马鲜生店内部署的全自动物流设备。从前端体验店到仓库的装箱，都是由门店上方架设的全自动悬挂链物流系统进行传送（如图1-21所示），门店的后场更是一个错落有致的分拣配送系统，把用户线上选购的商品集中传送到分拣台，经核单员核对后，再次通过传送带、升降机，到达出货区由配送员配送到客户。从商品的到店、上架、拣货、打包、配送任务等，工作人员只需通过智能设备去识别和操作，简易高效，且出错率极低。[①]但是盒马鲜生这一类零售模式只能依靠下载专门的App进行购买，操作过程较为

图1-21 盒马鲜生全自动悬挂链物流系统
图片来源：https://www.sohu.com/a/258930309_468709。

复杂，给消费者带来了一定的不便，同时在包装上只重视了前端高效率的需求，忽视了配送过程中配送员对包装轻便性的要求，以及消费者对包装内商品保鲜保质的要求，并且在包装的可循环回收方面还应进一步完善。

（3）小程序平台+分类周转包装

在国内，不管是学习、工作，还是生活方面，人们对于效率与速度的要求可谓越来越高。一方面是由于中国经济增速、生活节奏带来的；另一方面则是国内密集的"小区"式的居住结构，为这种便捷的"快消费"业态提供了客观环境。对于人口密度小、生活节奏相对较慢的欧洲地区乃至北美的大部分地区，90%的买菜行为是集中在大型卖场、集市的。但是在中国，大型卖场的购物已经无法满足人们的需求，尤其是在一线城市，人们对于购买的便捷性、品质高低和购物花费的时间这三者的要求越来越高。所以，国内也开始探索同城购物的运营形式，例如，孙光晨设计的一种专门针对生鲜类产品的六边形可组合式共享包装（如图1-22所示）及包装配送模式，其是通过六边形的共享包装单元组建，对不同生产产品进行分类存放，并进行同城配送。虽然此款包装还没有实现平台式周转型塑料包装的智慧模式，但是却已经解决了包装共享输送的问题。

---

① 胡桃、David：《盒马不只是生鲜超市》，《美食》2018年第7期。

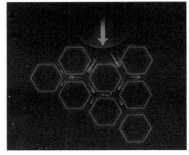

图1-22 "知仓"生鲜物流包装

图片来源：笔者团队成员创作作品。

而正是基于此包装模式，特在此对短距离运输模式的前两种包装共享方式（"双线融合"运行模式与购物App+实体体验店等共享方式）进行优化，提出一种新的包装共享方式，即是"小程序平台＋分类周转包装"的共享方式。其是以（移动）平台为管控手段配套不同功能形式包装的短距离周转包装共享模式。换言之，即是在多功能周转包装的基础上集合远程定制、数据管理功能，实现对包装共享的平台化管理。[①]这种形式采取用户在小程序上自助下单，接到订单后，就近在线下实体店对产品进行分拣装配，根据产品性质的不同，采取不同形式的多功能箱式周转共享快递包装进行分类配送。这种短距离周转型塑料包装由于其包装功能的特殊性，主要可解决以下三个方面的问题。

第一，通过远程预约和实时数据管理，解决了集约化配送流程的效率问题。

第二，通过分区模块化处理，探明了活鲜等特殊产品的盲区，解决了大部分特殊产品的配送问题。

第三，通过包装共享形式，避免使用一次性餐具并分区盛装，很大程度上解决了食品卫生安全和环境污染问题。

因此，相较于"双线融合"运行模式与购物App+实体体验店，小程序＋分类周转包装模式的优势是非常明显的。其优势主要体现在三个方面：一是小程序相对于App来说功能更加丰富，轻便快捷且具有巨大用户载体，制作

---

① 柯胜海、吴益博：《平台式包装设计研究》，《装饰》2019年第6期。

和维护成本也更低，省略了独立 App 的加载环节，将会吸引更多的消费者使用小程序进行购物。二是分区的周转包装可以对不同温度和类型的产品进行模块化组合，不仅避免了生熟食品的交叉污染，还节省了多次往返配送的时间。三是分区周转包装可以实现多次循环使用，并应用于短距离共享快递包装共享方式，回收后的包装经过清洗消毒后还可重新进入运输环节。

（二）长距离周转型塑料包装应用模式

1. 长距离周转型塑料包装的定义

长距离周转型塑料包装主要是指提供单次运输里程较长、运输范围广的某些领域，在多城市之间循环周转的可回收快递包装。这类包装主要是借助物联网技术手段，强化对产品本身和物流全流程的监控，使产品快速有效地从供应方送达需求方行为的包装形式。长距离周转型塑料包装将在物联网、大数据、云计算、人工智能四大动力引擎推动下，逐步实现经济与环境皆可持续的"双赢"。

2. 长距离周转型塑料包装的特点

（1）轻量化

2013 年 2 月，促进商品减量的一项地方性法规——《上海市商品包装物减量若干规定》开始在上海市实施，该规定的实施对于倡导适度设计、节能减排等具有极大的促进作用。[①] 因此，长距离周转型塑料包装在满足包装功能的基础上，采用轻量型的材料、结构，将会减少包装废弃物造成的资源浪费现象。其使用环保可降解的包装材料，优化结构和工艺，利用可折叠、可拆卸组装的结构形式简化包装的操作步骤，并通过简化包装缓冲物，提高包装效率，以减少运输成本和减轻环境压力。

（2）标准化

长距离周转型塑料包装的标准化主要体现在两方面：第一，包装的尺寸

---

① 《〈上海市商品包装物减量若干规定〉自2月1日起施行》，《中国包装》2013年第2期。

与物流托盘、集装箱、配送车辆等运载工具是尺寸链的关系，标准的协调一致可以减少包装与装载、运输脱节的情况。第二，包装可以对物品进行单元化组装，组合成尺寸规格相同，重量相近的一个标准单元，进行快递包装的整合发货，在有效的空间内，做到最大化利用，以最佳的形式组合包装提高其在运输环节的配送效率。

（3）扁平化

扁平化的长距离周转型塑料包装形态是符合人们倡导环保的消费观念和绿色消费方式的，可以减少包装资源和能源的消耗和对生态环境的污染。在外观上，扁平化设计有利于简捷高效地传达不同领域包装的功能、形态等内容，极大地缩短人工分类的时间。在结构上，扁平化设计可以节约仓储空间，在配送和回收过程中也便于配送员携带和收纳。

（4）适度化

长距离周转型塑料包装以满足保护产品、方便流通、传达信息等基本功能为基础，在材料、结构选择、技术支撑上依据科学的包装工程理论去制定，注重合理性和科学性。[1]在设计与制造过程中避免过度耗用资源，虚增空间体积，并根据物品的体积、价值选择适度的共享快递包装，以免过度地使用材料与资源，造成浪费。

（5）可追溯性

可追溯性指通过已记录的标识、标签等对产品从原材料采购到生产、消费，直至废弃为止的全过程呈现为可追踪状态，主要包括追踪监测和溯源管理。[2]追踪监测是对正向的物流流程，从上游至下游，追踪产品具体物流配送路径并监测产品运输状况；溯源管理是对逆向物流流程，从下游至上游，识别产品来源的能力，即借助记录特定物品唯一标识的方法，追溯某产品的来源、状态及位置等信息的能力。[3]长距离周转型塑料包装的运输范围跨度大，

① 金国斌：《包装适度化概念及过度包装的界定方法》，《湖南工业大学学报》2008年第2期。
② 陈益能：《基于有机RFID的大米供应链溯源系统关键技术研究》，硕士学位论文，湖南农业大学，2014年。
③ 刘延涛：《我国猪肉质量安全保障问题研究》，硕士学位论文，成都理工大学，2010年。

需要途经多个分拨中心，因此每个包装都附有唯一的RDIF电子标签，通过内部芯片对正向与逆向物流中的生产、仓储、物流、销售环节进行使用和位置的追踪和溯源，降低丢失率，提高周转型塑料包装循环利用次数，实现对包装情况的有效控制。

（6）安全性

长距离周转型塑料包装的安全性可以通过显窃启结构得到保障，显窃启结构是包装有效的防伪手段，通过破坏式显窃启结构或信号报警显窃启结构的应用，判断包装是否在运输途中被恶意开启，或通过搭载的智能设备全流程监测包装情况，保障内装物的运输安全。同时使用电子快递单，防止不法分子窃取信息，增强消费者信息的保密性与安全性。

（三）长距离周转型塑料包装共享方式

1. 重复使用包装＋邮筒回收

重复使用包装＋邮筒回收的共享方式普遍应用于国外一些发达地区。消费者在网上下单时选择重复使用包装并支付少量押金，网站商家便会使用这种包装进行物流运输，消费者取货时将个人信息清理后，再将包装折叠平整投入家门口或沿街的邮筒即可。邮递员会定期对邮筒内的包装进行回收，最后在网上退回消费者预付的押金（如图1-23所示）。这种重复使用包装＋邮筒回收的共享方式，其优势主要有以下两个方面。

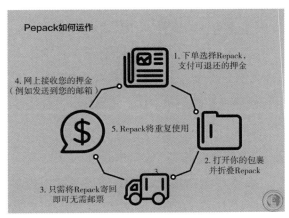

图1-23　Repack运行流程图

图片来源：www.originalrepack.com。

第一，现如今投信率逐渐降低，国外大部分地区的回收模式可以充分利用平常较少使用邮筒进行回

图1-24 Repack回收方式

图片来源：www.originalrepack.com。

收，给人们参与绿色举措提供了便利（如图1-24所示）。

第二，消费者可以直接通过线上选择重复使用包装，尽可能地减少了瓦楞箱的使用，一定程度上实现了包装资源的共享。

荷兰的Repack公司是国外最早应用这种共享方式并提供能反复使用的包装服务的企业。Repack通过可折叠快递盒与快递袋实现包装资源的共享，减少多余包装填充物的使用和物流技术创新和应用，达到降低生产能耗，低碳环保的目的，并建立了一套科学回收体系，倡导绿色消费。而由Repack公司所开发的共享快递袋，其包装是由外层和内层构成，外层是由回收的塑料瓶中的聚酯纤维制作，内层则是微孔聚氨酯制成。聚酯纤维和聚氨酯都属于环保材料，由这两种材料制成的快递袋不易破损、环保耐用且可回收利用。经实验测试，每个快递袋都可循环使用超过200次，并且适应各种运输环境，减少了快递包装的浪费。Repack快递袋上的快递面单很好清除，如果消费者喜欢，也可自己保留继续使用，交付的押金则不会退回。[①]Repack公司通过与当地邮局合作，利用邮筒就近回收实现了包装共享方式的创新，鼓励用户积极参与快递包装回收及环保快递包装的使用，切合了循环经济理论的再利用原则，达到了社会资源的优化配置。

2. 自营电商+回收站模式

如今，随着共享经济的发展，国内很多自营电商企业为了抢占物流市场，陆续开始在周转型塑料包装上做尝试。自营电商+回收站的共享方式是自营电商平台下周转型塑料包装在小范围城市内循环使用的形式，线上自营

① 孙靖、孙琪：《环经济视阈下我国企业共享包装发展对策研究——借鉴荷兰REPACK公司共享包装经验》，《中国市场》2019年第4期。

电商购买完成后，线下的快递包装的回收主要通过设置在社区、写字楼和商圈周围的专门回收站。快递员每周定期到各个回收站取走使用后的周转型塑料包装，带回到快递点入仓后，经过有关处理部门清理后再进行循环使用。[①]这种共享方式解决了快递员送货时因签收人不在家而无法面签的问题。苏宁易购便是国内最先试水共享快递盒的企业。苏宁的共享快递盒利用箱体码创建了盒的编码追踪体制，可以对每个快递盒进行流程监测。虽然在人群密集的地方，如居民区、写字楼等设有回收站（如图1-25所示），但是应用的时间短、范围小，仍存在一些问题，所以在国内还没有形成有效的共享快递盒回收体系。基于中国国情来看，国民环保意识仍较为薄弱，回收时需要将周转型塑料包装折叠后送还回收站，消费者也很难积极配合。此外，回收站的密度也需要考量，增加回收站的同时也增加了基础设施投入。因此，苏宁易购等自营电商企业应用的周转型塑料包装还仅限于自营企业物流网络，由于研发成本问题，很大一部分的加盟制快递物流企业还无法承担共享快递盒的大批量购买。因此，市场上流通的周转型塑料包装还只停留在小范围试行阶段，并没有达到真正意义上的全行业共享。

图1-25　苏宁易购共享快递盒回收站

图片来源: https://baijiahao.baidu.com/s?id=1592082605226625707&wfr=spider&for=pc。

---

① 高荧：《考虑消费者行为的自营电商快递箱回收策略选择研究》，硕士学位论文，北京交通大学，2018年。

3．租赁方式＋循环共享模式

依据人口分布情况统计，中国的人口密度大，不同于国外较为分散的居住环境，国内的居住方式大多是群居式，集中在高层小区住宅。不同于国外每家每户都配备专门的收件装置，在国内，每家每户配备专门的邮筒收货是很难实现的，时间投入大且成本高，国外的共享模式在中国并不适用。而国内目前出现的共享模式还处在起步阶段，实施过程中还存在着效率和成本上的双重问题，除了几家自营电商企业能够承担包装研发成本以外，一次性购买大批量的周转型塑料包装的前期投入也使大部分电商卖家和小型快递公司望而却步。

因此，依托"物联网""大数据"技术，采用租赁方式进行循环流通的长距离包装运输共享模式，[①]与传统物流运输相比，不只是被动地提供产品的位移，还会主动给用户提供增值服务。这种长距离周转型塑料包装模式主要具有三个方面的优势：一是其采用包装租赁的方式，可以随用随租随还、无须过多存储，也减少了企业在包装上的高额投入，促使更多的企业和快递公司使用这种包装，从而实现资源节约化、方式灵活化。二是作为信息载体的长距离周转型塑料包装是实现物流智能化的关键要素之一，同时也是实现供应链全流程监控和信息溯源的载体。在流程中可以有效避免丢件、以假乱真的现象。三是长距离周转型塑料包装通过共享的模式在供应方和需求方之间进行多次循环，很大程度上减少了对自然资源和社会资源的过度耗损，最大限度地保护了自然生态环境。

第五节
周转型塑料包装的回收体系

周转型塑料包装的运行与回收机制是指快递包装生产和发展的内在机能及其运行方式，引导和制约包装的生产、流通、回收，决定着其与企业、消

---

① 任芳：《以数字技术为支撑的物流包装租赁——访箱箱共用创始人兼CEO廖清新》，《物流技术与应用》2019年第12期。

费者、回收处理中心等因素的相互关系。而要想保证共享快递包装各项任务的完成和绿色化目标真正实现，则必须建立一套协调、灵活、高效的运行与回收机制。[①]因此，周转型塑料包装运行与回收机制具体分为三个部分。一是线上信息管理模块，其主要完成周转型塑料包装的"共享化"设计研究、物联网技术在周转型塑料包装上的应用、基于大数据技术对大量信息进行分析和反馈。二是线下流通模块，其主要由短距离运输包装共享模式和长距离运输包装共享模式组成。三是周转型塑料包装的回收处理模块，在政府、企业、消费者三个角度共同提出构建共享包装回收系统的具体方案。其包装运行（如图1-26所示）及回收机制的具体内容如下。

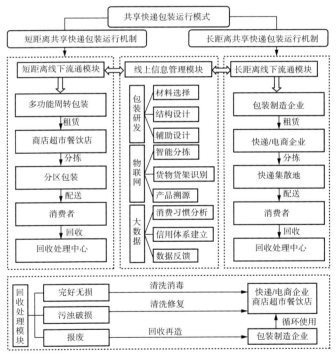

图1-26　周转型塑料包装运行模式

图片来源：笔者绘制。

---

① 郑润琼、孙璇、潘艺：《循环经济下快递包装物回收体系的研究与构建》，《物流工程与管理》2020年第12期。

一 线上信息管理模块

在新一代快递运输行业中，物流运输的各个环节都需要智能技术的推进，传统的信息管理手段已不能满足新一代物流运输的新需求，必须寻求更高效率、更安全化的新型信息管理手段与方式。而建立周转型塑料包装信息管理模块是其实现智能化，有效地为企业、消费者及社会打下便捷及效益的基础，是顺应互联网时代发展趋势的有力举措。其具体内容包括以下三个方面。

第一，周转型塑料包装的"共享化"设计研究分为材料选择、结构设计及辅助设计三个方面。材料选择方面主要对轻量型、耐折性强、阻隔性能好的包装材料进行研究，而结构设计和辅助设计则主要包括可折叠外结构、可适配内结构与显窃启辅助结构设计研究。通过研发不同应用场景的周转型塑料包装，既能增强不同类型包装对内装产品的针对性，为消费者提供更多选择，也利于周转型塑料包装的有效回收。

第二，基于物联网技术可以对周转型塑料包装进行全流程的跟踪、监控和管理。[①]在生产制造环节，可以依靠物联网技术完成自动化的包装分拣，大大缩短了从订单下达到出库的分拣时间。通过分拣识别实现对整个生产线上包装商品信息的跟踪，减少人工识别成本和降低失误率，有效提高生产效率。在仓储环节，快递包装箱、标准化托盘等通过嵌入RFID电子标签，可以依靠物联网技术自动识别正确的货物、货架位置，最大限度地减少仓储作业的劳动力和时间，减少由于人工失误而导致的错送、偷换等错误行为。在运输配送环节，可以进行即时的产品溯源，方便消费者查询商品信息和验证商品真伪，提供查询信息和验证真伪的凭证。所以，物联网技术共享快递包装及其相关包装产业中的应用实行，将可以切实推动共享快递包装在整个供应链网络中的智能化与高效率运行，为供应链网络在整个链条上的信息透明

---

① 李润、曹乐：《物联网技术在现代包装工业中的应用》，《计算机光盘软件与应用》2012年第15期。

度与敏锐性提供保障，实现商品从生产制造、装卸运输、仓储配送、循环回收等整个供应链网络中共享快递包装信息的实时反馈，进而实现对包装信息的全流程追踪、监测与管理。

第三，基于大数据技术，共享包装配送中可以实现个人信息保护，并且通过对消费者的信息收集和反馈更新，同时根据用户的消费习惯提供更人性化的服务，建立信用体系，对信用度良好的用户给予一定的奖励，将恶意破坏包装以及超时不予归还的用户纳入国家征信系统，并进行一定的处罚。除此以外，通过大数据技术可以对已知的众多数据信息进行深度挖掘分析，在周转型塑料包装的平台上实时反馈，以便工作人员及时处理。

二　线下流通管理模块

（一）短距离周转型塑料包装运行机制

短距离运行模式下，超市与餐饮店这两大模块的配送由第三方物流公司承担。消费者在小程序平台上，根据需求自助选择商品，下单前消费者支付共享包装押金并选择送货方式，超市收到订单后会根据购买的商品对应生食、熟食、常温等类别分区包装，而餐饮店则会使用可循环使用的餐盒打包食品。下单成功后附近的配送员会自动接单，配送员的位置和距离都会在平台上同步显示。通过平台无缝衔接商家和配送员，对订单合并，可以提高单程载货率，优化运输成本，从而实现平台上订单时间、路线的适配。同时对短距离物流配送过程进行数据化，在平台上显示双方信息，节约在实际操作中浪费的时间，以达到提高配送效率的目的。配送完成后的周转型塑料包装可以通过专门的自提柜回收，用户只需将使用后的包装简易折叠，通过手机扫描包装附着的二维码选择回收，最后投入机器便可以收回押金并得到平台优惠券，下次选择使用共享快递包装便可以减免一定的费用。①

---

① 姜川：《基于物联网的垃圾分类回收系统的设计与实现》，硕士学位论文，上海工程技术大学，2020年。

（二）长距离周转型塑料包装运行机制

长距离运行模式下，快递公司和电商企业通过租赁的方式从包装制造企业获得周转型塑料包装的使用权。周转型塑料包装是仓储、流通和配送环节中承载信息和与人进行实时交互的载体。通过物联网技术可以实现周转型塑料包装在仓储过程中的智能分拣与货物货架智能识别。产品到达当地快递集散地后，消费者可以在平台上选择送货方式，送货上门或自提柜自提，收货后还可通过包装上的二维码进行产品溯源。周转型塑料包装平台上回收点的信息是公开的，消费者可通过预约快递员上门或自行到自提柜退还共享快递包装，系统确认回收后，消费者将获得一定奖励，信用值也会相应提高。信用值较高的买家可以享受即时退款、花呗延期还款等福利。

三　包装回收处理模块

受新一轮技术革命在商业中转化产生的积极影响，中国快递业务量正以亿万为单位逐年上升，包装废弃物所造成的环境污染、生态破坏也越来越成为社会关注的问题。从绿色物流的发展趋势可知，传统快递包装的使用及废弃物处理方案已不适用于未来的行业发展需求。作为快递行业的新绿色产业发展代表的周转型塑料包装，其推广使用需要构建一套完善的包装回收模式，才能适应目前社会消费氛围及发展环境。然而，目前国内小范围应用的周转型塑料包装，尚未制定较为完善的机制，基本上仍采用原有的传统快递包装的运行机制，归为普通快递进行分拣操作。而国外已有较为成熟的共享包装运行机制，并且已经实现了包装的循环回收。英国的 Yu-Chang Chou 设计的 Repack bag 就有一套完整的循环机制（如图1-27所示）。[1] 用户在网上购物时会有包装选项，除了传统包装外，还可以选择使用 Repack bag 进行邮递，商家就会使用 Repack bag 对购买商品进行包装，将个人信息放置在包装外的

---

① 《减少快递包装浪费，可用200次的Repack bag》，https://www.tooday lab.com/ 66945，2014年7月1日。

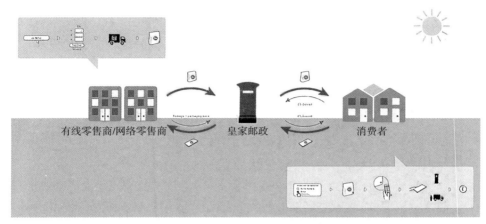

图1-27　Repack bag循环过程

图片来源: https://www.toodaylab.com/66945。

透明卡槽内。用户收到商品后将包装袋折叠放入邮筒内，便可换回购物时所付出的包装袋押金（如图1-28所示）。当地邮政部门会定期回收包装袋并将其投入市场重复使用。这种运行方式有值得借鉴的地方，实现了快递包装的循环回收，并且插入式的信息卡片不会对包装外部产生难清洗的痕迹。但是这种方式需要找寻附近的邮筒回收，给用户也造成了一定的不便，定期回收增加了时间成本，也让包装运转效率大大降低。

而依据中国电商物流的实际情况来看，Repack bag快递袋的共享循环机制面对中国庞大的物流订单交易量，仍有不足之处。由此可见，要想在中国建立一套更完整、效率更高的共享包装回收系统，必须建立专门的包装回收处理中心并设计完善的工作流程，还要对包装回收的环节进行具体的分工，提高包装的回收与再利用效率。此外，根据周转型塑料包装的具体使用情况，将包装回收后，统一交由包装回收处理中心进行集中处理。而具体的处理流程为：首先是对可再次利用的包装进行必要的清洗消毒，投入新周期的循环使用；其次是由专业人员对污浊破损的包装进行修复并清洗消毒后投入流通环节使用；最后是损毁严重或报废的周转型塑料包装则由生产共享包装的工厂进行分解、加工，并制造出新的共享包装加入流通环节。除此以外，

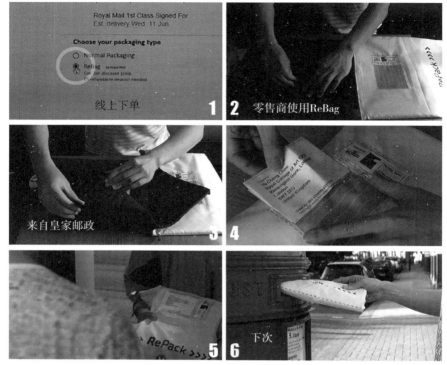

图1-28　Repack bag循环流程图
图片来源：https://www.toodaylab.com/66945。

还需要政府对周转型塑料包装平台进行监督和管理，并且提高广大消费群体的快递包装回收意识。因此，周转型塑料包装回收系统构建，主要包括以下三个方面内容。

（一）建立多维约束机制

1. 组建企业合作联盟

周转型塑料包装的回收模式需要明确在回收工作问题上的责任主体，以"1+N"模式的企业联盟形式来加强企业的责任感与参与度，并共同制定周转型塑料包装回收模式的行业标准及规则。所谓的"1+N"模式，即是轮番领导制，由企业联盟中年度贡献率最大的企业作为下一年的联盟主理人，肩负联盟在未来一年里对行业生态发展的重要决策及方向把控的职责，而其余联盟成员则作为监督代表，对主理企业的决策具有表决权，"1"和"N"两者间具有相互制约、促进的作用，这样能有效防止行业发展方向的决策发生大概率错误，有利于行业高效、有序地发展。此外，采取企业合作的形式，还有利于防止企业之间出现恶性竞争、扰乱市场秩序的行为，以让利共赢的方式达到行业资源有效集成的目的，使企业达到最小化投入资源最大化获得收益的目的，共同建设周转型塑料包装的绿色生态发展环境以及营造行业和谐发展的氛围。

2．设立政府监督部门

一个新兴领域的发展除了要有企业自身的实践探索之外，政府相关部门的支持与监督也必不可少。周转型塑料包装在社会的推广使用，特别是回收模式的构建，不仅需要企业制定相关行业标准、规则，还需要政府作为更有说服力的第三方监督部门，对行业的整体发展与产业实践行为进行宏观调控，以加快周转型塑料包装的建设进程。企业在响应国家政策号召的同时，政府部门也应肩负起应有社会责任，给予企业相关的政策引导，并设立关于周转型塑料包装绿色生态发展工作的独立监督部门，助力周转型塑料包装回收模式的完善。政府部门的独立监督作用，是连接企业与消费者之间的信任桥梁，是指引企业往绿色生态发展的旗帜，同时其也是市场秩序的有力维护者。

3．完善个人信用制度

移动互联网与移动支付等电子产品、设备、设施广泛运用于我们衣、食、住、行的今天，完善个人信用体系显得越来越重要。个人信用是整个社会信用体系的基础，与市场经济活动息息相关，关乎一个人在社会中的地位，同时其也是市场经济是否成熟的标志。周转型塑料包装的共享化设计以及包装回收模式能否在市场上站稳脚跟并大范围推广使用的关键，与个人信用制度的完善密不可分。把个人信用跟社会诚信度进行绑定，与第三方企业、机构进行合作，将其链接到相关企业的市场交易活动中，制定符合社会、行业发展的个人信用遵守条例，以"强制性惩罚机制"来限制消费者在进行市场交易活动中对个人信用的滥用，[①]有利于营造一个和谐、文明的社会消费环境。共享快递包装回收能否工作高效、有序地进行，很大程度上取决于消费者给予的配合与理解。如果没有相对完善的个人信用制度进行约束，在消费者目前还相对缺乏绿色消费、生态环保意识的情况下，想把共享快递包装在市场上进行广泛推广使用并保证回收工作有序完成，是存在一定难度的。只有在制度的约束下，加快营造社会绿色消费氛围和提高消费者环保意识，才能更好地创造出适合共享快递包装的发展空间及生存环境。

（二）建立包装回收系统

1. 组建共享回收渠道

作为周转型塑料包装整个工作流程的重要节点，包装回收渠道的组建可谓重中之重，事关共享快递包装能否取代传统快递包装的地位，进而成为行业发展的主流包装。目前的包装回收渠道因为企业间的竞争，还处于单个企业自行回收或委托第三方企业或机构进行代理回收的状态。未来的包装回收渠道模式应是行业资源有效集成、多家企业合作共建与共享的发展模式，其以"蛛网式共享"的点状图进行扩散与连接。"蛛网式共享"是指以一级蛛网图的各个节点为初始单位进行各节点的二级扩散与连接，形成二级蛛网图，并通过各自连接的上级节点与上级蛛网图取得联系，使整个回收渠道自始至终处于关联状态，从而达到整个回收渠道的共享。在利润分配上，该模式采用单位占重比例的利润共享与特殊时段的阶段竞争相结合的方式。这种共享模式具有很强的时效性与针对性，其能在最短的时间里，通过合作共享的方式组建完整个包装回收渠道，并可迅速在社会上进行铺设与运营，且能根据不同区域的使用人群，以及企业经营特点进行最优化调整，用更便捷、有效的方式，完成包装回收的工作。

---

① 任玥：《政府补贴下共享快递包装的闭环供应链决策研究》，硕士学位论文，中国矿业大学，2020年。

2．采用新型运输方式

传统的快递包装运输工具及配送方式已经不适应新时代的发展需求了。为了迎合行业未来发展趋势，周转型塑料包装必须采用新型的运输工具与配送方式，以提高包装运输、配送及回收的工作效率。当下，5G技术与移动网络已广泛运用于产品领域，智慧物流加速发展，周转型塑料包装新运输方式的更迭存在非常大的可能空间。鉴于目前技术的可能性，以无人车、无人机为代表的智能运输设备极具发展前景，特别是给解决快递"最后一公里"的潜在配送问题带来了无限的可能性，并且从长远的发展战略来看，其对企业的降本开源也有极大的帮助。智能运输设备不仅在包装运输过程中具有高效性、安全性的特点，还能给消费者在收取快递包裹及归还包装盒时带来极大的便利，能有效连接周转型包装的整个工作流程，加速物流共享服务系统的智能一体化进程。

3．设置多能型回收箱

周转型塑料包装人工服务站点的服务范围，跟消费者的分布区间存在不对等性，减少服务盲区与缩短站点距离，仍是消费者急需解决的问题。回收箱可作为缩短各站点间距离的中转箱而存在，也可作为"扩散器"用于放大站点回收服务的辐射范围，使消费者能够有效缩短到服务站点的距离，更加便捷地体验到共享服务，并借此改变传统快递的服务模式与体验。多功能回收箱的设置目的，是提高产品的服务质量和使用的便捷性，其利用5G网络技术、智能化技术及大数据检测平台等科技手段的融合并入，打造一个集结自助取件、寄件及包装回收的多功能回收箱，并可配套无人车与无人机等智能设备，使整个物流共享服务系统的工作流程，实现全程可由人工智能及控制中心进行操控，以更人性化的交互体验创造更舒适的消费体验，从而极大地解放人力，提高工作效益。

（三）实施社会激励措施

1．政府颁布社会激励条案

在传统快递包装观念根深蒂固、消费者已经适应现有模式的情况下，要想改变此现状来推动整个行业往绿色生态体系发展，政府必须起到牵头作用，通过政府制定相应的社会激励政策或条例，来鼓励社会个体（包括企业）在绿色环保方面的具体实践行为。对于企业，其激励的手段可以是税收减免或银行贷款减息、免息等优惠政策，或是规范行业标准的绿色安全准则，通过一定的市场干预与调整，力求行业发展符合国家生态文明发展战略的需求，加快行业转型升级；对于消费者，可以通过为个人的社会信用加分项的方式和环保宣传，激励消费者提高绿色消费、生态保护意识，营造绿色社会环境。

2. 企业推出积分换算活动

企业作为物流共享服务系统及周转型塑料包装的推广者与运营者，对于该体系在市场取得成功具有关键作用。一方面，企业对新事物的整体定位及未来预期的设想，关乎是否能准确把握消费者的消费动机与消费情感，从而提高营收效益、加快产品推广；另一方面，企业对产品所采取的营销策略与市场活动，能进一步影响产品的市场地位以及消费者心中的消费排序。周转型塑料包装的市场推广，企业应以消费者的消费心理为出发点，根据实际需求情况，制定相关激励消费者绿色消费、支持共享快递包装的营销策略与市场活动，具体如推出积分换算活动等。积分换算活动指的是以使用周转型塑料包装服务的次数、类型和等级为积分计量单位或换算标准，设定积分等级，并且细分各等级的具体奖励方案，联合当下主流移动支付平台作为活动链接入口和支付手段，提高服务的便捷性与消费的安全性，激发消费者对生态环保的热情，以消费贡献的方式提高其参与活动和服务的积极性。

小　　结

基于共享经济背景下零售新模式的变革和快递业迅猛发展所带来的生态环境问题，本章对共享快递包装进行了专题研究，至少可得出如下认识。

第一，通过以共享为研究导向，完善了共享快递包装的基础理论，拓展了共享快递包装的应用领域，并根据应用领域分别提出了短距离与长距离共享快递包装的应用模式，为共享快递包装的合理运作提供了系统的整体解决方案。

第二，通过对现有快递流通模式的研究，发现租赁方式更符合目前快递业发展需求，并创新性地提出以共享快递包装为研究对象的运行与回收机制。

第三，结合共享快递包装大量调研成果和其功能性需求与对应的设计要求，从材料、结构、信息传达、内容设计四个角度总结了共享快递包装的设计方法。

共享快递包装在一定程度上可以进一步实现共享经济目标，满足可持续发展的需要，有效地推进中国绿色化发展进程。此外，5G时代的到来将进一步推动共享快递包装的发展。一方面，5G与人工智能技术的结合也是必然趋势，在未来将实现全自动化物流运输和AR物流应用，无人机与无人车的协同模式可形成地空并行、移动式协作的末端配送解决方案，利用AR技术和智能机器人可以最大限度地提高派件效率，保障"最后一公里"派送；[1]另一方面，智能化、信息化、全球化是现代物流行业发展的趋势，而物联网、云计算、大数据等技术的发展，为智慧城市物流的实现提供了有力保障。5G技术将促进城市快递业的变革，实现智慧城市智能化运转。[2]而共享快递包装在物联网、大数据、云计算、人工智能四大动力引擎的推动下，在提供传统性包装基础功能的同时，还可以为客户提供更多应用场景和更加优质的服务，是一种应对未来[3]智慧城市、实现包装产业链合理优化利用的最有效方式，市场前景十分可观。随着快递业的不断发展，数字化技术水平的不断提高，未来共享快递包装也将呈现出多元化、协同化、智慧化三大趋势。而共享快递包装的普及将成为快递行业降本增效的一个重要环节，也会成为中国从包装大国迈向包装强国宏伟目标的重要契机。

---

① 柯胜海：《智能包装设计》，江苏凤凰美术出版社2009年版，第34页。
② 赵亚星、王红春：《智慧城市背景下城市物流发展问题与对策研究》，《物流科技》2017年第5期。
③ 朱磊、李梦烨、杜艳平、张媛、王兆华、李苹：《快递业循环包装共享系统及其回收模式研究》，《物流技术》2017年第9期。

第二章
不可替代性塑料包装与减量化设计

第一节
不可替代性塑料包装的内涵及界定

一 不可替代性塑料包装的定义

针对当前限塑政策与社会状况，应对塑料包装类型及应用领域进行分类减塑分析和研究，应对不同阶段的减塑目标及路径进行合理预控和制定策略，并进行科学、有效、持续的包装限塑、减塑、替塑设计，从而实现塑料包装的污染治理。因此，根据塑料在包装领域的应用程度和功能形式的不同，围绕限塑政策和污染治理目标进行塑料包装的减塑层级和内涵的界定，是后续展开减塑研究的前提和基础。塑料包装对于当前社会生产和发展是有积极推动作用的，并且在当前技术发展和包装需求的制约下，还未有任何材料形式能够完全代替塑料对于包装的价值和影响，因此包装与塑料在现阶段还无法进行完全割裂和分离，塑料对于部分包装领域还具有不可替代性，因此不可替代性塑料包装的提出正是对于此特殊性的肯定和说明，唯有正确界定当前塑料包装的减塑层级和目标，才能制定有效科学的减量化设计策略和实施路径。

不可替代性塑料包装是为厘清现阶段减塑任务层级和目标所提出的塑料包装形式，其内涵仅代表当前因客观原因而必然选择塑料作为包装主体材质的包装形式，[1]因此不可替代性塑料包装势必表现出当前阶段的时代性、历

---

[1] 刘春雷：《包装材料与结构设计》，文化发展出版社2015年版，第147页。

史性和局限性，但此种形式会随着技术发展与消费理念的改变而逐渐变换升级。将不可替代性塑料包装进行概念与内涵上的区分，是为明晰当前阶段包装减塑对象和制订有效的减塑设计方案。减量化设计正是基于对不可替代性塑料包装的领域分类与减塑目标的方案设计。

二　不可替代性塑料包装的评判依据

包装进行广泛的生产与使用需要依据可行性、有效性和科学性的评定标准进行审批核查，其中"不可替代性"塑料包装的评判依据，需要通过对不可替代性这类塑料包装在生产、流通、销售、使用及废弃物处置过程中所存在的共性分析与研究，才能做出正确的判断。在此评定过程中，包装会因消费者行为、产品特性及所处情境的不同而有所不同，因此不可替代性塑料包装的评判依据，可从"使用功能""使用场合""使用成本"三个方面审视。

（一）使用功能的不可替代性

包装作为设计生产的物质载体，其最基本的功能特征就是保障产品安全。如果产品在运输过程中包装不能如期完成其使命，将是不合格的产品包装，针对该部分的包装由于其自身使用功能的不可替代性因而塑料被广泛地应用于特定包装领域内，成为区别不可替代性包装的一种界限。[1]此界限内包装的使用功能与产品特性是相辅相成的关系，该部分的产品对包装使用功能的要求极为严格，包装的性能一旦失效产品就可发生变质变坏等不良反应，从而影响使用，因此该界限内包装使用功能的不可替代性，使得生产企业不得不选择其塑料作为包装原材料，以此来迎合产品与市场需求。例如，在药品包装设计中，药瓶的质量关系着药物的安全及有效期。其药瓶作为日常生活中常见的需求物品，遵循着一定的设计方式方法，在选择包装材料时制药企业需根据药物的属性及用途等方面综合考虑，秉承以人为本的思想，科学

---

[1]　参见刘春雷《包装材料与结构设计》，文化发展出版社2015年版。

合理地选择包装材料。在具体的操作过程中，根据药品的特性与物理形态，来满足药品包装的基本需求及其他的功能性要求。制作药瓶的包装材料主要分为玻璃和塑料两种，玻璃因其性能不佳导致易碎、脆性大、质量大而逐渐被塑料取代，无毒无味、功能稳定、质量轻、不易碎等特点使药品生产企业不得不因其良好的性能而选择塑料材质，成为不可替代性包装（如图2-1所示）。

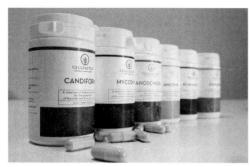

图2-1　药瓶包装设计

图片来源：www.pinterest.com/。

（二）使用场合的不可替代性

产品包装设计的三大基本要素为保护产品、方便运输及促进销售，从这些要素中可以看出方便运输在包装过程中具有重要意义，因此运输条件的不同使得界限内的塑料包装成为使用场合下的不可替代。[①]该界限内包装的运输条件受诸多因素影响，如空气、环境、气味以及物理化学等因素都会影响产品的品质，所以材料的选择极为重要。产品由于自身的特殊性与使用场合的多变性从而决定了该包装的运输特点，可分为短距离运输与远距离运输两个部分，在主、客观因素的驱动下制约其包装材料的选择，使得该界限内包装具备不可替代性特质，因而难以用其他生态环保性材料去替代。例如，在生鲜水产品包装设计中，由于传统产业经营模式的特点，使得中国鱼产保活运

---

① 祝兵越、郁舒兰：《产品包装设计的自然之美》，《设计》2016年第5期。

输的包装设计方式方法不尽相同（如图2-2所示）。因其被包装物的活性远距离运输需求，使得包装在选材上尤其重要。在此过程中包装具有使用场合的多变性与产品自身的特殊性，使用场合的改变必然使得水产品受到环境、天气、气味等因素的影响，因此包装既要满足运输销售的需求，还需要保证包装本体在运输过程中活性水产品不受损伤，两者缺一不可，从而对其包装材料提出了极高的设计要求。在综合评估所有影响因素的情况下，塑料由于其良好的性能被应用于生鲜水产品包装中，成为该界限内不可替代的包装材料。[①]

图2-2 鱼产运输包装设计

图片来源：www.pinterest.com/。

（三）使用成本的不可替代性

在不可替代性塑料包装中，存在着部分使用成本的不可替代性包装。产品包装设计在满足其基本的功能需求下，成本控制与经济效益是使塑料包装具有不可替代性的重要原因。[②]因此，生产成本是每个包装企业所关注的重点，成本的提升必然会影响经济效益。商家会在设计生产过程中综合考量评估成本与效益，从而确定其包装材料的选择。在具体的设计生产过程中，界限范围内包装在当前技术条件下并非不可替代，而是在满足诸多因素与诉求下塑料包材是最优选择，性能良好、成本低廉，因而被广泛应用于包装领

---

① 李洁、王勇：《绿色生态设计在包装设计中的应用》，《包装工程》2014年第4期。
② 叶德辉：《产品包装的人性化设计》，《包装工程》2005年第5期。

域，以此满足该特定包装的使用需求，实现经济效益的最大化。例如，针对矿泉水瓶的包装设计，企业根据大众的日常生活使用需求决定了其产品自身的功能与特征。矿泉水瓶的替代性设计制品并非完全没有，也有许多设计师尝试采用其他生态环保材料进行创意设计替代，但是由于目前的替代品技术条件尚未成熟，加工制造成本高昂，所以只可在小范围内使用，不能进行量产。因而定位于大众消费市场的矿泉水瓶设计，企业在综合考虑其生产、销售、运输、成本及经济效益等因素条件下，选择塑料作为其通用包装材料，虽然不是最优选择，却是目前经济技术水平情况下的最佳之选。通过科学合理的包装整合优化设计，从而使其不可替代性塑料包装实现最理想程度的"生态环保"与"循环利用"。

图2-3　矿泉水瓶包装设计

图片来源：www.pinterest.com/。

第二节
减量化设计与包装减塑

一　减量化设计的内涵

随着科学技术的进步，包装行业得到了快速发展。现如今，可持续发展的绿色理念已经深入人心。为了尽量减少能源耗费以及包装废弃物对环境的影响，设计师的包装设计理念逐渐转向减量化，化繁为简。由此提出了减量化的设计方法。

所谓"减量化"，就是减少商品包装的用量。其中"减量"的通常含义为减法，意为减少、减去、削减某种物质的数量、含量、量化值等。减量往往不是问题解决的最终目的，但却是执行效果的佐证路径和显现形式，而减量化则是减量的有效化、合理化、标准化的基本要求和路径准则。减量化主要是针对过量问题的解决办法，而过量问题又通常与环境、资源等内容的消耗、分配、调节相关，因此，减量化常是针对废弃资源的废物处理和再利用的方法路径。

包装设计减量化是从源头上减少包装废弃物，世界上很多发达国家都把包装减量化作为实现绿色包装的一项重要措施和首选途径。其中绿色包装模式是指：实行包装减量化（reduce）、可以重复使用（reuse）、可以循环利用（recyle）、可回收（recover）、能降解（eegradable）即4R1D原则。其中包装减量化（reduce）是绿色包装4R1D模式中首选的一种绿色包装方法。包装减量化即在满足保护、方便、销售等功能的[1]条件下，使用最少的材料进行设计，从而减少材料的浪费和废弃物的产生。[2]实行减量化的意义在于尽量减少能源、材料的消耗和废弃物的产生，从而降低对环境的影响，进而达到节约包装生产的资金成本。

包装设计的减量化能够减少污染、保护环境，体现了绿色环保包装设计，值得大力提倡与推广。减量化包装设计并不意味着设计过程的简化和粗糙，相反，这对设计有着更高的要求，需要设计师提高设计的技术质量，创新设计理念。[3]减量化包装具有简洁、轻巧的包装外形和适度实用的包装功能，遵循减量化包装设计理念，能够提高包装的利用率，最大限度地改善过度包装现象，从而减少包装垃圾对资源和环境的危害，对中国的可持续发展

---

① 曾凤彩、王雯婷、王富晨：《论减量化设计方法在可持续发展战略中的重要性》，《设计》2014年第2期。
② 曾凤彩、王雯婷、王富晨：《论减量化设计方法在可持续发展战略中的重要性》，《设计》2014年第2期。
③ 曾凤彩、王雯婷、王富晨：《从绿色包装模式谈包装减量化设计在可持续发展战略中的重要性》，《包装世界》2014年第1期。

具有现实意义。[1]

除此之外，生产技术的发展使物质生活极大丰富，人们开始享受与习惯于快节奏、高效率、轻便捷的产品与包装，因此塑料包装因其优良特性成为社会生产流通的重要组成部分，是当前包装行业、社会环境稳定发展，保证国民和谐、便利、舒适生活的有力支撑者。而不可替代性塑料包装的设置是推行"限塑令"的有力措施，是当前塑料包装使用与环境污染矛盾缓解的突破口，是塑料包装到后续替代性材料包装在过渡时期所带来的行业冲击和社会接受程度的缓冲带。而不可替代性塑料包装是利用减量化设计方法逐步有效地减少对于环境的破坏，达到国家"双碳"控制的绿色发展目标，而不可替代性塑料包装的减量化设计，可通过技术的研发来减少能源和原料的投入，达到减量化的目的，可利用材质轻量化等手段，在保证包装保护产品的基本功能的前提下，选择使用密度较低的包装材料，从而达到节约原材料、提高储运空间利用率的目的。[2]

二　包装减量化设计要求

减量化设计是针对自然资源过度消耗、生产资源过度浪费、废弃资源无效治理等环境污染与破坏现状，通过在自然资源开发和使用阶段进行重新设计和调配，从源头减少资源的使用量，来达到缓解和改善末端资源废物的过度生产、过度排放和过度污染等问题。减量化设计在塑料包装污染治理中的应用较广，并且效果突出，当前应用于包装中的减量化设计的常规策略主要体现在三个方面，分别是包装材料的轻量化、包装造型的标准化以及包装工艺的单一化。

（一）包装材料的轻量化

包装材料的轻量化是指通过减少材料本身的资源使用量来达到降低自然

① 刘心悦、刘子一、李金航：《现代食品包装的轻量化设计研究》，《现代食品》2020年第8期。
② 刘心悦、刘子一、李金航：《现代食品包装的轻量化设计研究》，《现代食品》2020年第8期。

资源消耗，减少环境破坏的危害，但包装的基本功能保持不变。包装材料的轻量化是随着绿色包装设计理念的研究和深入、包装材料制作加工技术的发展和成熟，以及环境污染与治理的需求和压力所逐渐开发和发展起来的一种减量化理念下的技术路径和设计措施。对塑料包装进行轻量化处理，能有效减少能源和原料的投入，达到节约资源和减少污染的目的。因此，包装材料的减量化设计具体可从以下三个方面考虑。[①]第一，减少包装原材料的使用量。减量化包装设计要求包装材料在使用上应尽量减少包装制作材料和印刷材料，减少包装多余的装饰性结构和油墨，避免无用的大体积包装，秉承绿色环保与生态平衡理念，"取其精华，去其糟粕"，这与绿色设计的理念大致相同，减少原材料的使用数量，不仅减少了资源浪费，[②]也为资源的回收再利用提供了方便。第二，减少包装层数和包装体积。"里三层，外三层"或是包装体积过大远远超出实际功能需求的现象目前比比皆是，包装应该在确保功能的前提下减少包装容器的厚度、削减包装层数，积极推广轻量、薄壁的包装产品生产工艺，以减少包装材料的使用。第三，采用绿色包装材料。在自然资源越来越紧张、环境污染越来越严重的时代背景下，亟须对包装减量化进行深入研究，借此形成尊重自然、保护生态环境、顺应自然的生态文明理念。在选用包装材料时就显得尤为重要和关键。在包装的选材方面，要优先选择更具环保特性的材料。例如尽量选用重复再用和再生的包装材料、可降解材料、可食性包装材料和纸材料，例如，包装的主要材料不仅使用具有可循环利用特性的纸质材料，其包装上图形的绘制以及包装底色使用的涂料，也采用了具有可降解、无有害物质特点的植物油墨，这样不仅能够获得较好的可循环利用效率，也能体现绿色生态环保的理念。这种设计方案能够更好地吸引消费者，也符合生态环保的社会潮流，让消费者更愿意付诸购买行动。[③]

---

① 刘心悦、刘子一、李金航：《现代食品包装的轻量化设计研究》，《现代食品》2020年第8期。
② 曾凤彩、王雯婷、王富晨：《论减量化设计方法在可持续发展战略中的重要性》，《设计》2014年第2期。
③ 唐丹：《绿色包装设计中材料的应用研究》，《科技资讯》2022年第4期。

综上所述，轻量化设计思路和加工技术对于减量化理念的推动和环境污染治理效果已初步获得成效，也已成为一种主要的减量化设计趋势。

（二）包装造型的标准化

包装造型设计是经过构思将具有包装功能及外观美的包装容器造型，以视觉形式加以表现的一种活动。[①]设计是构思，是创造性思维，是将需求转变为现实的过程。包装造型是根据被包装产品的特征、环境因素和用户的要求等选择一定的材料，采用一定的技术方法，科学地设计出内外结构合理的容器或制品。包装造型也承载着传递信息的功能，是包装设计的重要载体，从绿色包装减量化设计的角度研究造型减量化设计，不仅能增强包装造型设计的信息传递能力，还能节约资源，保护环境，[②]减少污染。

包装造型的标准化是指设计和创作符合减量化理念，能够切实减少资源消耗和浪费的统一、合理、科学的包装形态、结构形式以及包装制造规范。包装造型的标准化有两层意义：一是约束和限制同品类、同价值的包装的造型形态设计，以期减少非正常、不必要商业竞争所带来的过度销售型包装所造成的包装生产资源的消耗和浪费；二是能够确定合理、科学的包装造型方式和加工技术，能够最大化包装资源利用效率，提升包装附加值和循环利用效率。包装造型的标准化是在不影响产品特定结构、功能和形态美感的基础上，实现包装体量、面积和数量的减少，最后实现总包装材料用量的减少。这可以通过结构优化设计来实现，通过结构优化减少材料应用，提升包装的便利性和可重复利用性。在设计的美学上，简洁的造型也赋予了商品一种造型美，更易将人们的视线集中在商品之上；从符号学的角度而言，简洁的造型使得有关商品的信息在传达过程中能减少干扰，保证消费者对信息的准确接收。并且这种简约标准的立体造型要满足操作的便利性，这种易操作性是包装造型标准化设计的一个重要要求。强调易操作性实际是强调包装的设计

---

① 任明：《论儿童玩具用品包装设计的艺术表达》，《才智》2012年第23期。
② 苏文燕：《关于绿色包装的减量化设计》，硕士学位论文，天津科技大学，2017年。

可以让消费者通过视觉、触觉等感受方式接收包装语言，并提示正确的操作方法，以便使用，例如在需要开启的包装上，就需要有开启方式的指示符号，用来明确开启行为是推、拉、撕或者扭。这些需要通过造型结构语言、图像性符号与指示性符号来表示，使消费者易于理解并使用。有效的包装设计其造型充分体现了用户需求，并符合人体工程学，从色彩上也能很好地传达商品的信息。因此，对于包装造型的设计应从用户的认知出发，使普通的消费者都能方便地使用包装。①对于减量化设计而言，从易回收设计上，包装的合理性与易操作性及包装材料使用上的单一性，都会使回收过程变得简便易行，使其过程中的各种能耗降低。最后包装造型的标准化设计要符合重复使用原则，因为从包装造型上来讲一方面包装的造型承担着商品在运输、仓储和销售过程中的保护作用；另一方面，则是在保护功能完成后，能实现功能与角色的转化，发挥物尽其用之功能。包装物的重复利用从客观上也减少了对包装资源的占用和浪费，起到了整个社会包装材料总量上的减量化。

（三）包装工艺的单一化

现今，高科技、高智能的生产设施将不断推动包装工艺的发展，新的工艺流程会给设计者提供新的设计构想，科学与艺术结合得更加紧密，彼此相互作用，相互制约。

正所谓包装工艺，主要指包装制作过程中的制造工艺。从包装容器模具成型的制模工艺到机械成型各项工艺，从制版到印刷，各个环节都不断地有新的技术突破。现代包装工艺是复杂的，是多重材质的组合，是综合的制版工艺。结合电脑高科技的发展，追求精美、细致、高技术含量，了解、熟悉新工艺，正成为设计的必备条件。②但是生产包装及印刷包装所使用的复杂工艺，增加了能源的消耗，甚至会造成环境污染，所以提出包装工艺单一化。

---

① 郭峰：《基于海森矩阵优化算法的包装材料减量化设计研究》，《美与时代(上)》2017年第11期。
② 袁美、王欣欣：《现代包装工艺的发展趋势浅谈》，《作家》2010年第22期。

包装工艺的单一化是指在满足正常的包装需求和实现特定包装功能的前提下选择单一的或少量的加工工艺种类，或使用单层次的加工材料、印刷工艺，从而减少自然资源的消耗量，降低包装废弃物的产生量和污染量。例如微孔发泡技术是一种新型的塑料发泡创新技术，在传统的发泡塑料工艺上需要足量的化学发泡剂，以及烃类原料发泡剂，而这也是包装废弃物环境污染的主要来源之一，而这种新型发泡工艺技术其生产的微孔泡沫塑料的泡孔直径小于50μm，泡孔密度达到109—1012个/立方厘米，而普通泡沫塑料的泡孔直径一般大于50μm，泡孔密度一般少于106个/立方厘米，而目前这种微孔发泡技术已经得到工业化应用，其中最成功的是Trexel推出的Mucell微孔发泡工艺，该工艺主要采用二氧化碳或氮气等大气的超临界液体作为发泡剂，发泡制品均匀一致，泡孔直径在5—50μm。[①]

第三节
不可替代性塑料包装的减量化设计方法

不可替代性塑料包装的减量化设计旨在突出"材料减量、效用等同"的设计目标，围绕包装的空间结构、外部造型、轻量材料、一体模式四个维度进行减量化的系统设计，而这四个维度分别通过增强型设计、标准化设计、轻量化设计及一体化设计等方法来实现，其设计特征与功能侧重各有不同，但互为补充。

增强型结构设计[②]是改变塑料包装内外空间的结构作用关系，增加或增强局部骨位结构，旨在保证结构强度及功能的基础上，最大限度减少塑料材料的使用量和频次，具体是针对包装塑料板材、包装塑料片材及包装塑料薄膜等塑料包装类型的减量化设计；标准化造型设计是改良塑料包装的外部形态，强化塑料包装个体间的造型关联，旨在增强包装在储运、展示及携带等过程的外部

---

① 唐赛珍：《塑料包装材料轻量化薄型化发展概况与趋向》，《中国包装工业》2010年第12期。
② 王红健：《四层增强型包装材料》，绍兴新诺包装有限公司，2018年11月30日。

造型塑料的利用效率，以进一步减少塑料基材使用程度，具体是针对小容量包装容器以及批量化、标准化的包装箱体的减量化设计；材料轻量设计是采用轻量化材质来替代包装缓冲塑料、填充塑料，旨在减轻包装质量及塑料基材含量，具体是针对运输包装、食品包装等包装领域的减量化设计；一体化模式设计是改变当前包装主体与产品本体的分离设计模式，结合并改进包装与产品、辅助物及各关联包装层级关系，围绕包装与产品使用的系统设计目标，简化塑料包材，精减包装层数，"集零为整"，旨在减少包装生产、流通、销售及使用过程中"低效用"的包装本体塑料参与量，实现减塑、低塑的包装减量化设计。

各维度的减量化设计的翔实内容及方法特征如图2-4所示。

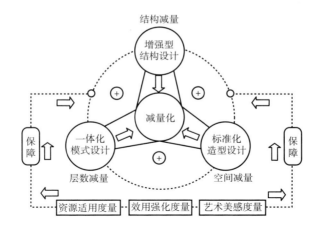

图2-4　不可替代性塑料包装减量化设计方法

图片来源：笔者绘制。

一　增强型结构设计

增强型结构设计[①]旨在提升包装容器的内外结构的空间利用效率，创造局部结构的共用、复用、通用设计形式，利用支撑性结构设计强化塑料材质的硬度、韧性，在保证其结构强度和功能效果的基础上，从整体上减少塑料材质

---

① 王红健：《四层增强型包装材料》，绍兴新诺包装有限公司，2018年11月30日。

的使用量，减轻容器重量。塑料包装的结构设计通常指塑料包装容器的内外结构设计，是以产品自身需求及特殊使用功能为目标，按照科学原理采用不同塑料基材及辅助材料，进行包装容器的内部支撑结构、外部展示结构、开启结构及辅助功能结构设计。增强型设计的特点在于：对内采用骨位增强型结构形式来加强塑料材质的强度，利用支撑型、稳定型及延展型等加强筋结构设计来巩固增强塑料强度，并减少塑料基材的使用量；对外加强共用增强型结构设计，提升受力面与延展面结构塑料的利用效率；展示增强型结构设计，用以减少多余油墨与塑胶装饰，封装增强型结构设计则采用榫卯等卡扣原理的封装设计来代替胶装设计，全方位进行塑料包装的减量、轻量设计。

增强型结构设计主要在四个方面进行材料减量与功能强化：第一，简化同一功能的材料结构，减少冗余结构塑料，增加与改良容器的共用结构设计，强化包装顶底、横纵的共面结构，以便丰富储运与销售功能，并在一定程度上提升包装操作体验；第二，利用锁扣、按扣、易拉锁等设计形式代替胶黏剂、塑封胶带等封装与开启结构；第三，利用压痕、凹印等工艺减少塑料标签的参与量与使用频次，提升包装塑料结构的使用效率和范围，强化包装开启结构与展示型标签；第四，增加骨位结构类型和使用频次，强化容器结构强度和张力，降低生产出厂的次品率和废品率，同时强化包装使用功能，提高塑料使用周期来达到塑料减量的目的。

（一）应用对象及价值优势

塑料包装的减量化设计目的是减少对塑料基材使用量的同时，保证其包装功能，因此选择合理的减量对象与设计方法至关重要。增强型结构设计更适合对以下塑料基材进行减量设计应用。

1. 塑料板材容器

塑料板材适合作为对承重性能有较高要求产品外包装材料。[1] 在塑料板材的减量化设计过程中，其在结构设计方面：首先，应尽可能利用结构的设计

---

[1] 朱新远：《在玻璃钢化工容器中使用方格布的经验》，《玻璃钢》1979年第4期。

降低板材的厚度，减轻包装的重量，如后面提到的加强筋辅助结构。其次，增加包装循环次数以降低使用的成本与资源的浪费，如物流运输包装在使用塑料板材时，除了通过设置加强筋结构来降低板材厚度外，还会增加诸如可压缩折叠的结构来节省仓储空间与循环回收的成本。

2. 塑料片材容器

塑料片材通常应用于塑料瓶、塑料盒、塑料托盘等中小型的产品包装中。塑料片材的厚度与柔韧性适中，[①]介于塑料板材和塑料膜两种材料之间，包材的可塑性方面相对更强，在结构的设计上也具有更多的可能性，不论是从材料的被利用程度上还是材料的使用周期上，都有很多可以提升的空间。例如，提高材料利用率的共用式结构、减少材料使用的免材式结构、提升包装结构强度的加强筋辅助结构等，都是很好的结构减材的方式。

3. 塑料膜及相关辅助物

塑料膜是生产生活过程中使用频率最高，也是对环境威胁最大的一类塑料包装材料，在"新限塑令"当中，塑料薄膜类产品包装成为"禁塑""限塑"的重点。而对于塑料购物袋、食品包装袋来说目前还没有更合适的材料将其取代，因而对于这一部分塑料膜类包装减塑，可利用材料本身的特性进行结构设计，如快递领域应用较为广泛的气柱袋，利用了塑料材料良好的延展性与轻量性，常被作为包装内部缓冲结构来使用，不仅可以节省大量缓冲材料，还可大大减轻运输货物的重量。

(二) 设计的形式与方法原则

增强型结构设计围绕塑料包装容器的重要结构部分进行优化与改良设计，利用结构创新来进行塑料减量，具体可分为下列四种设计方法。

1. 共用增强型结构设计

共用增强型结构设计是对包装内外结构设计关系的重构，使各部分结构

---

① 郑超：《塑料片材真空阴模吸塑成型模拟及实验研究》，硕士学位论文，华中科技大学，2011年。

的使用效率与空间维度进行功能增强，利用包装容器表面的结构连接性进行共用设计，通过对包装顶面、盖体、颈肩、环面、底面进行结构面共生，最终实现功能共用，材料减量。共生、共用概念在设计中最早出现于平面构成中，其中共生图形是造成奇异视觉效果常见的平面创作手法，其形式是指在平面图形中，形与形之间共用一些部位或轮廓线，相互借用、相互依存，以一种异常紧密的方式，将多个图形整合成一个不可分割的整体，[①]视错觉原理会让观者自觉补齐共生轮廓的画面，从而产生多种视觉效果，趣味性和律动感也由此产生，如中国的阴阳八卦图里对中间共生轮廓线的使用以及埃德加·鲁宾的《阴阳花瓶》都是共生图形的代表。而这里的结构面共生形式与共生图形形式上有相似之处，但结构面共生的设计原理是在保证包装各结构功能基础上，为减少塑料材质的使用，将各部分结构的轮廓面、衔接面、支撑面进行优化改良，创造同一结构，但功能多用，从而提升塑料材质的效用价值。

共用增强型结构设计方法应用于塑料包装容器有以下四种设计形式。

（1）环面共生、外结构共用

包装的环面是指包装容器外部四周的环绕结构面，在包装箱体中则通常指侧立面。环面主要负责包装的视觉与信息展示，也是消费者通常最先关注的包装形态结构面，在包装制造加工环节其材料使用量与资源生产成本较高，是需要包装减塑的重要部分。环面共生是将两个包装容器的环面或侧立面进行共生复用，将包装外结构进行链接共用，减少包装外结构材料生产，此设计形式可适用于同品牌产品或同类产品包装中，以应对产品的多样使用环境、使用人群、使用时间持续补充等需求。如图2-5所示，一款"Duopack"的自立袋包装设计，本是两个不同口味的酱料包装，但为方便消费者食用，以及储存管理，利用环面共生、外结构共用设计，将两包装合二为一，无疑减少了塑料材料的生产浪费，且此种形式包装能够促进商品消费，提升包装使用效率。

---

① 廖春生：《浅议图形创意在广告设计中的灵魂意义》，《信息与电脑（理论版）》2011年第4期。

（2）顶盖共生、开启结构共用

包装的顶盖是指顶面与盖体结构面，顶面包含包装外部的上顶面与下顶面，通常与包装颈肩面和开启结构相连。传统包装的开启结构[1]服从于安全性、易

图2-5　组合装酱料包装

图片来源：https://packagingoftheworld.com/2019/04/duopack.html。

用性原则，通常进行单独的结构设计，因此材料使用与耗费也较大，而顶面与盖体结构面共生复用，在不增加任何结构装置及材料的基础上，保证包装的有效开启与安全密封，提升包装顶面材质的利用效率，从而达到材料减量的目的。如图2-6所示，此冰激凌包装在顶面的结构外表面是完整面设计，但下顶面上藏有嵌入式的供对折使用的冰激凌勺结构面，待掀开外盖可进行扣压裁剪，既保证了冰激凌的干净快捷食用，又可复原嵌入保证其密封性。

图2-6　冰激凌盖与勺子共用式设计

图片来源：https://www.pinterest.com/pin/166070305000856243/。

（3）底面共生、内结构共用

包装的底面通常结构设计较为精简，其目的是保证包装储存摆放的稳定性和支撑性，功能性较为单一。底面共生、内结构共用设计形式是将包装内部结构进行分层设计，将分层结构的底部面共生复用，让包装的顶面结构在功能上进行开启与存放的功能共用，以便容纳更多产品类型，提升包装内部空间的使

① 李素：《产品包装开启方式的人性化设计研究》，硕士学位论文，西南交通大学，2011年。

图2-7　底部共用结构的酱料包装

图片来源：https://huaban.com/pins/2462695601。

用效率，减少同类包装的使用量，实现材料减量。如图2-7中，消费者常使用的调味料塑料包装、食品果酱包装可使用此类结构设计形式，既能进行不同食品品类的隔断使用，又能节省存放空间，提升包装材料的使用效率。

（4）顶底共生、链接结构共用

包装的减量化设计不仅需要从材料减量入手，储存空间减量，包装质量减重等设计思路均属于减量化设计的一部分，[①]而相同包装在运输过程中限于运输空间与流通环境的影响，常需要增加运输次数或管理成本来达到产品包装预期储运效果，无疑增加了碳排放和资源消耗成本。包装的顶底共生、链接结构共用是针对同品类包装的存储空间减量的一种减量化设计形式，通过将各包装底部结构面与顶部结构面共生复用，让包装本体间利用嵌入式设计进行链接结构共用，增加包装本体间的相关性，从而提升包装转运过程中结构的稳固性，提高包装储运空间复用效率，而每个包装本体可改变嵌入式设计来强化链接强度，也可自由拆解，独立存放，具有较强的自由度。一款鸡蛋的运输包装设计（如图2-8所示），采用了顶底共生、链接结构共用设计，可层层罗列叠放，上层鸡蛋托盘的底边便可成为下层托盘的盖子使用，内部起到缓冲作用的鸡蛋托结构与外层运输包装结构融为一体，进一步减少了包装材料的浪费。

---

① 王安霞：《绿色包装设计——可持续性包装设计》，《郑州轻工业学院学报》（社会科学版）2003年第4期。

图2-8　顶底共生、链接结构共用包装设计

图片来源：https://www.sohu.com/a/362684157_99923213。

2. 封装增强型结构设计

传统包装的封装^①设计上常采用塑料胶带、胶黏剂等封装形式，尤其是物流运输的周转快递箱领域，其优点在于封装的自由度较高，可根据实际需要选择胶带长短尺寸、粘贴形式进行"补丁式"封装，其封装标准为包装产品的不外漏，但因运输路程、时间、车型等运输状况及包装内装物质量等因素，封装员会进行多层胶带的加固，或胶黏剂的涂抹，此种形式只能单纯地进行外用捆绑式加固，其塑料胶带的效用程度极低，且严重增加了环境污染和资源消耗。据人民日报报道，2023年5月，国家邮政局组织全国性派件包装大抽查数据测算。数据显示，邮件快件包装物标准率超过75%，尤其在减量化方面成效明显。订单方面，全行业电子运单使用基本实现全覆盖；包装方面，包装箱瓦楞纸5层减为3层，减量达40%；胶带宽度60毫米减至45毫米以下，减量达25%。材料使用上，重金属和溶剂残留超标包装得到有效遏制。^②毫无疑问，塑料胶带的不节制、无标准的使用习惯和操作方式增加了包装减量化的难度，因此进行包装结构的减量化封装设计尤为关键（如图2-9所示）。

---

① 段阳：《包装设计中的传统文化应用研究》，硕士学位论文，江南大学，2007年。

② 韩鑫：《绿色快递　从包装治理到全程发力》，《人民日报》2023年10月17日第15版。

图2-9　包装胶带的不节制封装形式

图片来源：https://new.qq.com/rain/a/20210410a01doa00。

封装增强型结构设计是指围绕包装减量化要求，利用锁扣、按扣、易拉锁等设计形式进行包装开启与封装结构的改良和创新，来减少胶带与胶黏剂的使用。传统快递包装的封装形式通常在开启与封装的操作位置并不相同，也很难进行包装的重复利用，虽然商家在进行产品售卖与运输过程中要求包装具备一定的防伪设计，但其一次性胶带封装的环境污染极为严重，因此在封装增强型结构设计中要适当利用榫卯、卡扣等障碍结构进行防伪设计。其中，苏宁物流推出的一款共享快递包装，采用一次性锁扣结构，用户在收到快件时只需轻轻掰断即可，锁扣材料也可以被再次回收利用（如图2-10所示）。从物流包装环节来看，一扣即锁的封箱模式，既减小了包装人员的工作强度，也提升了物流配送效率。

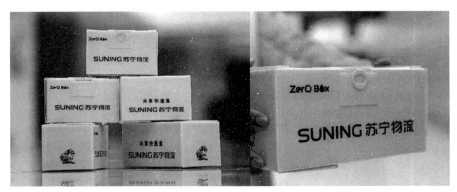

图2-10　封装增强型结构快递包装设计

图片来源：https://m.fang.com/newsinfo/wuhu/31780838.html。

3. 展示增强型结构设计

传统包装的展示型标签通常分为两种：第一种为环绕型标签，包装容器上没有胶水痕迹，通过印刷将标签用胶水合成圆筒，待容器内部灌装封盖后，设备切割成圆筒套在包装容器上，利用热收缩通道加热使其收缩固定在容器表层上；第二种是不干胶标签，待标签撕开后，容器表层上有胶痕，通常此类标签为PP材料，采用热熔胶进行表面贴合，以上两种标签形式均存在塑料的使用，且在后续包装的回收环节难以分离和清除干净，降低了包装的可再生回收利用效率。塑料标签的作用在于对商品品牌的推广和包装信息的展示，虽然其视觉展示一定程度上增加了包装的销售价值，但对环境的污染程度是难以预估的，且随着可视化信息及展示样式的爆炸式增长和更迭，现代消费者更倾向于轻简风格的包装装潢设计，此种形式通常只会展示商品重要信息，如商品品牌、产品品类、溯源窗口等内容，较之传统塑料标签，展示与销售功能更为突出。

展示增强型结构设计是属于结构层面的减量化设计，其主要利用塑料包材的可塑性与特殊加工工艺，[①]形成一种"零标签"形式，即一种与包装展示结构表面合体的标签展示形式，通常有压痕式、凹印、凸印、刻印等展示样式。如图2-11所示，2020年依云（Evian）矿泉水发布了一款全新的"零标签"包装瓶，它采用轻简设计风格，将产品的品牌标志和商品信息通过雕刻的方式呈现在瓶身上，巧妙地解决了塑料水瓶标签难回收的问题，产品升级后不但没有丧失原有包装的美感，品质感反而更为凸显。在图2-12中，一款巴西Bendito Design设计的一款名为Bonafont（裸体）的瓶子，将瓶身的信息采用凹凸压印的方式呈现给消费者，旨在免去瓶身多余的标签和信息，简化包装回收流程，为塑料瓶包装设计起到了很好的示范作用。

---

① 程雁飞：《增强现实在智能包装中的应用趋势》，《包装工程》2018年第7期。

图2-11　雕刻工艺无标签矿泉水

图片来源: https://baijiahao.baidu.com/s?id=1717459971237924166&wfr=spider&for=pc。

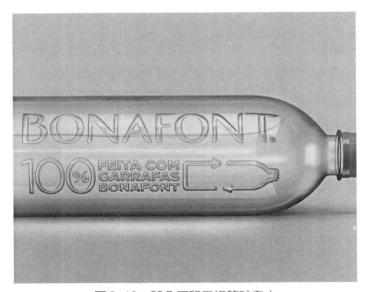

图2-12　凹凸压印无标签矿泉水

图片来源: http://www.xingxiancn.com/article/17833。

4. 骨位增强型结构设计

骨位结构是指为防止产品在生产与使用过程中受力不均或产品变形等问题，而起到支撑、稳定、延展功能的加强筋设计，是塑料产品结构中不可或缺的部分，是保证塑料容器能够正常使用的基础。[①]在塑料容器中增加骨位结构能够有效提高塑料产品的强度和刚度，减少扭曲变形问题，还可以使塑料在成型时充满型腔，避免产生工艺缺陷。[②]在塑料包装容器生产过程中，为保证其结构刚度和强度，传统工艺会增加塑料容器的壁厚，或额外增加材料辅助添加剂来达到预期制作效果，但这样既增加了塑料的生产消耗，也增加了包装重量，徒增成本。因此，将骨位结构应用于塑料包装容器中，尤其是对于包装的环面或侧立面等跨度较大的受力面结构中，利用不同形式的加强筋设计，在不增加产品壁厚的情况下提升包装的抗压、抗冲击、抗撕裂等结构性能，可以有效减少塑料使用程度，强化产品包装容器的使用功能。

塑料包装容器为便于大批量生产和销售，其加工方式主要采用挤出吹塑、注塑吹塑以及注塑拉伸吹塑等加工成型工艺，[③]每个塑料容器在成型过程中都要经历坯体吹塑和拔模，其容器的内、外壁厚及结构造型都是在这个过程中定型，且主要受到吹塑强度和磨具的影响。企业为实现包装的轻质化和便于控制成本，都会采用较为先进的吹塑技术来压缩容器壁厚，减少材料投入成本，但容器的强度就会受到影响，因此骨位增强型结构可以在压缩容器壁厚的同时，增加包装容器结构强度。骨位结构中的加强筋设计是决定骨位强度和功能的关键，但会受到磨具造型及拔模过程的影响，因此骨位结构一般而言只增加在包装容器受力面上，可以根据要强化包装功能的不同，选择不同的加强筋设计形式应用于包装容器的不同骨位结构位置。根据功能强化的不同具体有以下三种加强筋设计型。

（1）支撑型加强筋设计

支撑型加强筋主要强化的是包装容器受力面的支撑强度，其设计特点及关键在于：一是受力面内层要增加额外的垂直于受力面的塑料筋条，塑料筋条的数量跟长度根据受力面大小及强度需求而定；二是筋条的体积跟宽度则以

① 程雁飞：《增强现实在智能包装中的应用趋势》，《包装工程》2018年第7期。
② 何佳林、郝云刚：《强筋在塑胶件中的应用设计》，《四川兵工学报》2014年第2期。
③ 刘春雷、张杰：《包装材料与结构设计》，文化发展出版社2009年版。

材料最小量为原则，支撑型加强筋的高度要求低于壁厚宽度的3倍，较高的加强筋会增加模具的加工生产难度；三是支撑型加强筋设计提升骨位结构强度依靠筋条的整体密度和科学的设计形式而非筋条的单体厚度和材料体积。

支撑型加强筋设计形式及具体位置有以下五种方式。

一是条形排布设计。条形排布的加强筋设计主要集中于包装单面结构中，且其塑料壁厚能够保证正常的结构强度，增加条形排布的加强筋设计可提供一定的支撑强度，且可防止塑料产品在生产过程中的变形扭曲。条形排布的加强筋设计（如图2-13所示）较为简单，通常为单条直线形式，根据容器表面大小及形式选择横纵方向，垂直于包装受力面，条形加强筋两端与容器受力面两侧凸起转角相连，以起到支撑、稳固作用。条形排布设计主要适用于承装托盘包装、家用储物箱等轻重量包装领域。

图2-13　条形排布加强筋设计

图片来源：https://www.51pla.com/html/sellinfo/470/47043377.htm。

二是规则网状设计。规则造型一直是立体构成的重要设计形式，其不仅造型简洁优美，且具有一定的科学强度，[1]而在骨位结构中利用规则网状的加强筋设计能够在增加结构强度的基础上，确保塑料内层表面的简洁程度，同时规则网状的科学排列规律也能方便塑料容器的型腔注塑过程，降低生产次品率。规则网状加强筋设计可根据具体强度需求选择长方形、正方形、三角形、圆形、弧线形、放射形等不同形式，其中方形排列的规则网状加强筋较为常见，如图2-14所示的一款货物周转塑料箱，包装的侧面与底面都设置了规则网状

① 遆鹏、徐柱、肖亮亮：《网状地图自动化示意化设计规则研究综述》，《测绘通报》2015年第3期。

的加强筋，可以抗击各个方向的冲击力，提供包装表面的支撑力。此外，这种箱体可循环折叠结构方便多次使用回收仓储，降低人工劳动强度与运输成本。相较于条形排布的加强筋设计，规则网状的加强筋结构支撑性更强，抗压与抗冲击性良好，因此多应用于大型物流周转箱、支撑性塑料零部件等领域。

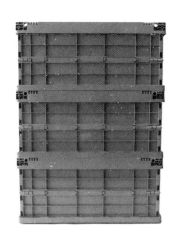

图2-14　规则网状加强筋结构的物流包装箱

三是鱼鳞爻型设计。鱼鳞作为保护鱼身，防止水流失的外壳，以层叠和密集的扇形形状排列居多，而作为仿生设计的一种形式，排列均匀、规则有序的鱼鳞爻型设计可以有效地凭借其结构设计而发挥其增强、支撑的作用。鱼鳞爻型设计特点在于筋条组合形式的紧密分布，通常以中空的圆形、方形为支撑柱筋条，支撑柱筋条的设计位置在包装表面或塑料表面的关键受力点，用以最大限度地提供结构支撑力，而以爻型筋条做横纵式、放射状链接着支撑柱筋条，用来提供侧向牵引力，以增强结构支撑和韧性。

鱼鳞爻型加强筋形式因为其结构的特殊性，能够最大限度给予包装容器结构整体强度，且使用周期较长、不易损坏，因此常见于大型包装托盘底部、大型产品外箱包装等领域。如图2-15所示的物流托盘结构采用了鱼鳞爻型设计，交叉错落的爻型设计既有三角的稳固特性，也最大限度地减少了塑料材质的使用量，增加了支撑强度。图2-16为大型产品的塑料保护性外箱结构，采用了中空圆形的鱼鳞爻型加强筋结构，以增强塑料外箱的抵抗压力与冲击力的防护功能。

图2-15　鱼鳞爻型设计托盘

图片来源：https://www.pinterest.com/pin/625578204472650372/。

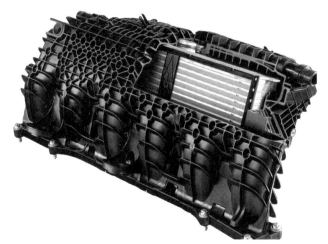

图2-16　鱼鳞爻型设计的产品外箱

图片来源：https://www.shangyexinzhi.com/article/349353.html。

　　四是凹槽插口设计。凹槽插口设计[①]是指在条形加强筋的中段部位进行减量化的槽口设计，其目的是在提供支撑强度的同时，最大化进行材料减量。凹

----

① 杜辉、朱俊强、楚武利：《"凹槽导流片式"机匣处理的结构尺寸优化研究》，《推进技术》1998年第1期。

图2-17　凹槽插口设计的加强筋形式

图片来源：https://www.shangyexinzhi.com/article/349353.html。

槽插口设计的加强筋一般作为辅助性加强筋或者塑料零部件（如图2-17所示）的短条式加强筋中，其特点在于两侧的槽端要与包装转角贴合且与插口方向垂直。

五是局部转角设计。局部转角设计的加强筋主要针对包装容器的面与面之间的转角或者各空间结构的间隙结构，其形式主要有三角形、梯形、圆弧形、L形等，其特点在于筋条的高度与宽度要低于转角高度或间隙缝隙宽度，在具体形式设计上尽量采用垂直于转角中分线以及筋条边缘倒角斜切的平面形式，这样利于后期拔模生产，也方便减少成型的塑胶使用量，避免生产时的缩水缺陷。如图2-18所示的局部转角加强筋结构，采用三角形与梯形方式，增强转角支撑。

（2）稳定型加强筋设计

稳定型加强筋主要用于增强包装容器表面的结构力度和韧性，其设计特点及关键在于加强筋是与包装容器表面成一

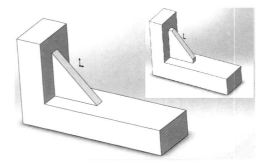

图2-18　局部转角加强筋结构

图片来源：https://jingyan.baidu.com/article/75ab0bcb234b9896864db2bc.html。

体形式，[①]且呈现凹陷的条形沟壑形态，可根据包装形态和强度需求选择具体设计形式，其方向与包装容器受力结构面方向一致，稳定型加强筋通常设计于包装外层，因此还具备一定视觉展示功能和纹理效果。

---

① 季学荣、丁晓红：《板壳结构加强筋优化设计方法》，《机械强度》2012年第5期。

稳定型加强筋设计形式及具体位置有以下三种方式。

一是直线式加强筋设计。直线式加强筋侧重于对受力包装容器结构的稳固强化，通常设计为直线或环线形式。根据容器表面受力方向，加强筋可以沿横向或纵向布置。具体来说，当容器表面承受横向压力时，设置纵向直线加强筋；当承受纵向压力时，则设置横向加强筋，以增强容器的抗变形能力。

图2-19　环形直线式加强筋

图片来源：https://image.baidu.com/search/detail?ct=503316480&z=0&ipn=d&word。

如图2-19所示为怡宝矿泉水瓶采用环形加强筋用以增强结构的稳定性；如图2-20所示为外卖包装在侧壁纵向设置的线性加强筋设计，以此来加强包装的抗压强度。

二是弧线式加强筋设计。弧线式加强筋设计与直线形加强筋相比其表现形式更为自由，主体筋条的方向与包装容器受力面一致，筋条的根部与包装受力面成钝角且过度缓和，具体根据包装形态需求呈现为祥云式、波浪式、圆弧式等样式。如图2-21所示的矿泉水瓶获得了2020年IF产品设计包装创意奖，该包装容器围绕流线型瓶

图2-20　纵向直线式加强筋设计的外卖餐盒

图片来源：https://www.pinterest.com/pin/82331。

体进行加强筋的设计，采用弧线式加强筋结构，在增强容器强度的同时增加瓶体质感和美感，并减少了塑料材质的使用。

图2-21 弧线式加强筋设计的包装容器获2020年IF产品设计、包装创意奖
图片来源：http://www.artdesign.org.cn/article/view/id/68815。

　　三是交叉式加强筋设计。交叉式加强筋设计特点在于使用混合式加强筋结构形式，密集程度较高，稳定性较好，且增加瓶体持握的摩擦力，因此主要用于食品、药品、日化用品等生活包装容器。如图2-22所示的沃特斯海洋深层矿泉水包装，瓶体周身采用交叉式加强筋设计，增强包装结构稳定性强度的同时，带有独特的视觉效果和纹理触感。

图2-22 沃特斯海洋深层矿泉水包装
图片来源：www.nipic.com/show/2145949.html。

（3）延展型加强筋设计

延展型加强筋结构功能主要有两方面：一是强化结构力度，减少塑料材料使用；[1]二是扩展包装结构表面空间，强化视觉展示及辅助功能。其设计特点及关键在于加强筋设计为区域式凹凸状态，分布稀疏，其形式与尺寸严格按照包装形态及结构趋势设计。延展型加强筋设计通常应用于硬质包装容器的外表面结构中。如图2-23所示是Novelle矿泉水包装，在包装容器的下端围绕包装形态及工程力学原理采用了延展型加强筋设计，既增加了持握的面积和舒适度，也强化了包装结构强度。

图2-23　Novelle矿泉水包装

图片来源: https://www.sealingad.com/show-709.html。

二　标准化造型设计

标准化造型设计是针对包装个体形态及零部件结构所进行的标准化、模块化设计，旨在增加包装个体之间的造型关联，[2]加强包装造型的功能性及持续使用价值，利用互补式、组合式、轮换式、定制式等设计形式来增加包装造型材料的使用价值，延长包装使用周期，提升包装回收利用率，从而实现

---

① 季学荣、丁晓红：《板壳结构加强筋优化设计方法》，《机械强度》2012年第5期。
② 魏晓琳：《包装造型设计的生态考量》，硕士学位论文，浙江农林大学，2012年。

塑料减量的目标。标准化设计的特点在于结合包装在各应用领域实际需求及材料优势，围绕产品自身属性、体积尺寸、形态特点、使用要求等内容，来简化与统一包装个体的功能设计，规范与精简塑料包装造型设计，控制同品类包装体积与质量，减少过度包装，减少塑料材质的消耗与浪费。

标准化造型设计实际解决的是过度包装问题，过度包装曾指包装整体形式、材料、装潢及空间远大于包装内装物的实际需求，而表现出"名过于实"的包装浪费现象，这是因为早期包装功能更侧重于促进销售，企业为获得同质化商品竞争而使用的"包装障眼法"，以显示商品的档次及性价比，以方便销售商品。而随着商品市场的成熟、国家的政策管制与社会购买力和消费理念的提升，因销售而导致的包装浪费现象得到遏制，但随即过度包装现象演化至过度防护、过度展示、过度体验及过度消耗等形式，而标准化造型设计可主要解决过度展示、过度体验及过度消耗等问题。[1]过度展示指的是包装单体形态及造型更侧重于对包装装潢效果的视觉展示，特异性、另类性成为包装造型主流，由此造成加工磨具材料的过度损耗、包装生产资源的浪费；过度体验指的是包装体验形式增多，包装操作过程延长，开启步骤增多，而由此带来较多的造型材料消耗；过度消耗指的是随着消费理念的变化，商品试验装、辅助物增多，小型包装及补充替换型包装增多，其造型形式各异且无规范标准，造成材料利用率不高，资源浪费。

标准化造型设计主要在三个方面进行材料减量：第一，规范同品类产品包装造型特征，增加造型的循环、重复使用价值，强化造型额外空间利用价值；第二，精减包装操作步骤，减少"无用"造型参与比例，增加包装造型在提升储存、摆放、携带及回收方面的功能价值；第三，通过模块化设计，增加包装造型"一物多用""拆用便捷""替换良久"等造型材料使用价值，进一步减少塑料的使用。

---

① 单强：《体验式教学的价值和魅力——中职机械基础课堂教学改革实践研究》，《职业》2016年第3期。

（一）应用对象及价值优势

标准化造型设计主要以塑料包装中的硬质包装容器为应用对象，其原因在于硬质包装容器在储存运输、便携使用、循环通用及回收利用方面有较大的改良空间，也是未来不可替代性塑料包装的主体形式，以下是具体的硬质塑料包装容器，针对其特点进行设计价值的分析。

1. 塑料瓶体

塑料瓶容器广泛应用于人们的生产生活当中，主要作为液体、粉末、颗粒状的包装容器，[①]如矿泉水、饮料、药品等包装容器，并为人们生产生活提供方便，但塑料瓶的回收却一直是亟待解决的社会性资源安全难题，据香港《明报》编译称，英国的一项调查研究显示，七成的塑料瓶都是由有较高回收价值的PET材料制造，但是回收的效果并不显著，目前全球每分钟售出100万个塑料瓶，仅有14%被回收。在塑料瓶的造型设计上应避免形态奇异，容易产生过剩空间的包装造型，尽量使用圆柱、方柱等对空间利用率高的造型。另外，塑料瓶在设计时为了便于产品饮用、倾倒，瓶口粗细一般会远小于瓶身部分，在储运时也会产生较多的负空间，对这一部分空间的利用也是塑料瓶造型设计研究的重点。

2. 塑料盒

随着近年来外卖行业的快速发展，一次性塑料餐盒的使用量也与日俱增。[②]与塑料瓶不同的是，一次性塑料餐盒往往与残羹剩饭一同丢弃，在回收难度上远大于塑料瓶。塑料盒一般呈近方块状，在包装单体上一般空间利用比较充分，需要考虑的是在包装盒未运输时，叠加存放与回收时造型对于空间的利用程度，应尽量选用可以嵌套叠加存放的造型，以节省运输与存放的空间。

3. 塑料箱

塑料箱主要用于物流运输包装领域，盛装体积较大、重量较重的大型货

---

① 顾俊明：《塑料瓶在化妆品、洗涤用品包装上的应用》，《塑料包装》2005年第1期。
② 赵荣丽、李克天、王梅、何卫锋：《新型塑料软包装的应用及结构设计研究》，《包装工程》2010年第11期。

物产品，这类包装成本相对较高，需多次重复利用。造型的设计需考虑箱体的易回收性，以及箱体比例尺度的通用性，以适用不同形态的内装产品。

（二）设计形式及方法原则

标准化造型设计是对于硬质塑料包装容器的整体造型以及局部形态进行创新设计，旨在提升造型的功能性和持续使用性，[①]并提供一种减量化的塑料包装标准造型方法和形式。根据减量目标及标准化设计特点可具体分为下列两种设计方法。

1. 互补式

互补式是指改造与改良包装容器的外部造型，使包装本体造型之间形成位置互补关系，以增加造型外空间的利用程度和实用效率，提升包装运输及展示的稳定性，并减少包装缓冲及辅助保护材料的使用。互补式的造型设计方法是对绿色可持续设计理念的发展与延伸，改善了传统包装造型注重形式而忽视功能的设计思路，并且提供了一种减量化的硬质包装容器造型设计特征。互补式造型的设计原则是利用容器造型的互补空间来进行组合式合体设计，使合体后的整体造型坚固而稳定，以此增加包装的附加值和提升包装功能，具体设计形式分为几何互补式、顶底互补式。

（1）几何互补式

几何互补式是指创造包装容器造型的几何形态，通过本体造型间的组合位置形成互补的几何空隙，利用几何设计的稳定性来加强包装容器在运输及展示中的可靠性和便利性，同时能够有效减少多余的包装塑料和保护性材料的使用。几何互补式造型的设计目的在于增强塑料容器造型材料的功能价值，同时几何形包装的侧面棱角转折关系，使包装相邻叠加存放时相互补充，不产生多余的负空间。侧面互补造型不仅适用于外表面平整的包装，也适用于侧面带有弧度的包装，包装凸起处都有与之相对应的内凹处，组合时相互嵌合即可。图2-24所示是一款蜂蜜包装设计，纵向横截面呈正六边形，

① 张大庆：《产品造型设计需要标准化》，《机械工业标准化与质量》2000年第8期。

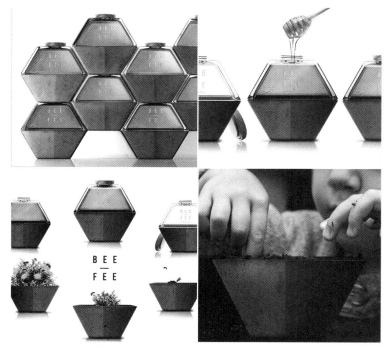

图2-24　瓶体侧面互补的蜂蜜包装

图片来源: https://packagingoftheworld.com/2019/07/bee-fee.html。

当多个包装排列存放时可完美地拼合在一起，顶部瓶盖突出的部分可以与相邻瓶体底部的内凹结构完美地接合。此外，包装在使用完后，取下瓶身下半部分，即可作为花盆继续使用，赋予了包装更多实用价值。再如，一款果汁的包装设计（如图2-25所示），其整体呈三棱锥状，边角进行倒角过渡，当多个包装并排叠加存放时，一角的凸起处与瓶体对接形成的内凹处完美接合，不同颜色的饮料穿插组合，在视觉上给人一种律动美。

（2）顶底互补式

一般硬质液体类容器为了使用时方便倾倒，留出瓶颈部分都会比瓶身细很多，瓶颈周围产生的多余空间一般很难被有效利用。顶底互补造型一般为瓶口凸起与瓶底的凹陷造型相对应，彼此之间互相咬合，将瓶口周围剩余的负空间充分利用，增强包装运输途中的稳固性，同时，还可以减少缓冲防护

图2-25　侧面互补式果汁包装设计

图片来源: https://thedieline.com/blog/2016/2/17/sis?。

材料的使用。传统易碎品包装容器在储运过程中不能直接叠加存放,只能通过增加中间缓冲隔层来防止容器之间发生碰撞,而互补式造型容器则很好地解决了这一"痛点"。图2-26是一款白酒包装设计,它采用了竹节的仿生设计手法,瓶底与瓶口采用上凸下凹的造型,当多个瓶子叠加在一起时,宛若一个个不断拔高的竹节,生动有趣,更易引起消费者注意。包装彼此之间互相咬合,节省了大量的缓冲保护空间与包装材料的使用。不过,这类造型在

图2-26　可叠加存放的酒包装设计

图片来源: https://www.pinterest.com/pin/147211481556368530/。

应用时也有其特定的适用范围，可适用瓶颈较短且颈部造型规整的包装，而瓶颈较长的包装若采用这种造型则会占用大量内部的产品储存空间，反而得不偿失。

2. 模块组合式

包装造型的模块化设计是指将包装整体拆分为多个子模块，便于在不同场景下实现反复组合与分解①，提升生产、使用、回收效率。包装的模块化设计主要有以下三个方面。（1）模块拼合造型。这种方式主要针对大型的器件以及循环网购包装的使用。图2-27是一款餐盒的设计，其被分为多个可拆卸的产品模块，在使用时将不同模块组合在一起即成为一个整体，在不需要时可以快速拆解开来，压扁回收，不占用多余的储存空间。（2）模块替换造型。它适用于产品形态相似，通过固定某一局部形态，替换其他模块，从而快速变换出新的产品形态。（3）模块定制造型②。这种方法主要适用于消费者

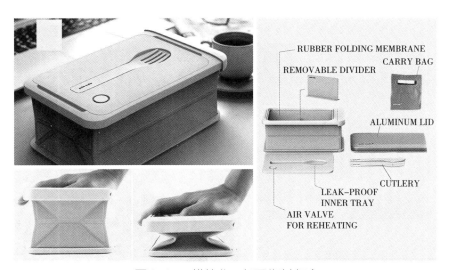

图2-27　模块化可折叠塑料餐盒

图片来源: https://www.yankodesign.com。

---

① 范博宇：《模块化设计原理在产品造型结构中的应用》，硕士学位论文，齐齐哈尔大学，2012年。

② 张振颖：《基于可定制模块化设计的产品造型设计研究》，《艺术家》2018年第2期。

需求差异化较大，大小、形态难以确定的产品，针对顾客具体的需求来定制商品包装的形状大小，以此来将包装材料的利用率最大化。一家创新公司Seymourpowell正在与美国多地美容师与专家合作研究，消费者行为随着我们日常生活中的变化而受到影响。基于个人的身体数据，分析顾客对于不同护肤产品的需求量，从而划分各个包装模块间的空间大小，实现对材料的最大化利用（如图2-28所示）。

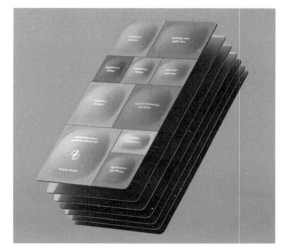

图2-28　模块化定制化妆品包装
图片来源：https://zhuanlan.zhihu.com/p/41176096。

三　轻量化材料设计

轻量化材料设计，是针对材料轻量形式的开发与设计，是材料减量设计原则的体现。塑料材质的轻量化设计主要指利用塑料共混、塑料发泡，注新品技术的研发与应用等工艺，实现塑料材质性能提升、用量减少、质量变轻、绿色安全等特性，同时减少包装废弃物的产生，为不可替代性塑料包装朝着轻量化或薄壁化的发展提供可能，目前已在硬质容器、食品包装、缓冲包装等领域不断进行探索和实验。轻量化材料设计主要从三个方面进行材料减量与功能强化：第一，由硬质材料转变为软质材料，[①]如塑料容器等直接减薄设计或利用塑料软材料代替；第二，由高密度材料转变为低密度材料，如由实壁换为发泡或空心结构等；第三，由实体填充转变为气体填充，如由蜂窝纸或塑料泡沫填充为主的防震包装转变为气体填充的缓冲包装等。其分别通过对产品包装中难以替代的塑料制品进行减材降重、优化属性、改变结构的方式达到减轻包装重

---

① 敖炳秋：《轻量化汽车材料技术的最新动态》，《汽车工艺与材料》2002年第Z1期。

量，削减储运成本，减少资源耗用，提升降解性能等减量目标。除此之外，针对不同类型及不同领域的塑料包装制品，可以科学选取和采用不同的轻量化技术，进而实现塑料制品轻量化转变的目的。

塑料包装材料的使用已经趋向于轻量化设计，同时政府也相继出台了相关政策，明确要求塑料包装实现轻量化转变，工业和信息化部于2016年7月颁布的《轻工业发展规划（2016—2020年）》，就已明确指出：推动塑料制品工业向功能化、轻量化、生态化、微型化的方向发展。此外，中国塑料包装废弃物正在逐年增加，轻量化材料设计是推动塑料制品轻量化发展的关键所在，它可以在源头上减少塑料制品的使用量，从而降低塑料制品的回收难度，在一定程度上缓解塑料制品的废弃对于生态环境的破坏。因此，相关企业也正在加快发展高端的塑料加工设备，促进各种高精度塑料检测设备及仪器的研发与应用。目前，市面上已有部分较为成熟且具备低成本、高能效、可降解等特性的轻量化材料，被应用于电商、快递、快餐等领域以及日常快消用品等包装类型中，并在不影响包装基本功能的前提下，实现了包装用材减少、质量变轻、绿色安全、回收简易等目标，节省了大量的环境资源。

（一）由硬质向软质材料的转变

由于塑料软包装质轻、柔软、成本低，比硬质包装更具竞争力，因此将硬质材料向软质材料转变已经逐渐形成一种轻量化设计趋势。随着软包装技术的发展，用于包装中的塑料平均质量可以下降28%，每年可减少180万吨以上，从而可以很大程度上节约资源。另外，软、硬材料在相同质量的基础上，软包装可以包装更多的产品，使得个体包装质量达到轻量化，例如，在欧洲，包装材料中塑料约占17%，但是却包装了欧洲商品的50%。[①]

在塑料包装设计应用中，由硬质材料向软质材料的转变，是在保证包

---

① 李沛生：《北京市产品包装现状与实施减量化、回收再利用、再资源化的对策(下)》，《中国包装工业》2007年第3期。

装相关性能要求的条件下，采用材料薄膜化设计或软、硬材料的转换和结合性设计，最终使用更为软质的材料来减少塑料用量，如此更加绿色化发展趋势，有效减少塑料材料的使用。目前，按照包装行业发展趋势来看，软包装作为包装市场中的主力军，相对于传统硬质材料包装来说，也更具优势。一方面，从产品包装的物理性能分析，软包装材料质量更轻，所使用的塑料材料的质量及生产和运输成本低于硬质包装，更加环保，并且应用于各类包装都更加具有经济性和轻便性；另一方面，软包装的材料更加具有可塑性、高阻隔性、保护性等，能够更为有效地对产品提供功能保护。除此之外，软包装的分解方式更加便利，已经有专家发现在垃圾填埋场中加入一种材料添加剂，18个月内包装会分解为水和碳，减少包装回收成本。

进一步来说，塑料容器更具阻隔性、站立性等优势，在市面上使用范围广泛，数量众多。对于硬质容器的材料，轻量化可以从两方面进行设计，一方面，可以将硬质容器薄膜化设计，将原有的硬质容器包装壁面变薄，进而所用材料密度变低，转化为具有高阻隔性、可塑性强且化学分子稳定的薄膜形式。从功能来看，薄膜化设计不仅能够保证硬质容器所需要的相关功能要求，甚至可以优化不同塑料包装所特有的功能属性；从形式来看，薄膜化设计可以使包装的造型更丰富，更为关键的是，从根本上减少甚至避免了塑料的使用。例如，可口可乐布鲁塞尔实验室和丹麦Paboco公司合作研发的全新纸瓶饮料——ADEZ。这款饮料包装（如图2-29所示）外部可由100%回收的欧洲纸浆制作，为满足饮料包装所需要的防渗透性和防泄漏性，瓶身内壁设计了一层生物材料保护膜，具备了高阻隔性能。关键在于，轻量化材料的薄膜化设计保证了饮料包装的功能性，且从形式结构上直接避免了塑料的使用，由可降解的生物材料保护膜，使包装达到了100%回收性，此包装的创新也推动了硬质材料向软质材料转化、发展与进步。

图2-29　可口可乐ADEZ饮料包装

图片来源: https://me.mbd.baidu.com/r/LgvnGwY0k8?f=cp&u=09ad9e5c8a029df8。

另一方面，可以通过采用可回收、可降解的软材料替代部分硬质材料，并结合硬质材料的结构优势，实现包装的重复利用，从而有效减少塑料的使用。[①]这种材料的结合在日用品的补充装中已较为常见，并逐渐在医疗和食品包装领域得到应用。例如，欧莱雅的Elvive品牌与跨国化妆护理品包装制造商Arcade Beauty所合作开发的洗发水补充装（如图2-30所示）。这种软包装所用材料总量与两个250毫升的硬质洗发水瓶相比，可以节省75%的塑料材料，实现了包装材料的轻量化设计，同时软袋包装形式自由，单位体积内可以装运更多产品，可以减少更多的运输成本。该软袋包装可以在PE回收系统中100%回收，而硬质外壳可以多次重复利用，减少资源浪费。

图2-30　欧莱雅100%PE洗发水补充装

图片来源: https://www.amazon.cn/dp/B09HR6R6RR。

---

① 付宁、赵雄燕、姜志绘：《绿色包装的研究进展》，《塑料科技》2016年第2期。

（二）由高密度向低密度材料的转变

通过降低塑料材质的密度可以达到轻量化材料的目的，同等体积下，密度越小，质量越轻，降低塑料材料密度相当于降低了单位体积内塑料材料质量。在保证满足包装材料基本性能的前提下，通过降低塑料密度的方式可以一定程度上减少塑料用量，达到轻量化包装的目的。降低塑料密度的方式主要包括发泡改性、添加轻质添料及共混轻质树脂三种。其中发泡改性能够最大限度地降低塑料密度，发泡后的材料内部具有无数微孔结构，具有质量轻、强度高、成本低的优点，因此受到了大量消费者的青睐。引人深思的是，有些塑料材质发泡后制成的包装材料虽然成本低廉，十分具有性价比，却由于其难以降解，回收困难，多数的塑料废弃物只能进行掩埋焚烧，导致大量的温室气体排入空气中，让生态环境付出了高昂的代价。例如，由聚苯乙烯发泡制成的一次性泡沫餐盒由于其低廉的成本一度成为食品行业最为青睐的对象，但其难以回收降解，带来了严重的"白色污染"，除此之外，其不耐高温，受热释放后的游离单体苯乙烯进入人体后甚至有致癌的风险，因此国家经贸委于2001年5月发布了130号令——《关于餐饮行业停止使用一次性发泡餐盒的通知》正式取缔这一"白色污染"源。

选取可降解的生物基塑料进行发泡改性，降低包装材料的使用量，使包装往轻量化[1]、单材化的方向转变的同时，于生态环境也大有益处。例如使用PLA（聚乳酸）发泡材料制成的一次性餐具（如图2-31所示）是一种可完全生物降解的环保餐具。PLA主要以天然的植物资源（玉米等粮食作物）为原料提取其淀粉，再经由微生物发酵聚合后制成，具有良好的生物降解性，废弃后一年内可被土壤中的微生物完全降解，[2]除了可媲美传统塑料树脂的各项

---

① 刁晓倩、翁云宣、黄志刚：《国内生物基材料产业发展现状》，《生物工程学报》2016年第6期。

② 董奇志、朱俐英、余刚：《聚乳酸导电高分子复合材料的研究进展》，《材料导报》2013年第21期。

性能外还具备安全健康、绿色环保、可完全降解、与食品接触安全性高等特性，并且其原材料的可再生性适合大规模集约化生产，目前在食品包装、纺织服装、卫生用品、医疗等领域具有可观的发展潜力。PLA发泡材料是PLA重要的成型材质，发泡改性后的PLA与同样规格的PLA普通吸塑产品相比，重量减轻了20%—60%，耐温可达–20℃—130℃，不仅如此，其还具备冷藏抗压性能优异的特点，可轻松驾驭微波加热和生鲜冷藏。目前，PLA发泡材料已在食品包装领域初步应用，主要用于制造打包盒、餐盒、缓冲衬垫等。现阶段由于技术和成本的限制，PLA材料并未全面涉足包装市场，有待优化生产工艺、精进生产技术、降低生产成本，加速在全社会推广。

图2-31　PLA（聚乳酸）发泡材料制成的一次性餐具
图片来源：https://m.sohu.com/a/437257633_120916932/。

（三）由实体填充向气体填充的转变

快递包装中使用的包装箱大多可以重复利用，但塑料制品则少有回收，塑料制品大都用于缓冲包装中，传统的缓冲物或为层层叠加的塑料泡沫或为加塞的蜂窝纸板，这些包装填充物极大地增加了回收难度与环境污染。因此，填充方式的转变可以很好地实现塑料包装材料的轻量化。

目前市场上多用充气缓冲包装来减少材料的使用并达到很好的防震效

果，充气缓冲包装[1]主要指利用自然空气或其他气体以物理原理填充进特制的塑料薄膜中，使塑料薄膜具有安全气囊的作用，可以长时间储气且不漏气，为产品带来良好的保护性能。气体填充的方式常见于快递运输行业的缓冲气柱包装，与传统的塑料泡沫和蜂窝纸板相比，缓冲气柱包装的优势在于结构简单、成本低廉、环保效益高，目前已成为物流运输行业减塑范例之一。从材料上来说，缓冲气柱包装（如图2-32所示）使用空气填充塑料薄膜，该塑料薄膜的材质为尼龙/聚乙烯共挤膜，在未填充空气时，其仅有两张A4纸的厚度，就以往的实体缓冲包装填充而言，极大地减少了塑料的使用，从实体填充转化为气体填充，实现了塑料包装轻量化的转变。从结构上来说，由一个个单独的气柱组成，只需根据所包装产品的尺寸选择相对应的气柱袋大

图2-32　缓冲气柱包装

图片来源：https://www.amesonpak.com/index.html。

小，并填充空气，就可以进行运输，具有随物赋形，结构单一，可塑性极高的特性。从安全性上来说，气泡袋富有弹性，主要用于防震、抗压，保护内装物在运输过程中的完好性，由于其独立的气柱结构，哪怕运输过程中有某些气柱破损，也不会影响其整体的保护性能。另外，气柱包装的材料能够防水防油，气密性佳且坚固耐用，在未破损前可以重复使用，提高了包装的重复使用率，降低了塑料材料的使用量。

　　用气体填充以达到防震效果的空气包装除了用于运输行业也可以用在其

---

① 刘功、宋海燕、刘占胜：《空气垫缓冲包装性能的研究》，《包装与食品机械》2005年第2期。

他易碎品的展示销售包装中，换言之，除了满足包装的保护性能外，气体填充包装还可以与产品内核结合，展示出独特的审美性能。例如，来自台湾的产蛋公司"Happy Egg"（如图2-33所示），该公司的品牌定位于百货市场，以自然、清新、干净为理念，主推产品为无笼鸡蛋。不同于以往的纸浆模塑鸡蛋包装，该产品将透明PVC材料应用于包装中，并使用了空气填充的方式满足了包装的保护性能，防止碰撞使鸡蛋破碎。其包装除了防撞的功能，还具有一定的审美装饰效果，十分自然地将防撞包装和销售包装融合在一起，既具有环保轻量、成本低廉的特点，又满足了消费者的猎奇审美心理，更是宣扬了自由空气、低碳环保、自然健康的品牌理念从而达到推广无笼鸡蛋这一产品的目的，一举多得，完美呈现了包装赋予产品的附加值。由此可见，气体填充包装除了在运输包装中大有作为，也可以运用于销售包装的柜台展示中，以期减少不必要的包装浪费，避免为了达到审美性能或保护性能而过度包装，减少包装材料的使用，减少难以回收的废弃物，将绿色可持续的理念深入展示包装中，使消费者离环保更进一步，共同建立低碳减塑的消费理念。①

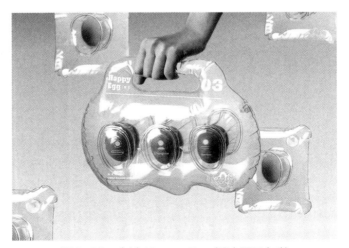

图2-33　台湾Happy Egg缓冲展示包装

图片来源：https://www.pinterest.com/pin/920634348801163663/。

---

① 本刊编辑部：《艾贝尔包装：用最少的资源，达到最佳的保护效果》，《张江科技评论》2018年第5期。

四 一体化模式设计

一体化模式设计是指改变包装本体与产品个体传统的分离设计模式，根据产品系统功能目标、用户需求、操作环境等因素[1]，围绕绿色可持续设计及减量化理念，通过包装与产品及其余附属部件在使用模式与外用形式上的一体化设计，实现精减包装层数，进一步减少包装材料的使用。一体化模式设计是对于包装与产品设计关系的理念创新，传统包装通常表现为产品的附属物，以保障产品安全及便利使用等功能为目标，包装本体及附属物也都据此而设计，但当产品从包装中取出的那一刻，包装即为废弃物，因此产品"无包装""零包装"才是减量化理念的精髓，也能最大化进行包装材料的减量。

一体化模式设计主要从三个方面进行材料减量：一是包装与产品的一体化设计，实现包装与产品在形式上统一，围绕产品功能与用户需求进行包装精简，"集零为整"，从而实现包装与产品的设计一体化；二是产品内外包装的一体化设计，通常产品内包装用于容纳保护和销售展示，而外包装用于储运安全和便于携带，包装的功能不同其选配的包装形式与层数也会相应增加，因此进行产品内外包装的一体化设计，在实现系统包装功能的基础上能够有效减少包装材料的使用；三是产品包装与附属物的一体化设计，包装的附属物实际是对于产品功能的延伸与补充，是对包装附加值的体现，但过多的包装附属物其使用的包装层数与消耗的材料自然也会增加，因此将包装附属物与包装本体进行一体化设计能够精简包装功能，减少包装材料使用。

一体化模式设计主要可以分为：包装与产品一体化设计、内外包装一体化设计、包装与辅助物一体化设计三种方式。

1. 包装与产品一体化设计

包装与产品是为消费者提供目标价值而存在，因此二者存在进行一体化形式的共性设计前提，即将包装与产品进行使用模式上的统一，包装与产品合为

---

[1] 韩森浩、肖江：《基于"新限塑令"背景下的一体化牙刷包装设计》，《中国包装》2022年第6期。

一体成为新产品，整体上既保留原有产品特殊功能属性，也存在包装基础功能属性，但从形式上会最大限度减少额外的包装材料，降低资源消耗。这种包装与产品的一体化需要围绕产品自身属性和消费者需求来实现确定达成的系统目标，根据减量化目标和上述设计因素可将包装与产品一体化进行如下设计。

（1）功用目标的包装产品一体化设计

功用目标指由产品本身属性所能实现的功能效用目标，如洗护用品本身可以通过内部化学及生物成分来进行身体除污与养护，药品则以患者病愈为目标。由此出发，功用目标的包装产品一体化设计是通过包装来增强或延伸产品自身的特殊价值属性，使二者在形式上成为一体化产品，包装本体也存在同样的功能，产品功用价值使用结束后，包装依然可以延续同样的功用价值。例如，下面这样一款洗手液包装设计，包装瓶体是由香皂材料制成，在洗手液使用完毕后，可以把外层塑料膜撕掉，瓶体部分可作为香皂继续使用，最大限度地减少了包装废弃物的产生（如图2-34所示）。而在2004年德国一家洗发品牌就已推出类似产品，即一种洗发剂，它将洗发剂制成粗纸皮形式，并缠绕成圆筒形式，圆筒表面印着洗发剂的商标和使用说明，圆筒的下方和上方不封口，无下底和上盖，当人们使用时，只需要把圆筒上的粗纸

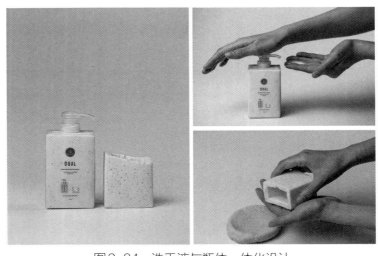

图2-34　洗手液与瓶体一体化设计

皮撕下一两圈，放入手掌中，加点水轻轻揉一揉，就可以搓出许多泡沫来进行洗护，待全部消耗使用完成后，并不会产生多余包装废弃物，也不会对环境造成任何危害。[①]

（2）通用目标的包装产品一体化设计

通用目标指互通效用、重复使用的功能目标，其目标效果为增加原产品的额外价值，或补充转化为辅助性通用产品。[②]由此出发，通用目标的包装产品一体化设计是将包装外用形式进行功能升级，其不再仅是专属品牌产品的附属物，而是与产品同时具有商业价值，它既是辅助该品牌产品完成功能价值的包装，也可作为具有生活通用属性的产品存在，以增加包装材料的持续使用、重复使用价值。如图2-35所示的黑茶包装设计，此包装分为内包装与外包装两个部分，其中外包装上半部分采用环保的竹材作为封盖，下半部分使用了耐高温的塑料材质，方便储存过滤后的高温茶汤。盒盖的文字镂空部分与"黑茶道"三个文字相结合，既起到美观装饰的作用，又承担了废水漏

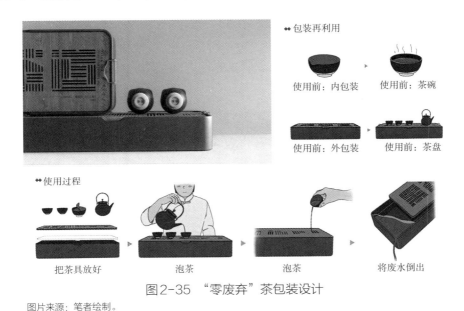

图2-35 "零废弃"茶包装设计

图片来源：笔者绘制。

---

① 林南：《德国将产品和包装合二为一》，《中国新包装》2004年第4期。
② 王晓萌：《产品包装绿色设计的研究》，硕士学位论文，华北电力大学，2017年。

水孔的功能，过滤完的废水可顺着文字镂空的部分漏到底部的盛水槽。内部独立的小包装在饮用完茶叶后可继续当作茶碗使用，在不用时可叠加存放，不占用多余储存空间。图2-36所示的月饼礼盒包装设计，外盒造型与小夜灯进行了很好的融合，在月饼吃完后将盒子放在床头或书桌旁便可以变成一个很好的装饰品被继续保留下去。

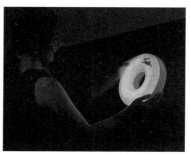

图2-36　可转换为小夜灯的月饼包装

图片来源: https://www.zcool.com.cn/work/ZNTM5Njk4NjA=.html。

2. 内外包装一体化设计

内外包装一体化设计就是将多层包装的不同功能属性叠加在一层包装之上，从而减少包装材料的用量。[1]

内外包装一体化设计可分为两类：一类是销售包装的内外一体化设计。以月饼包装为例，市面上的很多月饼包装一般包括礼盒与礼品袋两大部分，其中月饼盒里面装着月饼袋与托盘等包装材料，同时礼盒里面还要配备独立刀叉，小小的几个月饼制造了大量的垃圾，而这里面的很多层包装与辅助物为非必要性设计，都可以通过一体化的设计模式将其省去。

另一类是物流与销售包装一体化设计。[2]在以往，人们在线上购物时，一般都需要在原有销售包装的基础上，增加缓冲层、外层运输包装等防护措施，以

---

[1] 梁美华、吴若梅：《基于一体化包装设计的包装循环经济的研究与探讨》，《包装工程》2007年第8期。

[2] 吕新广、陈金周、霍东霞：《包装工程专业教学体系的探索与实践》，《包装工程》2002年第4期。

保证商品在运输过程中不发生损坏，物流与运输包装一体化设计是指将运输包装的防护功能与销售包装的信息展示功能叠加在一层包装之上，解决传统电商包装层层"套娃"式的防护模式。图2-37为一款香水包装设计，外盒采用减震性能良好的塑料泡沫材料，盒子的内部进行了倒模设计，使瓶体可与防护结构最大限度贴合，大大节省了包装材料。另外，外部装潢方面也仅在局部保留了产品的重要信息，并以单色印刷的方式印于瓶身与外盒表面，减少包装印刷的污染。

图2-37　香水瓶外包装与运输包装一体化设计

图片来源：https://www.pinterest.com/pin/802837071084196131/。

3．包装与辅助物一体化设计

在很多时候，商家都会在食物包装中配备勺子、吸管、刀叉等辅助物，方便用户取用内部产品，如此便增加了额外包装材料的使用与回收环节的工作量。一体化模式是将包装的局部结构与辅助物功能相结合，在不产生额外废弃物的情况下，解决用户的实际使用需求。图2-38是一款牛奶包装设计，设计者在牛奶盒的开口处做了双层设计，在喝牛奶时，只需将一角撕下，里面一层即可当作喝牛奶的开口，既方便卫生，又免去了塑料吸管。另外一款蜂蜜的包装设计（如图2-39所示），一次一包的定量设计，在撕开包装顶部的封膜后，盒体部分便可转化为搅拌蜂蜜的勺子，与此同时，也解决了取用蜂蜜残留、外溢的问题。关于包装与辅助物的相关设计方式方法，在后面章节中有专题介绍，这里不做赘述。①

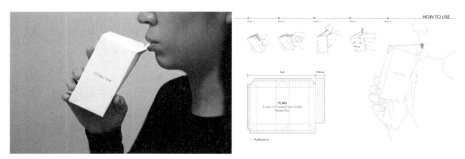

图2-38　一款免吸管牛奶包装设计

图片来源：https://www.pinterest.com/pin/5066556453。

图2-39　一款蜂蜜包装设计

图片来源：https://www.pinterest.com/pin/6473993209956866/。

---

① 高昂、程越、李柏晨：《快递包装分类标准化研究》，《中国标准化》2022年第15期。

第四节
不可替代性塑料包装的回收设计规范

一　塑料包装的回收设计规范及其要求

（一）外观视觉的回收性指示

目前，中国废塑料制品的回收主要依靠人工区分是否为可回收材料，而后再鉴别出具体种类进行后续回收工艺。[①]因此，塑料包装制品需具备明显的是否可回收标识与可鉴别塑料品类的标志辅助分类。外观视觉的回收性指示是指在塑料包装的生产阶段，加入辅助塑料制品分类回收的标识，使其在回收阶段易于被识别和分类。废塑料成分复杂，品类众多，难以通过外观简单区分，不同的塑料包装需要进行鉴别，通过相应的分选才能被分类回收，因此，可通过辅助消费者分类丢弃与辅助工厂分类回收两种方式进行易回收设计。辅助消费者分类丢弃可在塑料包装制品的生产阶段标明回收信息，消费者能够从包装表面得到相关的回收操作提示，将其清晰正确地分类。如美团外卖在可回收塑料垃圾表面标有"回"字标志，使用后消费者直接将其丢入可回收垃圾箱即可，给后续的分拣回收带来便利。辅助回收工厂分类回收主要在于辅助工厂清晰地区分塑料种类，可通过在塑料包装的生产阶段加入辅助工厂识别塑料品类的标识，如一些视觉分类标识或可被机器检测识别的分类标识，联合利华的凌仕（Lynx）品牌及炫诗品牌在其塑料瓶包装中加入新型可检测的颜料，这些采用黑色塑料的包装瓶能够在回收工厂中被识别和分类，从而实现回收再生利用（如图2-40所示）；Greif公司开发的一项不含炭黑的塑料旋盖（如图2-41所示），不同于传统的黑色塑料因含有炭黑只能被填埋的命运，这款旋盖可以被近红外技术（NIR）识别，从而被回收再生，

[①] 程健清：《塑料包装瓶回收机构设计及智能识别系统研究》，硕士学位论文，湖南大学，2018年。

图2-40　新型可检测颜料的黑色塑料瓶

图片来源: https://www.plasway.com/bowen/bowen.jsp?nid=89885。

这种无炭黑盖子已经使用在 Greif 所有的大塑料桶上，用作食品、饮料、化学品和农药的容器，对塑料旋盖的回收再生意义重大。

图2-41　Greif 公司开发的一项不含炭黑的塑料旋盖

图片来源: https://mp.weixin.qq.com/s/Qj7pFA4_w4pr4jaxqBb2fA。

（二）结构造型的可循环利用

塑料包装结构造型的可循环利用是指通过对包装的结构造型进行设计，增加其附加功能，延长包装的使用周期，减缓其从使用到完全废弃的速度，从塑料材料的整个生命周期来看，增加了塑料从生产到废弃的循环时长，可达到减少塑料包装环境污染的效果。对于塑料包装结构造型的可循环利用，一方面，可通过增加包装本体耐用性延长包装的使用寿命。2019年蒙牛推出的PP环保周转箱（如图2-42所示），可反复使用20次以上，相比于传统的纸箱，这种周转箱不但减少了材料的使用，而且防腐蚀性、防水性更强，更耐用，破损后可回收再利用，实现了塑料的循环使用。另一方面，还可通过增加包装的后续功能延长包装的使用寿命。希腊设计师用丢弃在垃圾桶里的聚苯乙烯泡沫塑料包装创造了一把雕塑椅子，造型优美，坚固耐用，这就给设计师一定的启示，在包装设计时可通过模块化的设计，让这些子模块重新拼接与组合后具有新的形态与功能，延长包装的使用周期。

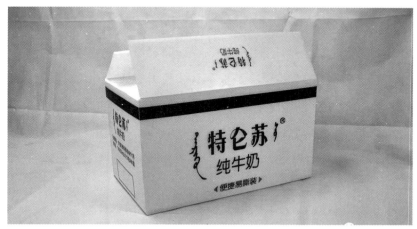

图2-42　2019年蒙牛推出的PP环保周转箱
图片来源：https://mp.weixin.qq.com/s/c3lrQjZoLfA6HeQ5Wv9Q1Q。

（三）包装材料的相似性选择

由于包装具有促进销售、方便使用与传递产品信息等功能，组成包装体的结构性组件与辅助性组件较多。例如，饮料瓶一般由瓶盖、瓶身与标签三个部分组成，纸质快递包装盒采用塑料胶带进行封口，一些食品包装封口处通过覆盖铝膜或增加封口条进行密封以及一些采用纸塑结合方式的包装[1]，这些同一组件复合材质的使用与不同组件的不同材质都为包装的分类回收处理制造了难题。因此，复合型材质的塑料包装与包装中难以分离的组件在设计时应选择相同或回收属性相近的材料，即为包装材料的相似性选择。如上海虹桥高铁站某奶茶的包装，杯材采用PP吸塑拉伸成型，盖材采用BOPP与CPP复合材料，吸管是PP，吸管包装膜用BOPP，在整个产品包装上做到同材质化，易于回收。但现在市场上同一产品多数不能做到塑料制品同材质化，如可乐瓶等，瓶身采

---

[1]　张希建：《快递包装的绿色系统化设计研究》，硕士学位论文，北京理工大学，2016年。

用PET材料，但是瓶盖仍在采用HDPE，不利于回收。

二　塑料包装的回收分拣类型及其依据

塑料包装是塑料废弃物的主要来源，联合国环境规划署2023年发布的报告显示，全球塑料年产量超过4.3亿吨，其中三分之二制品均为短期使用，很快就会变成废物。[①]塑料回收难度大，废塑料的预处理工艺主要包括分选、破碎、清洗和干燥等几个步骤，并根据后续利用与处置方式对废塑料进行适当的预处理。合理的塑料分拣过程可大量回收有再生价值的废塑料，减少塑料垃圾的总量、处理成本和环境负担。合理准确地对废塑料进行分类与收集是简化后续处理流程的重要步骤。

国内对塑料垃圾主要按照塑料资源垃圾与非塑料资源垃圾进行分类，凡标有塑料循环标志的塑料均为塑料资源垃圾，包括装生鲜食品等的塑料托盘、调味料塑料瓶、食品用的塑料碗、塑料盒、塑料袋及塑料瓶盖等。丢弃时要求塑料垃圾无比清洁干净且尽可能干燥，立体包装（瓶、罐、盒等）放置前等应清空内容，尽量清洗、扁平。之后，废塑料收集企业再根据废塑料来源、特性及使用过程进行分类。首先，对塑料制品进行分类，分为不同来源的薄膜类、塑料瓶类、泡沫塑料类等几个类别；其次，按树脂品种进行分类，分出聚乙烯、聚丙烯、聚氯乙烯、聚苯乙烯、尼龙、聚氨酯和聚酯等几种，并采用外观性状识别和燃烧鉴别；最后，将已经分类的废弃塑料按颜色和质量分拣，颜色常分为黑、红、棕、蓝、绿、黄色和无色等，同时剔除污染严重、发黑、烧焦等劣质废旧塑料包装制品。[②]

---

① 联合国环境规划署新闻媒体司：《世界环境日：全球聚焦塑料污染解决方案》，https://www.unep.org/zh-hans/xinwenyuziyuan/xinwengao，2023年6月5日。
② 《塑料造粒机使用技巧——分拣塑料，大有前途的颗粒机械发展》，http://blog.tianya.com，2015年1月11日。

第五节
不可替代性塑料包装的减量化设计评价体系

设计评价是设计创新的先导[1]，是设计过程的重要环节。设计评价是依据一定的原则，采取一定的方法和手段，对设计所涉及的过程和结果进行事实判断和价值认定的活动。良好的设计可以有效降低产品包装生产成本，在设计目标正确的前提下，设计时注重目标导向性，运用设计评价方法建立有效的评价机制，可以在确保设计质量的同时提升设计和评价的效率。[2]因此，建立完整的设计评价体系至关重要。不可替代性塑料包装的减量化设计评价体系涉及材料、空间、成本、艺术美学、附加值变量、材料薄厚、材料重量、易回收性、碳排放指标等多方面因素。

一　评价目标

（一）效用等同，材料减量

效用在经济学概念中是使用的变体。因此，效用即指有用性、使用价值或者功能性。效用等同，材料减量是指在满足包装的保护产品、方便运输等基本功能和保证包装使用值、效用不降低的基础上，减少包装基础材料和辅助材料的用量，从源头上解决不可替代塑料包装所造成的环境污染和资源浪费等问题。因此，要在保证不可替代塑料包装效用相同的前提下，对包装材料进行减量主要有以下三种方法。第一，包装材料减量化要选用重量轻、韧性好、强度高、可回收利用、可重复使用的轻薄型塑料作为包装材料，尽可能地避免过度包装现象，使包装轻薄化，这样既能减少包装材料用量，节省设备及人力等资源消耗，又能减少包装废弃物，从而达到源头减量，且保证

---

[1] 张弘韬、赵悦：《共享快递包装的设计评价指标体系研究》，《工业设计》2021年第8期。
[2] 陆建华：《产品设计过程中的评价体系研究》，硕士学位论文，上海交通大学，2010年。

效用的目的。[1]第二，减少单个包装中所使用的材料种类。包装所使用的材料种类越多[2]，回收处理的难度越大；反之，包装所使用的材料种类越少，回收处理的难度越小，越有利于包装的回收再利用。第三，减少不可替代塑料包装层数。在保证包装功能的前提下，去掉非必要的包装层，减少包装厚度，能够减轻包装重量，降低包装材料用量，从而达到减少塑料包装污染的目的。

（二）效果等同，空间减量

效果等同，空间减量，是指在保证不可替代性塑料包装的强度、功能、性能等使用效果的前提下，通过简化包装结构，减少包装内部空间、体积来达到减量化的目的。评价在效果等同的前提下，实现包装空间减量主要表现在两点。其一，不可替代性塑料包装内部空间结构是否合理。科学合理的包装结构不仅能够减少包装体积，更好地保护产品，还能够使产品在运输和回收过程中更为便利。包装空间结构若是不合理，不仅不能起到正面作用，而且会增加包装的成本，造成资源的浪费。其二，包装内部结构是否满足包装的安全性、便利性等包装功能。包装功能是包装设计的基础，如果将包装内部结构进行设计以后反而无法满足包装的基本功能，那么该结构设计无疑是失败的。不可替代性塑料包装的减量化设计应该在实现其保护功能的基础上，科学、合理地对包装内部结构进行优化，从而实现真正意义上的减量化。

二 评价步骤及方法

（一）功效比对

1. 成本

包装成本是企业最为关心的问题之一，对成本的大小进行适当控制，找

---

[1] 王富玉、郭金强、张玉霞：《塑料包装材料的减量化与单材质化技术》，《中国塑料》2021年第8期。

[2] 王富玉、郭金强、张玉霞：《塑料包装材料的减量化与单材质化技术》，《中国塑料》2021年第8期。

出包装成本的侧重点，能够有效地减少成本支出。合格的不可替代性塑料包装的减量化设计，应该是低成本、高产值，如果包装的成本远超于产品本身的价值，产品成为包装的附属品，那么此类包装的设计就没有起到作用，造成了资源的浪费。因此，包装费用、包装效益以及包装回收价值便成为评价包装成本的重要指标。

包装费用主要包括材料费用、机械费用、包装辅助费用和包装人工费用四部分。其中，包装材料费用是指为完成产品包装而购买材料的费用；包装机械费用是指为完成产品包装在包装机械方面的费用，该费用主要有设备折旧费、机械维修费等；包装辅助费用主要包括包装标志、标记的设计费用等；包装人工费用是指包装相关工作人员及其他人员的工资、奖金等。不可替代性塑料包装的减量化设计成本评价主要是指包装在设计之后其成品单价与原包装或目前通用的单价相比是否降低。

包装效益主要包括包装设计对产品的增值能力、增值效果及降低包装成本的效果。其主要内容有以下四方面：一是节约包装材料，在保证质量的基础上，用廉价材料代替昂贵材料、用轻薄材料代替厚重材料，增加节约材料所形成的包装效益；二是减少包装数量，增加包装使用次数，最大限度提高包装重复使用所形成的包装效益；三是改进包装运输保护功能，增加产品在运输过程中因包装质量问题而受损的包装效益；四是改进包装设计装饰方案，提高售价，增加包装附加值形成的包装效益。

包装回收成效是不可替代性塑料包装的减量化设计成本评价的重要内容之一。包装回收成效主要是指包装回收再利用程度，以及回收利用是否会造成环境污染和资源浪费。产品包装能够进行最大限度的回收再利用，[1]不仅能够降低产品的成本，提高经济效益，还可以提高资源利用率，减少环境污染。此外，包装回收成效还能够节省包装材料，节约生产包装所造成的水电等能源的消耗。

---

① 彭国勋、许晓光：《包装废弃物的回收》，《包装工程》2005年第5期。

2. 空间占比

包装空间是根据产品结构、造型，利用塑料、纸材等材料对产品进行包裹形成的空间。包装空间可分为使用空间和预留空间。使用空间是产品本身所占空间，而预留空间是指对产品进行保护、方便产品进行堆叠或为后期使用预留的空间。包装空间可根据包装内置物的大小及使用状态而变，此处的包装空间占比主要是指预留空间。包装空间占比的合理调整，对提升包装使用率、减少运输成本、减少存储和回收时对空间资源的浪费能起到重要作用。[①]

预留空间的增减对包装空间占比至关重要，预留空间的增加会大大降低包装空间利用率，通过改变包装结构可使包装预留空间得到最大化利用，既满足了包装功能需求，又降低了包装空间浪费，还能提高包装的空间利用率。对目前空间占比评价的角度主要有两种：一是包装是否会造成预留空间的浪费；二是包装空间变化能否对包装设计起到积极作用。

包装是否会造成预留空间的浪费主要可以从三个方面来进行评价：一是产品后期使用需求占用预留空间大小；二是产品使用过程是否会随产品体积变化而改变；三是包装设计是否会造成空间浪费。

空间变化是否能对包装设计起到积极作用主要包括三点。一是包装空间变化能够提高包装的空间利用率。包装空间利用率，即产品在整个包装内部所占的比重。目前市场上的包装存在空间利用率低的问题，如产品在运输、销售的过程中，一直是以堆叠的形式占据空间，在堆叠中存在储存空间的多余损耗及包装回收占地等问题，包装空间利用率低不仅会产生材料浪费，也不符合生态包装原则。二是包装空间变化能够实现包装功能转化。包装功能转化是指产品在销售及使用过程中能够实现其他功能的转化，如从产品保护功能转化为产品展示功能，使包装能够兼具多种功能，从而提高资源利用率。三是包装空间变化能够完善包装的通用性。通常包装的结构及造型设计需要根据产品形状来进行调整，而市场上的产品种类繁多，且形状各不相

---

① 张轶帆：《包装结构的空间可变性设计与应用》，硕士学位论文，湖南工业大学，2018年。

过程的包装损坏率，提升资源利用率，有效解决了过度包装的问题。[①]

（三）易回收性

不可替代性塑料包装的易回收再利用是设计评价的重要组成部分。塑料制品回收技术要求高，处理难度大，回收率低。因此，提升塑料包装的回收利用率是解决塑料污染的根本。不可替代性塑料包装的易回收设计可分为易回收结构设计、易回收周期设计以及易回收标识设计三类，具体介绍如下。

其一，易回收结构设计包括易分离结构和易压缩结构。其中，易分离结构是指在包装设计阶段，通过对包装结构进行设计，使包装的不同材质、部件能更容易地分离。易压缩结构是指在包装设计阶段，考虑包装在使用和回收时的空间占用率，使包装在被丢弃后能够通过折叠、拆卸、压缩等方式，减小体积，节省回收空间及成本，提高包装回收效率。

其二，易回收周期设计主要指通过延长包装使用寿命或增加包装附加功能来延长包装的使用周期，[②]延缓包装从使用到废弃过程的速度。易回收周期设计从塑料包装的整个生命周期来看，它增加了塑料从生产到废弃的循环时间，从而减少对环境的污染。易回收周期设计一方面是通过增加包装本体耐用性来延长包装的使用寿命，另一方面是通过增加包装的后续功能延长包装的使用寿命。

其三，易回收标识设计是指在塑料包装生产阶段，加入辅助塑料制品回收分类的标识，使其在回收阶段易于被识别分类。此外，由于废塑料成分复杂，品类众多，难以通过外观进行简单区分，不同的塑料包装需要进行仔细鉴别，通过相应的分选才能被分类回收。因此，易回收标识设计可分为辅助消费者分类丢弃及辅助工厂分类回收两种。其中，辅助消费者分类丢弃是指在塑料包装生产阶段标明回收信息，使消费者能从包装上得到相关回收操作提示，从而将其正确分类。辅助回收工厂分类指的是通过在塑料包装生产阶

---

① 佚名：《产业动态》，《绿色包装》2018年第4期。
② 郑玲：《基于生态设计的资源价值流转会计研究》，博士学位论文，中南大学，2012年。

段加入辅助工厂识别塑料种类的标识，使标识能够被机器识别检测和分类，从而提高塑料包装的回收利用率。

不可替代塑料包装的易回收性设计评价还需注意便利性指标，它是指不可替代塑料包装的回收利用要注重与人的交互，即方便使用操作。该指标主要包括包装适用性、方便装卸、方便回收利用。其中，包装适用性是指不可替代塑料包装在生产过程中应建立标准化、通用化的回收识别标识设计，能够使不同工厂及用户对之进行识别。此外，不可替代塑料包装还需要采用一定的结构设计，允许包装通过压缩预留空间、缩小体积的方式方便运输及回收，使运输和回收利用过程速度得到提升，并降低运输成本及储存成本。

（四）碳排放指标

碳排放量是指在生产、运输、使用及回收某产品时所产生的平均温室气体排放量。此处的碳排放指标指从包装的整个生命周期过程中的碳排放量出发来进行设计评价，即生命周期评价（life cycle assessment，LCA）。生命周期评价是一种对产品、过程以及活动的环境影响进行评价的客观过程，它是通过对能量和物质利用，以及由此造成的环境排放进行辨识和量化来进行的。其目的在于评价能量和物质利用，以及废物排放对环境造成的影响，寻求改善环境影响的机会，并探寻如何利用这种机会。[1]这种评价贯穿于产品、过程和活动的整个生命周期，生命周期评估将产品包装的生命周期分为原材料提取与加工；产品制造、运输及销售；产品的使用、再利用和维护；废物循环和最终废物弃置这几个阶段。[2]而包装的全生命周期是指从绿色生态出发，以保护自然生态环境为主，减小环境的负荷度，解决包装所造成的资源浪费、环境污染问题。根据生命周期理论指导的低碳化设计思路，从不可替代性塑料包装的减量化的设计生产、运输消费、使用体验和回收循环出发，将包装碳排放的全生命周期归纳为设计生产环节、产品流通环节、使用环节

---

① 杜群：《我国废旧电子产品循环利用的法律管制机制》，《法学评论》2006年第6期。
② 陈莎、刘尊文编著：《生命周期评价与Ⅲ型环境标志认证》，中国标准出版社2014年版。

及废弃回收环节四个环节。[①]其中，每个环节都会对消费者、企业和生态环境产生不同的影响，为此要规范不可替代性塑料包装的减量化设计的全生命周期，以达到包装全生命周期的整体低碳化，达到产品包装在设计创意、经济效益以及生态环境保护的统一，达到实现不可替代性塑料包装设计的可持续发展。为实现上述目标，不可替代性塑料包装全生命周期各个环节的低碳化设计不可或缺。具体内容如下。

第一，不可替代性塑料包装设计生产环节的低碳化。生产环节低碳化是指产品包装在未成型的设计初期阶段，对包装装饰设计和生产加工的碳排放量进行控制。该生产阶段低碳化的关键在于包装装潢设计、包装结构造型设计、包装加工工艺。其中，装饰设计的低碳化主要指色彩、文字、排版等外观装饰设计应做到简洁清晰、平整直观；此外，还要明确回收信息，在符合国家环境标准的基础上，让回收信息标识清晰可见。生产加工的低碳化主要包括：一是包装材料和结构的减量化，以提高产品加工效率，减少不必要的人工和机械成本；二是降低复杂工艺，提高生产效率，降低能源消耗。

第二，不可替代性塑料包装产品流通环节的低碳化。流通环节低碳化是指产品包装在运输、存储、消费阶段通过绿色设计方法减少碳排放，而产品流通环节的低碳化则主要解决包装运输、存储、消费等方面的问题。运输存储的低碳化是通过结构与材料的合理设计运用，如包装结构去复杂化，减轻重量、更新结构、缩小体积等，减少包装在制作、运输和存储过程中的碳排放量，实现储存与物流的高效运行，在确保产品包装运输安全的同时不过度包装，减少碳排放量，减少资源浪费。消费的低碳化是指包装设计应该以人性化作为核心的基础上，对包装的装饰、结构、材料、工艺进行简化，在满足不同层次消费者需求兼顾市场因素的同时，尽量减少对环境的破坏。

---

① 郭晴晴、孙铭慧：《基于生命周期的食品包装设计》，《中国包装》2022年第7期。

第三，不可替代性塑料包装使用环节的低碳化。使用环节的低碳化是指主要解决使用和体验方面的问题，在使用环节实现包装全面低碳化，一是在使用层面要确保包装本身和功能安全无害，提高环保性与安全性；二是提高包装的便利性，改进包装结构和造型，优化包装的功能性，使其符合人体工学，方便消费者使用并具有趣味性，从而有效避免过时和浪费，缓解环境压力，减少废物处理时的碳排放量。

第四，不可替代性塑料包装废弃回收环节的低碳化。废弃回收环节的低碳化是指在使用完包装后的废弃回收循环过程中，对碳排放量进行控制，在废弃回收环节实现低碳化，是为了解决包装废弃物回收循环再利用的问题。包装废弃回收环节的低碳化主要有包装再利用设计和采用包装易回收设计两种。一是包装再利用设计，即将包装废弃物进行循环再生，变废为宝；二是采用包装易回收设计，在设计初期采用可识别标识及易折叠结构，使包装能够被迅速识别分类并能减少回收过程中的能源损耗，从而对材料进行合理运用，使包装废弃物能够迅速回收再生。[1]

小　　结

塑料包装的发明和使用一方面对于包装行业、国民生产生活发展的意义和价值影响重大；但是另一方面，其对于当前环境的污染与破坏的影响，对于人类命运共同体理念与政策的影响，对于限制其他新兴产业和社会经济发展的影响日趋严重，因此，只有对塑料包装的现行使用标准和设计形式进行部分限制和全面改良，才可使其符合未来生态环境、社会生产、生活的指向性和平衡性，不可替代性塑料包装的减量化设计是未来包装全面减塑的首要设计途径和重要手段，也是实现中国包装绿色新生态的重要前提。

鉴于此，本章基于"新限塑令"背景下不可替代性塑料包装的减量化设

---

[1]　郭晴晴、孙铭慧：《基于生命周期的食品包装设计》，《中国包装》2022年第7期。

计需求，主要从其包装的"增强型结构、标准化造型、轻量化材料、一体化模式"四个方面的设计内容、要求及设计方法进行了专题研究，至少可得出如下认识。

第一，不可替代性塑料包装的"不可替代属性"是相对的说法，并不是绝对且无法替代的。其是因受到国民行为习惯及技术、成本等方面因素的限制，在一定时期或特殊环境下，暂时无法被其他替代材料或替代产品取代的塑料包装制品，但是随着相关技术的不断迭代与突破，其"不可替代属性"是可以转化为"可替代属性"的。

第二，本章内容主要是围绕材料减量、空间减量、结构优化等目标，通过增强性结构、标准化造型、几何化模块、轻量化材料和商品物流包装一体化等设计手段，增加单位材料的效用比，达到减塑的目的，并建立"材料减量、效用等价"的理论及评价体系。

第三，从设计减塑角度出发，围绕"材料减量、效用等价"的理论及评价体系，建立行之有效的不可替代性塑料包装制品的减量化设计评价体系，是十分必要且可行的，其是设计实践阶段中用于检验包装减塑方案可行性分析及效用性评价的重要依据。

除此之外，根据"新限塑令"的具体内容、要求及实施原则，笔者认为，我们需要对塑料包装制品的不可替代性的判定标准及评定原则进行界定。一是通过不可替代性塑料包装的"使用功能的不可替代性、使用场合的不可替代性、使用成本的不可替代性"三个评判依据，总结归纳出不可替代性塑料包装的科学性标准与共通性规律；二是通过塑料包装制品的"包装材料轻量化、包装造型标准化、包装工艺单一化"三个设计要求，评定塑料包装制品的不可替代性等级，并据此建立包装分类方案。主要用于确定哪些包装或产品还离不开塑料的使用；哪些包装虽然可以使用替代性材料，但效果远不及塑料材质性能；哪些塑料包装因其使用原则和回收效果较好，对环境危害较低，可以在现阶段继续使用等分类。

第三章
可替代性塑料包装的产品化设计

第一节
可替代性塑料包装与产品化设计

一　可替代性塑料包装的内涵及界定

可替代性塑料包装，是以塑料包装的污染问题为背景，紧密围绕国家出台的"新限塑令"政策，并根据现行时代背景下减塑策略，所分类出来的一类塑料包装。其中，可替代性是为塑料包装寻求替代品的一种替代方式或方法，具体是指我们对那些可替代的塑料包装，在寻找替代品时，可利用其他材料、其他样式、其他方式或者新增包装附属功能等去实现同类包装的替代。因此，"可替代性"塑料包装在进行替代时需要具备一定的属性特征：第一，塑料包装本体使用的材料本身不易降解，具有污染性；第二，出现了能够达到同一目的或者功能的替代性包装材料或者包装形式；第三，可以利用其他材料或方式实现该包装的功能需求；第四，在某些场合具备被其他产品替代的可行性。

需要注意的是，"可替代性塑料包装"并非一个独立的名词，它是塑料包装的一种类型，它所包含的塑料包装均是以降解难、污染大的塑料包装为主，并且这类包装具体可替代性，能够通过上述我们谈到的可替代方式被替代使用。[①] 因此，"可替代性塑料包装"既是一类包装的统称，也是塑料包装

---

① 国家发展改革委、生态环境部：《关于进一步加强塑料污染治理的意见》，中国政府网，www.go.cn/zhengcel/zhengceku/2020–01/20/content_5470895.htm，2020年1月19日。

进行再设计的一个过程，[①]切勿将其作为名词概念进行理解，如图3-1所示。

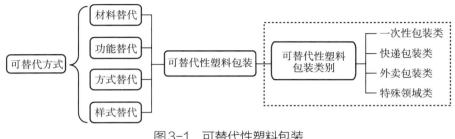

图3-1　可替代性塑料包装

图片来源：笔者绘制。

二　包装产品化设计的内涵及要求

（一）包装产品化设计的内涵

所谓包装"产品化"，从字面解释就是将包装从附属品变成产品的一个过程。而包装产品化设计，是一种设计方法，具体是指通过产品设计的方法对包装进行设计，使包装成为产品的一部分，实现包装附属功能的同时，又成为产品本体的一个重要组成部分，且包装的附属功能可直接转化为使用价值，来延续包装的生命周期，达到绿色环保的标准。简言之，在产品设计中，将包装所要达到的功能直接通过产品的某个局部去实现，最大限度地优化包装的环境。[②]特别是在可持续发展政策下，包装产品化设计相较于传统包装设计来说，包装使用价值得以增加，可解决传统包装用毕即弃后所造成的环境污染问题，最终满足绿色包装的环保需求和人文需求。此外，包装产品化设计是传统包装在功能与形式设计上的一种自我突破，它为包装与消费者带来了新的互动体验形式，增加了包装本体价值，实现包装的大规模运用及经济效益增加两者并举的效果。

当我们对包装进行产品化设计研究时，易发生相关概念理解上的混淆，

---

① 叶莉、许雅倩：《包装设计中的"再设计"研究》，《包装工程》2012年第6期。
② 张郁：《包装产品化设计研究》，硕士学位论文，湖南工业大学，2015年。

如包装产品化设计与产品包装设计的异同，包装产品化功能价值过剩，或是在不考虑限定条件下，对包装进行产品化设计等。为了避免类似事情发生，在包装产品化设计时，需要使包装满足相应的设计特征，具体内容如下：第一，科学合理性特征。在包装设计之初，需要考虑包装设计的科学合理性特征，这也是包装产品化设计不可或缺的一点。换言之，包装为展现产品的部分特性，必然会在使用功能与价值上进行创新，而功能与包装是否科学合理，这便要求在包装产品化设计之前对其进行可行性分析，来有效达到后续功能的设计。第二，超前创新性特征。超前创新性特征是包装设计在符合绿色、环保、可持续发展下设定的。因此，包装产品化设计需要有长远的可持续发展观念，而设计师作为一个设计的实践者需要拥有超前的思维能力，对包装产品化设计有合理预判。包装产品化设计的创新性是要在原包装基本功能的基础上结合产品化特性进行创新设计，触发一些潜在消费者的购买行为，以产品化的形式带给用户更加便捷舒适的生活体验。第三，功能整合性特征。好的包装产品化设计并非功能与功能的强行叠加，而是在原有基础上将包装和产品的功能进行整合，使包装具备产品的某种功能特性。

（二）包装产品化设计的要求

包装产品化设计是可持续发展理念下的必然趋势，也是对现有包装设计理论的一种深化探索。我们在对包装进行产品化设计研究时，就发现市场中的众多包装案例，多数已逐步呈现出产品化的设计状态。因此，在对包装产品化设计的研究过程中，我们提出将包装提前介入产品的研发阶段，充分考虑其周围环境、销售环境及使用方法等，让包装与产品实现有机结合，由此，我们提出包装产品化设计的具体要求，为后续研究提供理论参考。

第一，考虑包装成本性问题。成本问题是经济社会中的必要性问题。包装产品化设计除了所需考虑到的基本功能外，还需将包装所用材料、生产成本以及投入使用后的包装价值需求等纳入设计中。其中，首先是包装产品化设计初期需充分考虑选材的合理性。材料作为产品包装的物质载体，是内部产品安全及功能保障的前提。[①]在包装产品化设计中，不同的材料能够被适当应用，特别是新型环保材料的开发及应用可以弥补传统包装材料应用的不足，因此，在设计过程中要保证材料利用最大化，尽可能地减少包装产品化设计过程中能源和资源的浪费，合理选材则是关键。其次，包装产品化设计初期需要对其生产成本进行预估和控制。产品化设计后的包装相较传统包装来说，存在一定的产品化特性，特别是对同领域下的传统包装来说，生产成本较高。因此，包装产品化设计要求在包装生产前充分考虑其成本，防止包装成本大于内部产品成本，抑或包装成本与功能价值不对等，所以要在生产前期对其进行成本预估，合理控制成本。最后，包装产品化设计需充分发挥包装价值。包装产品化设计不仅可以满足消费者对包装功能的需求，还实现了包装向产品的转换，延长了包装生命周期，达到了环保的目的。因此，可以通过新技术开发和新材料的应用等，实现包装价值最大化。

第二，满足包装功能的人性化需求。设计的目的是为人类服务，包装产品化设计亦是如此，需要体现出包装使用时的宜人化特点。当包装产品化设计在与传统包装设计相比时，其产品特性成为包装产品化设计的重点和难点，它需要向消费者准确传达包装的使用功能和产品诉求，而不同的消费群体是存在偏差的，因此，在设计过程中需要考虑大多数人的行为习惯，同时还需要通过一定的引导方式满足小部分群体需求，从而使包装功能更加人性化。

第三，合理区分包装与产品间主次关系。包装产品化设计时因为要考虑到包装的产品特性，会在设计过程中增加包装的功能价值，这便容易出现包装价值高于内部产品价值的问题，使包装与产品间的主次关系界限模糊，究其缘由是包装忽略了自身以服务和依附于产品为目的。因此，首先是需要包装配合产品完成其功能属性。包装在具备基本功能的同时，可增加部分辅助功能，来帮助产品完成使用目的，始终使包装的功能价值附属于产品功能价值。其次是包装"产品化"设计后需要与应用环境相和谐。传统包装在使用

---

① 张郁：《包装产品化设计研究》，硕士学位论文，湖南工业大学，2015年。

完毕后被随意丢弃，无法进行再利用，这便与环境保护存在冲突，无法和谐相处。因此，需要对包装使用后的状态进行改变，使其能够再利用，达到延长包装生命周期的效果，最大限度地发挥包装价值。此外，还需将"天人合一"的思想融入其中，提倡"包装—人—环境"和谐相处，让包装更好地融入环境中。

第四，提倡可持续的生活方式。建立可持续的生活方式本质上是对人类行为意识的约束和管理。[1]可持续的生活方式能够将人类的生活行为与环境资源两者的作用关系从"间接"升级为"直接"，由"被动"转变为"主动"。而包装产品化设计实则是为改善环境，并使资源利用达到最大化，而提出的一种包装设计方法。同时，包装产品化设计具备了一定的可持续生活理念，能够让传统包装在功能上得到升级与转型，以此来改善包装与环境间的关系。因此，通过可持续性概念的介入，延长包装的使用期限，并通过强化包装产品化特性，发挥包装功能价值，把控包装生产的源头和使用的终端，进一步减少废弃物的堆积，是间接缓解环境问题的一种方式。

三　可替代性塑料包装产品化设计的可行性

基于限塑制度的发展和落实，可替代性塑料包装产品化设计是包装设计与产品设计结合下的一种实用型艺术，它将成为未来代塑设计的发展趋势，有利于推动塑料包装行业的绿色转型，也将为中国包装环境污染的现代化治理贡献力量。因此，我们可以从政策、技术、环境及设计等角度说明可替代性塑料包装产品化设计的可行性因素。

首先，顺应政策发展趋势。伴随着"新限塑令"的强力推进，明确指出塑料包装的治理要求，即按照"禁限一批、替代循环一批、规范一批"的思路，加强塑料包装的污染治理问题。之后，国家发展改革委等九部委联合发

---

[1] 杜玉：《城市新移民的生活方式研究与可持续设计探索》，《包装工程》2020年第24期。

布了《关于扎实推进塑料污染治理工作的通知》，[①]明确了禁限不可降解塑料袋、一次性塑料餐具、一次性塑料吸管等一次性塑料制品的政策边界和执行要求。2021年9月印发了《"十四五"塑料污染治理行动方案》，[②]进一步完善了塑料污染全链条治理体系，细化了塑料使用源头减量，塑料垃圾清理、回收、再生利用、科学处置等方面部署，推动塑料污染治理持续深入。[③]这些政策均指出了塑料包装的治理要求，明确提出寻找相关替代制品，并让包装实现循环再利用的可持续发展目标。在此背景下，众多企业已经开始选择产品化的包装。塑料包装在迅速向绿色可持续包装过渡。各大电商物流中心推出的共享快递包装以及商超所售的环保购物袋等，便是在政策的指引下，通过替代方式实现传统塑料快递包装及一次性购物袋的替代目标，并采用包装产品化的设计方式，实现包装向商品化、产品化转换，推动塑料包装的绿色化发展。因此，在政策的实施与市场案例的支撑下，我们对塑料包装提出了新的设计思路。依托某种替代方式或方法实现塑料包装的替代，从源头上进行替塑，此外，还通过包装产品化的设计方法，实现该类包装从附属品向产品的转换，从而来满足政策中所提到的塑料包装替代与循环要求。由此可见，"新限塑令"背景下的可替代性塑料包装产品化设计已是大势所趋。

其次，应用先进科学技术。基于限塑政策的实施，无形中推动了限塑技术的发展。在包装设计过程中，科技含量将愈益增加，其对科学技术的依赖和要求也将越来越高。特别是对新材料的应用，很大程度上推进了"代塑"材料的研发，如生物可降解塑料材料、水溶材料、纸浆模塑材料等，因材料依靠环境的外力作用下，具备降解特性，可有效地避免传统塑料对环境

---

① 国家发展改革委、生态环境部、工业和信息化部等：《九部门联合印发〈关于扎实推进塑料污染治理工作的通知〉》（发改环资〔2020〕1146号），https://www.gov.cn/zhengce/zheng-ceku/2020-07/17/content_5527666.htm，2020年7月10日。

② 国家发展改革委、生态环境部：《"十四五"塑料污染治理行动方案》，https://www.ndrc.gov.cn/xxgk/zcfb/tz/202109/t20210915_1296580_ext.html，2021年9月8日。

③ 国家发展改革委、生态环境部：《关于进一步加强塑料污染治理的意见》，https://www.ndrc.gov.cn/xxgk/zcfb/tz/202001/t20200119_1219275.html，2020年1月19日。

造成的危害，这也是传统塑料包装无法比拟的优势。比如，2003年，美国的Biocope公司率先推出了一种由谷物合成的PU聚合物材料，并用该材料制作成水杯投放市场。这种可降解塑料被丢弃后不必经受任何处理便可被自然降解成水、二氧化碳和有机物。除此之外，在信息技术的多元融合下，包装功能也得到了开发，包装本体附加价值得以提升，特别是将AR、VR、MR等技术在包装设计中的创新应用，打造出的一种去包装化、无包装化包装减塑新模式，使包装在虚拟技术的叠加应用下展示包装信息，让实体包装转移到虚拟空间，用数字化的形式进行信息传达，以此避免包装设计的过度浪费，降低塑料包装及印刷污染，并通过数字化技术创造包装的更多功能价值。如"无包装"购物模式的提出，在没有包装的情况下进行购物，符合绿色生态发展需求。[①]或是将VR技术应用在包装中，通过人机交互、品牌文化、用户体验等来搭建虚拟空间，改变传统包装的展示形式，丰富购物体验。因此，这些先进技术的应用，改变了传统塑料包装单一的功能形式，丰富了塑料包装的功能价值，也使可替代性塑料包装产品化设计在技术支持下产生更多替代性产品。

再次，推动环境绿色发展。随着包装的快速发展，环境问题也日益严重。特别是在传统塑料包装中，其材料具备成本低、易加工、质地轻、使用方便、物理化学性能稳定等优势，使其成为包装界的"宠儿"。但塑料在其生命周期的各个阶段会排放出大量温室气体，同时塑料包装质地薄，循环利用率低，回收降解难，易成为包装废弃物，多数情况下直接进入环境或者进行填埋，对海洋生态、空气质量、土壤结构、动植生长等造成严重污染。此外，消费者暴力拆卸包装直至抛弃，从而造成包装废弃物过多、包装循环利用率低等现实难题。在此背景下，包装所引发的环境问题亟待解决，对塑料包装的使用应当另辟蹊径。而可替代性塑料包装产品化设计，正是对传统塑料包装在环境污染问题无法得到突破的一种新思路，它通过替塑方式缓解了塑料包装污染问题，又通过包装产品化设计思路，解决传统塑料包装用毕即

---

① 张明：《"零包装"：包装设计存在之思与发展之途》，《装饰》2018年第2期。

弃后的环境危害现象，有效缓解了包装废弃物的产生，从而推动环境的绿色可持续发展。

最后，契合新的设计需求。推动塑料包装功能新形式的发展，对满足现有包装功能需求不足这一"瓶颈"问题意义深远。随着消费者生产生活方式的便利性发展，对包装的功能需求不断提升，传统包装已无法完全满足消费者的生产生活需要，为了契合新的设计需求，需要对包装的二次功能价值进行开发和设计。[①]而可替代性塑料包装产品化设计是从消费者的使用需求进行分析研究，设计出能够辅助内部产品使用的包装，让包装独立成为产品进行售卖，或是包装使用后功能得到转化等，从而延长包装生命周期，增加包装功能的多样化形式，最终让包装由附属品转变为产品，来满足消费者的功能需求。因此，可替代性塑料包装产品化设计可以在满足新的功能需求的优势下，为未来包装的可持续发展提供无限动力。

第二节
可替代性塑料包装的替代方式与设计创新

一 材料替代与设计创新

材料替代是设计方法中一个非常普遍的做法，也是设计创新中经常使用的一种设计方法。在包装设计中，它可以在不影响包装成本与功能的基础上，通过一种材料取代另一种材料来实现包装创新。[②]特别是在传统塑料包装的应用中，因材料导致的环境污染现象日益严重，利用环保型材料或者新型材料去替代不可降解的塑料，可有效解决塑料包装废弃物的堆积问题，减少环境污染。因此，这里具体提出用纸材替代塑料、可降解材料替代塑料、天然材料替代塑料以及其他非塑料材料替代塑料，并将材料属性与包装设计结合，从而优化包装基本功能，增强包装使用性能，最终实现塑料包装的设计

---

① 郑小利：《计算机辅助在管式折叠塑料包装设计领域中的应用》，《塑料工业》2016年第5期。
② 佚名：《宜家用蘑菇环保包装材料代替聚苯乙烯》，《塑料工业》2016年第4期。

创新，并朝可持续方向发展，如表3-1所示。

表3-1　　　　　　　　　　　　可替代性塑料包装材料替代库

	"以纸代塑"与纸浆模塑包装	可降解塑料与包装创新	天然材料与包装创新	其他材料与包装创新
类型	纸板 纸浆模塑	光降解塑料包装 生物降解型料包装 光—生物降解塑料包装	直接加工的天然材料包装 简单加工的天然材料包装	金属材料包装 玻璃材料包装 陶瓷材料包装 可食用性材料包装
特点	无污染、可降解；材料可重新打浆生产；吸潮性；成本低	在自然环境下降解速度快；适气，无毒；降解后体积小、延长寿命；物理性取代石油基质塑料	材料天然且本体可降解；原材料及生产成本低；材料肌理特征明显	抗压能力强、不易变形；耐用性好，可多次使用
创新设计	增加纸浆本身性能；增加包装附属功能；批量生产精细化程度达到产品级标准	通过工艺加工技术呈现材料的肌理和造型样式；设计样式可以传达出环保理念；增加包装的附加功能，提升包装功能价值	包装与产品有机结合；部分天然材料具备可食用性功能；天然材料的造型和肌理具备一定的互动性	通过工艺技术提升材料属性，提升材料的高科技附加值
可替代制品	一次性缓冲配件；一次性发泡塑料餐具；一次性包装吹塑制品（瓶、罐）；一次性包装吸塑制品（泡壳、托盘、吸塑盒、真空掌等）	一次性塑料薄膜及塑料缓冲配件；一次性包装吹膜制品（商品装、杂货袋、女品包装袋等）；一次性包装吹塑制品（瓶、罐）；一次性塑料发泡餐具；酒店宾馆一次性用品包装；一次性包装吸塑制品（泡壳、托盘、吸型盒、真空罩等）	一次性塑料缓冲配件；一次性包装吹膜制品（商品袋、杂货袋、食品包装袋等）；一次性包装吹型制品（瓶、罐）；一次性型料发泡督具；一次性包装吸塑制品（吸塑盒）	一次性塑料薄膜；一次性包装吹膜制品（商品袋、杂货袋、食品包装袋等）；一次性包装吹塑制品（瓶、罐）；一次性塑料发泡餐具；一次性包装吸塑制品（泡壳、托盘、吸塑意、真空罩等）
针对领域	餐饮用具、日化用品、电器产品、玩具包装、易碎品衬垫、医用器具，种植育苗	餐饮用具，日化用品、缓冲配件、医用据具、农林渔业、卫生用品、高档酒店洗漱用品包装、快递，外卖包装	茶饮用具、日用品包装	贵重物品及大部分日常用品

（一）"以纸代塑"与纸浆模塑包装

在我们的日常生活中，出现很多塑料材质的一次性包装吸塑制品，如盛装鸡蛋的塑料盒、泡罩药片的泡壳包装以及盛放食品的塑料托盘等，还有吹塑工艺下的一次性饮料瓶、塑料油桶等，这些塑料制品因无法降解，回收成本高，从而对我们的环境产生了很大的危害。为了改变这一现状，本节提出"以纸代塑"，利用纸材来替代不可降解的塑料，并将纸材包装与产品及产品功能结合，增加包装的产品化价值，实现包装的设计创新。[①]

"以纸代塑"是指用纸材代替塑料材料，来进行产品升级或者设计创新。"以纸代塑"中最典型的代塑材料是纸浆模塑材料，它是典型的绿色材料，其原理是利用废纸和再生资源，通过纸浆模塑机压制成特定形状的薄壁多腔结构纸浆材料制品[②]。这种材料能够达到极高的回收再利用性能，生产过程中出现的残次品可重新打浆再生产，产生的废弃物也可进行自然降解，因此，可以有效地保证整个生产环节的绿色环保。目前，纸浆模塑材料应用领域广泛，市场容量大，可挖掘开发潜力丰富，其制品广泛应用于电器包装、种植育苗、医用器皿、餐饮用具和碎品衬垫等领域。其中，应用纸浆模塑材料的包装可以称为纸浆模塑包装制品，也可称为纸托，是用于包容和限制被包装物的固体容器。纸浆模塑包装制品因体积小于传统的发泡塑料缓冲包装制品，并以结构单元及其组合的不同几何结构来实现的，具备良好的承重及缓冲抗震性能，便于运输中的堆叠摆放，有较为理想的透气性与吸潮性，能够优化包装废弃物的处理等特性及优势。[③]此外，通过对市场中所流通的纸浆模塑包装进行研究，发现纸浆模塑包装还可以作为替换包装或者包装的替换部分存在，来满足消费者对包装外形的个性化需求，同时，对纸浆模塑包装部分进行重复利用，可有效延长包装生命周期，节约设计成本，使设计和开

① 赵冬菁、杜津、夏征：《以纸代塑的套装茶具包装设计》，《包装工程》2019年第15期。
② 陶媛：《基于生命周期理论的纸浆模塑材料产品设计应用研究》，硕士学位论文，江南大学，2016年。
③ 陶媛、于帆：《基于共生观的纸浆模塑内包装材料再设计研究》，《包装工程》2015年第8期。

发精力集中在产品功能上。[①]因此，纸浆模塑材料将逐渐成为发泡塑料的替代品，并被广泛用于运输包装的缓冲配件，而纸浆模塑包装也将成为食品、日化用品、玩具以及电子产品等吸塑包装的替代品，如常见的纸浆模塑鸡蛋盒包装等。

随着纸浆模塑包装技术的不断发展，其在包装领域也产生了一种新的包装形式。但纸浆模塑包装在国内发展起步较晚，理论研究体系尚不成熟，在标准化、规模化的生产及推广方面存在阻力。而为了进一步扩大纸浆模塑包装的应用范围，使包装更加适应于内部产品，并从根本上提升包装产品的商业价值，这就需要从以下几个方面着手。

第一，装潢形式设计，纸浆模塑包装因材料本身的可塑性高，通过开模压制的方式，来增加包装表面的凹凸肌理，告别传统包装表面的印刷与装潢，减少印刷过程中的环境污染。例如，帝亚吉欧（如图3-2所示）宣布创造世界上第一个完全由可持续来源的木材制成，其瓶身设计为100%无塑料

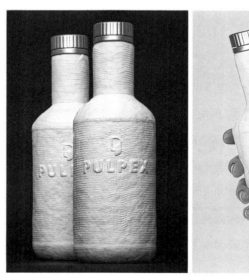

图3-2　帝亚吉欧100%无塑料纸质烈性酒瓶

图片来源：https://baijiahao.baidu.com/s?id=1676257983302241025&wfr=sp ider&for=pc。

---

① 陶媛：《基于生命周期理论的纸浆模塑材料产品设计应用研究》，硕士学位论文，江南大学，2016年。

纸质烈性酒瓶包装，并采用纸浆制成的可伸缩纸基瓶，符合食品安全标准，可在标准废物流中完全回收。该包装设计的最大亮点不仅在于通过纸浆模塑材料的替代性使用方式，纸浆模塑包装与液体结合后，所展现出来的强大防水性能，还包括通过模压的方式将自身品牌logo以浮雕形式呈现在包装瓶上，从而舍弃了传统的装饰标签。

第二，与产品结合设计，纸浆模塑包装因工艺加工技术日渐成熟，其批量生产加工技术的精细化程度也可达到产品生产级别的标准，这时候的纸浆模塑包装制品在设计过程中可与产品结合，包装不脱离产品单独生产，成为产品的一部分，保护内部产品。但需要注意的是，并非所有产品都可以与纸浆模塑包装结合，需要考虑到产品与包装间的适配性问题。[①]例如，Gigs 2 Go 品牌下的U盘设计（如图3-3所示），展现了纸浆模塑材料及其在产品包装中的应用形式。一般情况下，U盘作为电子产品，在外包装的选用上通常以耐用且硬度较高的材料为主，以减少使用过程中对电子元件的损耗问题。而Gigs 2 Go U盘直接将纸浆模塑包装与内部电子元件结合，并提出该U盘不是完全一次性使用，由此可见，这样包装形式无疑证明纸浆模塑材料与产品间的适配性问题得到了有效的改善，且纸浆模塑包装基于成熟的工艺技术使其

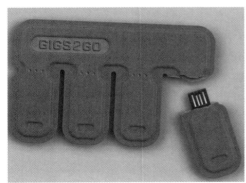

图3-3　Gigs 2 Go 纸浆模塑U盘

图片来源: https://tech.qq.com/a/20130407/000021.htm#p=5。

---

① 刘兵兵：《现代包装的功能延展设计研究》，《包装工程》2012年第6期。

产品与包装得到有效结合。

第三，功能应用设计，纸浆模塑包装因材料具备一定的稳定性，因此，可通过增加包装的附属功能，满足消费者对包装功能的个性化需求，最终提升包装的功能价值。例如，Gogol Mogol纸浆模塑鸡蛋包装（如图3-4所示）。该包装最大的亮点是利用纸浆模塑材料的稳定性特点，使它可以有效阻隔防护包装内部催化剂与智能材料的化学反应，满足消费者在日常生活中对鸡蛋的加热需求，这也为该类包装的附属功能创造了可能，提升了包装的功能价值。[①]

图3-4　Gogol Mogol 纸浆模塑鸡蛋包装

图片来源：http://www.baiwuyu.com/info/deco/105.html。

针对上述案例，纸浆模塑材料价值并非完全体现在材料性能上，过于强调材料本身性能会弱化材料对包装所创造出来的产品化特征。换言之，纸浆模塑包装在具备材料环保性能的同时，可通过功能的创新设计，使其具备一定的产品功能特性，从而增加包装的功能价值。因此，对于纸浆模塑包装制品来说，首先，设计目标可将全生命周期纳入考虑范围，并从功能强化及延续做思考，例如通过该类材料使包装批量化生产的精细化程度可达到生产产品的标准，凹凸结构与肌理可与功能结合，材质的自然性能够传达社会文化

---

① 乔鸿静、张玲玉、王传龙：《基于情感需求的交互式白酒包装设计研究》，《包装工程》2022年第2期。

观念，防水涂料提高防水性能及其他相关辅助功能等，这些可增强纸浆模塑包装的功能性，同时也为纸浆模塑包装制品产品化设计趋势提供可行性方案。[①]其次，纸浆模塑类包装制品作为塑料包装的替代性制品，在设计过程中还需要把握材料与被包装物的适用性要求，考虑一定的环境状态下纸浆模塑所产生的吸水性及透气性问题，而该特性并非适合所有被包装物。再次，纸浆模塑包装制品在实际过程中需要考虑包装的展示效果，并通过一定的视觉形式展现。从次，回收与循环再利用也是纸浆模塑包装制品在设计与应用过程中需要考虑的问题。最后，绿色设计思想也已深入人心，纸浆模塑包装作为绿色设计的一种，对环境的保护起到直接性作用。纸浆模塑包装从最初的原材料提取到最终的回收再利用，形成一个闭环路径，该路径有助于包装的可循环性，对废弃物进行直接有效的解决。

（二）可降解塑料与包装创新

随着现代材料技术的突破及可持续发展概念的引导，应用于包装设计领域的材料种类十分丰富，它可引导包装研究的方向，并对包装的使用体验带来更多的需求。特别是可降解塑料材料，作为特殊的功能性环保包装材料，其因具备降解能力，而被广泛应用于绿色包装设计中，并成为塑料包装的理想型替代材料。

何谓可降解塑料？它是指在一定环境下，通过物理、化学和生物等方式实现降解功能的材料。可降解塑料又称可环境降解塑料，是一种从植物来源（如甘蔗、玉米等）衍生的塑料形式，可通过细菌、真菌、藻类等微生物的作用实现自然降解。[②]简言之，就是将添加剂（如淀粉、纤维素、降解剂等）加入包装材料中，使该包装在自然环境作用下被成功降解。因此，根据现

---

① 刘全祖、沈祖广、黄良：《纸浆模塑制品的研究现状与发展趋势》，《包装工程》2018年第7期。

② 李娟、邓婧、梁黎：《可降解塑料在包装产品中的应用进展》，《塑料科技》2021年第4期。

行GB/T 20197-2006《降解塑料的定义、分类、标志和降解性能要求》将可降解塑料分为生物分解塑料、热氧降解塑料、光降解塑料和堆肥塑料。[1]就目前来说，将现行有效、符合GB/T 20197-2006标准的降解性能材料应用于包装中，我们统一称之为可降解塑料包装。可降解塑料包装与传统塑料包装相比，具有降解功能，这也是由材料本身特性与外界环境作用下实现的。可降解塑料通过被外界条件刺激影响，使包装本体具备某些降解的特征，以替代人对包装的回收处理，或是在一定条件下自行降解，解决包装废弃物的堆积问题，进而实现的一些特殊功能，如产品定量、隔离防护、生态降解，最终提升包装对产品、环境、人的积极作用。[2]

目前，在包装设计领域中，可降解塑料包装因其本身所具备的优势条件，可以很好地替代市场中的大部分白色垃圾，如塑料外卖包装、一次性塑料袋、酒店宾馆一次性用品包装、一次性快递包装、一次性塑料餐具以及一次性薄膜等。例如，1994年挪威利勒哈默尔冬奥会采用生物可降解托盘作为主要的食品包装餐具；2008年北京奥运会采用了澳大利亚生物塑料生产商Biograde研发的用玉米淀粉生产的7种不同规格生物降解树脂袋作为主要的包装袋；2015年可口可乐利用甘蔗提炼出原料并生产出了可降解的产品包装瓶，这些都是可降解塑料包装的应用案例。随着可降解塑料的日益发展，可降解塑料包装的发展更是得到了新的突破。基于此，我们提出，可降解塑料包装可以根据材料本身所具备的功能性可与包装设计结合，一方面可改变传统塑料包装的回收模式，使新型塑料包装得到更好降解；另一方面通过形式创新，美化包装形态，最终在可降解塑料包装的设计创新基础上，提升包装整体的商业价值。具体内容如下。

在造型结构上，根据材料的性能与状态设计出独具创意的包装形态。例如，Eduardo del Fraile工作室设计的一款可替代PET容器或传统纸包装的饮

① 新京报：《限塑之专访——什么才是"真"降解塑料袋，专家这样说》，https://baijiahao.baidu.com/s?id=1689296405200766901&wfr=spider&for=pc，2021年1月19日。
② 庞传远：《材料智能型包装设计研究》，硕士学位论文，湖南工业大学，2019年。

品包装（如图3-5所示）。其包装材料就是从橙子果皮中减去聚合物，使其成为可以应用在包装中的可生物降解材料，并将这种材料的包装设计成类似气球的形状，在其内部填充饮品，当

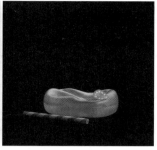

图3-5 Eduardo del Fraile工作室设计的饮品包装

图片来源: https://zhuanlan.zhihu.com/p/443956093。

饮品使用完毕后，该包装像一个塌下来的气球，造型可爱，且富有创意。另外，还包括这款 Sonne 155 的可持续使用手提包设计（如图3-6所示）。其包装同样是对可降解塑料进行研发，通过所研发的纤维素肥料和果胶材料，使其成为可降解塑料并应用在包装中去替代传统一次性塑料袋。此外，该包装袋最大的亮点是很好地利用了果胶材料的形式特征，让购物袋展现为半透明的皮革形式，增强了包装造型设计上的形式美感。

　　附加功能上，强化可降解塑料包装的基本功能，并延展该类包装的其他功能，使包装物尽其用后再进行回收分解。例如，Kankaria Tea 的袋泡茶包装

图3-6 Sonne 155可持续使用手提包

图片来源: https://www.puxiang.com/galleries/1095d00ad0f2213ffeac5aaa767e051b。

设计（如图3-7所示），其包装设计的最大特点除了在材料上采用可降解的玉米纤维和竹纤维纸材外，因茶本身具有缓解眼疲劳的作用，因此，在设计时还增加了包装的附加功能，当该包装使用完毕后还可充当眼膜被继续使用。这样的设计不仅可以满足消费者对茶包再利用的需求，还能物尽其用，最大限度地提高对环境的保护。

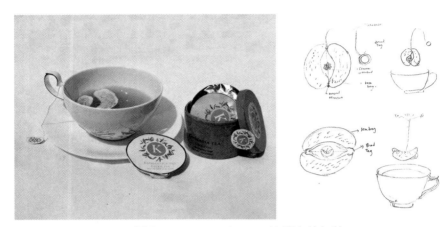

图3-7　Kankaria Tea的袋泡茶包装

图片来源: https://zhuanlan.zhihu.com/p/443956093。

　　综合以上情况来看，我们发现可降解材料因其特殊的降解性能，使它在环境作用下会产生不同的降解效果。设计师可以将降解效果结合在包装设计中，设计出新的包装形式。但需要注意的是，可降解包装设计作为包装设计中方兴未艾的新领域，由于技术尚未成熟、生产成本较高，以及传统设计思维习惯的影响，其设计的功能价值一直没有得到设计师很好的挖掘。[①]但是其材料本身所体现出的可持续形式，能够成为未来塑料包装的替代性材料，并得到广泛的应用。那么，如何实现该类包装的功能价值，且获得消费者的青睐，除了在选材上要有所考究，还要通过设计将包装功能形式与内部产品进行结合。因此，可降解材料包装在设计时应当满足诸多条件，如安全性、耐

---

① 庞传远：《材料智能型包装设计研究》，硕士学位论文，湖南工业大学，2019年。

用性、便捷性、环境适应性及使用者的接受程度等，这就要对可降解材料包装设计具有较高的要求。除此之外，可降解材料包装在设计过程中还要具备材料适用性、应用巧妙性及展示应用的艺术性等相关原则，唯有如此，才能发挥可降解材料包装的优势，成为塑料包装的替代品，推动可替代性塑料包装朝向绿色包装发展。

（三）天然材料与包装创新

在商品销售中，一次性塑料包装在各领域得到广泛应用，例如存放熟食和果蔬的一次性塑料袋，或是存放生活用品的自封袋和密封袋等，这些塑料制品因无法降解，对环境造成了严重破坏。但早在塑料材料被发现之前，人们通常以天然材料作为包装去盛装物品，这些材料主要源于自然生产，非人工合成，所以具备天然的降解能力，不会对环境产生不良影响。反观当下，我们虽不能提倡人们重新将天然材料包装普及使用，但却可通过天然材料特性进行包装设计创新，增加天然材料包装的功能价值与商业价值，从而更好地替代塑料包装。

天然材料原指来自大自然的、未经加工或基本不加工便可直接使用的材料，包括麻、木、竹、藤、茎、叶、果壳等天然物质，[1]用作包装材料时可根据需要经过适当的人工处理，如简单加工或者直接加工两种，以更加符合包装的功能要求，它们具有区别于其他人工合成材料的材质和造型特征。[2]目前，天然材料主要应用在食品包装领域中，应用范围相对狭小，但经过调查研究后，我们认为天然材料因具备天然的造型、肌理及实用功能，可成为一次性塑料包装的替代性材料，应用在各产品包装领域之中，从而减少塑料包装对环境的污染。为了更好地使天然材料替代包装中的塑料，我们具体从以下三点进行分析。第一，天然材料具备保护功能和实用功能，我们可将其与产品功能进行有机结合，增加天然材料包装的功能价值，最终可作为塑料包

---

① 李颖宽编著：《包装设计》，陕西人民美术出版社2000年版。
② 施爱芹、王健：《天然材料在产品包装中的功能应用》，《包装工程》2013年第24期。

装的替代品。例如这款丝瓜瓤香皂包装（如图3-8所示）。设计师将市面上的洁具产品——丝瓜瓤，与包装设计进行结合，使该包装既可以充当香皂外包装，又可搭配香皂一起使用，从而增加了包装的功能，延续其使用寿命。此外，该包装由天然材料制作而成，替代了原有肥皂的塑料包装，待生命结束后，根据其天然属性特征，可自行降解或堆积到肥料中，相较于普通塑料包装，对环境具有积极作用。除此之外，还包括这款打蛋器茶包（如图3-9所示）。其外形模仿打蛋器的造型，当使用者对其进行搅拌时，可使内部茶包快速溶解于水中。并且该包装在材料上选择植物秸秆制成，因植物秸秆作为天然材料，它是一种典型的绿色环保包装材料，其天然降解能力，使包装在使用完毕后所产生的废弃物并不会对环境造成污染，成为传统塑料茶袋包装的

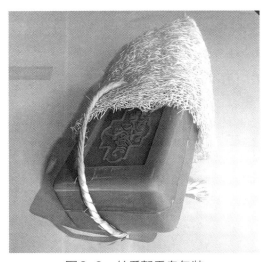

图3-8　丝瓜瓤香皂包装

图片来源：http://ecomaniablog.blogspot.com/2018/10/esponjas-y-estropajos-de-lufa.html。

替代制品。第二，部分天然材料具备可食用性功能，例如香肠肠衣、糖果的糖衣等。这些可食用性的天然材料对身体无毒无害，[①]可充分应用在食品包装领域，并替代部分食品塑料包装的应用。例如，日本食品市场上就流行着一种可食用的"蔬菜纸"，其外观鲜亮，能刺激顾客的购买欲望，人们使用时，不用撕开"包装纸"即可直接食用。[②]第三，天然材料的造型和肌理具备一定的互动性，可增加消费者的体验感。例如藤叶类的材料可编织成袋、盒、桶等包装制品，而壳类材料也可以加工处理成瓶、罐类的包装容器，基于

① 施爱芹、王健：《天然材料在产品包装中的功能应用》，《包装工程》2013年第24期。
② 施爱芹：《"零废弃"包装理论研究》，《包装工程》2013年第12期。

特有的材料肌理和造型再对其填入趣味元素，从而增加包装的互动体验。例如，在儿童玩具包装中，我们可通过藤条编织成某种玩具造型，并将其作为外包装来保护内部产品，利用这种方式也可有效地替代玩具包装中所用的塑料。

图3-9　打蛋器茶包装

图片来源：https://discover.hubpages.com/food/Innovative-Tea-Bag-Design。

综上所述，天然材料因取之于自然，所以具备最原始的材料形态，且材料成本较低，易于获取，废弃后降解也会回归于自然，不会产生污染，是塑料包装的最佳替代品之一。同时，它经过适度加工，可发掘天然材料在包装中更多功能，从而增加材料利用的价值，创造可观的经济效益。因此，设计师需要深入研究天然材料与包装诉求的契合之处，研究天然材料的各类应用和整合性设计方法，从简约、易得、可回收等角度出发，[1]最终实现天然材料对部分塑料包装的有效替代。

（四）其他材料包装创新设计

在绿色化趋势的大环境背景下，塑料包装以材料替代的方式可有效缓解其生产与废弃物的堆积问题。特别是利用可降解材料、纸浆模塑材料及天然材料进行替代确实是行之有效的办法。但可降解材料在开发和利用过程中仍然处于初级阶段，在运用过程中难免会存在包装成本及包装与产品的适配问题需要解决。而对于金属材料、玻璃材料、陶瓷材料等，该类材料各具优良的综合性能，材料的稳定性与功能性兼具，能够被多次重复利用，对包装少废少弃起到促进作用，并作为可替代制品应用于包装设计中，以解决塑料废弃物的回收难、降解难而导致的环境污染问题。因此，本节意在将这类包装材料归为其他材料，并进行介绍。

在其他材料包装的替代制品设计中，金属材料包装因材料本身源于自然矿产经提炼而成，因此资源丰富，能保持其旺盛的生命力。金属材料被应用于包装中，主要出现在工业产品包装、运输包装及销售包装中，该材料具备良好的机械性能、优良的加工性能、可综合的防护性能、特殊的金属光泽等，从而可提升包装的耐压强度、丰富包装的形状样式、增强包装的阻气防潮遮光效果。玻璃材料有较好的化学惰性和稳定性，几乎不与任何内容物相互作用，而较强的抗压能力和光学性能，可使包装表面光洁、透明，以屏蔽紫外线和可见光对包装产品的催化作用。陶瓷材料的耐热性及隔热性强于玻璃，而耐酸和耐药性能较好，可作为理想的食品、化学品的包装容器。并且陶瓷材料经过本身的加工工艺，使其包装容器透气性低，不易变形变质，是重要的包装材料。[2]

---

① 贺敏：《基于天然材料的包装设计策略》，《包装工程》2019年第10期。
② 朱和平主编：《现代包装设计理论及应用研究》，人民出版社2008年版。

在创新设计思路上，其他材料包装作为塑料包装的替代制品，一方面需要强化包装本身的加工工艺，以增强材料本身的性能为基础，通过工艺技术将材料属性发挥到最大值；另一方面需要延展这些材料包装的功能，可通过增加该类材料的高科技设计附加值，使包装具备一定的产品性价值，最终延长包装的使用寿命。例如，获得2014年度Dieline包装设计大奖的"Lush小绿包装袋"（如图3-10所示），以一块小方巾作为包装主题，类似日本风吕敷的包袱袋，方巾打开后可作为围巾等服饰配件，或是包装礼物、打包食物，以各种方式重复利用。[1] 此外，方巾还包裹着一个可重复使用的铝盒。该设计增加了包装的循环使用次数，在一定程度上减少了包装废弃物的产生。

图3-10 Lush小绿包装袋

图片来源：https://huaban.com/pins/141029701/。

值得注意的是，金属材料包装、玻璃材料包装、陶瓷材料包装等，虽综合性能强，可替代一次性包装制品进行再利用，但仍然具有不足之处，例如，金属材料的化学稳定性较差，耐蚀性不如玻璃材料包装；玻璃材料包装的抗冲击性强度较弱，且不能承受内外温度的极端变化，易导致包装的破损，从而增加运输保护费用；陶瓷材料包装抗冲击性能甚至低于玻璃包装制品，并且不适宜盛装易挥发物[2]；可食用性材料包装对内部产品要求、包装使用场景和方式、可食用材料的保质期等均有较高要求。因此，针对这些问题在选择包装材料的过程中应当综合考量，扬长避短，在基本特性的基础上进行创新设计。

---

① 张明：《"零包装"：包装设计存在之思与发展之途》，《装饰》2018年第2期。
② 朱和平主编：《现代包装设计理论及应用研究》，人民出版社2008年版。

二　功能替代与创新设计

"功能替代"主要是为了使塑料包装在同等成本与效用下，增加塑料包装的新功能或再利用功能来实现用户与包装的互动体验，是实现塑料包装可持续发展极为重要的一种研究思路。[1]传统塑料包装所面临的问题是功能饱和，包装整体利用率较低等，并对环境造成污染。为了改变这些现象，可从局部功能开发与包装创新、整体功能延续与包装创新两个角度出发，延展包装的功能方向，增加包装的利用价值，最终目的是加快塑料包装的减塑进程，[2]如表3-2所示。

（一）局部功能开发与包装创新

1. 局部配件再使用与功能转移

传统塑料包装在现有阶段的研究中，多数情况下被视为一个独立的包装整体，却少有设计可以将其视作一个模块化的组件进行研究，这便造成传统塑料包装在使用完毕后被整体废弃。而在产品设计中提过更换配件设计，这是一种通过模块化的方式来延长产品生命周期的设计方法。[3]具体来说，它将产品视为一个模块化构成体，通过多模块组件而成，当产品的部分组件损坏或报废后，通过更换局部组件仍可继续正常工作，而这样的模块化组件也能够帮助市场实现产品线的标准化，并为消费者节省资金，降低制造商的保修成本。[4]因此，我们将这种设计方式引入塑料包装设计中，提出"局部配件再使用与功能转移"，具体研究思路与其相似，就是将包装局部配件的功能形

① 施爱芹、徐畅：《融合共生：包装与家具功能互换的木制产品设计研究》，《家具与室内装饰》2021年第12期。

② 王富玉、郭金强、张玉霞：《塑料包装材料的减量化与单材质化技术》，《中国塑料》2021年第8期。

③ 敬石开、谷志才、刘继红：《基于语义推理的产品装配设计技术》，《计算机集成制造系统》2010年第5期。

④ 朱和平、程昱：《功能配置下共享快递包装模块化设计研究》，《包装工程》2022年第4期。

表3-2   功能替代包装创新设计

可替代性塑料包装功能替代与创新设计			
局部功能开发与包装创新	局部配件再使用与功能转移	包装局部配件可多次重复使用	
		开发包装局部配件的功能	
	局部部件的添置与功能升级	发光部件	安全警示与指示功能
			夜间视觉附加值的增值功能
			趣味性功能
		语音部件	智能语音警示功能
			趣味数字音乐功能
		智能管控部件	射频式短距离管控
			无限远程操控式
			基于大数据的智能管控
		可重复使用装置	可重复使用锁扣
			充气式缓冲部件
整体功能延续与包装创新	后续重构功能的开发	包装本体可独立构成新的产品	
		塑料包装本身由多个模块组合而成	
	后续收藏功能的开发	视觉装饰收藏	
		造型装饰收藏	
		材质装饰收藏	
	后续收纳功能的开发	包装本体使用后的收纳	
	后续娱乐功能的开发	使用前的后续娱乐功能	
		使用时的后续娱乐功能	
		使用后的后续娱乐功能	
	后续有条件降解功能的开发	种植功能	
		定量投放功能	
		辅助洗护功能	
		可食用功能	

图片来源：笔者绘制。

式视为独立的单元功能，使其可更换与再使用，以此增加包装局部功能的使用次数，提高局部功能的效用，延长整体包装的生命周期，使包装的使用配件方式更为灵活多变。那么，这就要求我们对塑料包装的模块化结构进行研究，并将其分为包装本体和局部配件两部分。其中，经过市场调研分析后，发现包装的局部配件设计多以两种方式为主。

第一，包装的局部配件可多次重复使用，即内部产品在使用完毕后或者包装局部损坏无法继续完成产品的使用过程时，可通过更换局部配件使产品继续使用。[1]这是包装功能局部替代的一种形式之一，可有效解决塑料包装的再利用问题，增加塑料包装使用次数，延长生命周期，最大可能地减少塑料包装造成的资源浪费现象。例如，日本设计师 Nendo 设计的一款洗浴用品包装（如图 3-11 所示），它是局部配件再使用功能的一种典型形式，采用可拆卸式的设计，将包装拆分为塑料压嘴、中间的替换包以及最下方的塑料底座，当消费者想要补充沐浴液时，只需替换补充包即可，而原塑料压嘴与塑料底座仍然可以再利用，从传统沐浴液塑料包装的局部出发减少塑料用量，同时也避免了该包装在使用完毕后的整体丢弃现象。

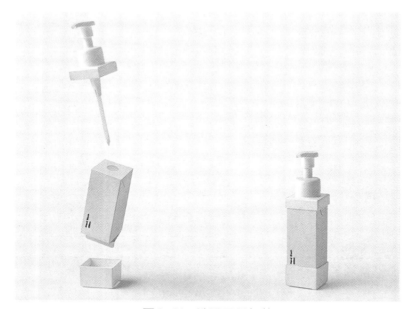

图 3-11　洗浴用品包装

图片来源：https://baijiahao.baidu.com/s?id=1714566081694842800。

---

[1]　胡丹丹：《基于产品语义学的苹果配件产品设计实践与研究》，硕士学位论文，中国美术学院，2012年。

　　第二，包装的局部配件功能转移，即开发包装局部配件的功能，使传统包装局部配件不会被直接丢弃，可协助内部产品完成使用过程，实现包装与产品结合后的全生命周期辅助行为。[1]局部配件功能转移实则是包装可持续发展的另一种有效手段。它通常是对包装的开启部位进行再设计，使之成为包装的局部配件，搭配内部产品发挥自身的作用。当然，也有部分包装会选择在开启后、丢弃前，对其整体进行再设计，成为产品配件，辅助产品完成使用过程。如图3-12所示，这是一款速溶咖啡包装，很好地诠释了包装局部配件功能转移的概念。为提升塑料包装的使用功能性，将包装结构预先设定好，当消费者沿指示线开启后，其局部可作为功能搅拌棒，配合咖啡一起使用。该包装局部作为配件结合产品的使用方式增加了包装的功能，减少包装开启局部的直接丢弃现象，延长了局部配件使用寿命，还为消费者带来了更多的便捷性体验。

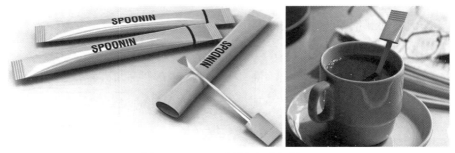

图3-12　KFC速溶咖啡包装

图片来源：https://www.sohu.com/a/201571917_654154。

　　上述所谈及的局部配件功能再开发实则是对传统包装功能的再设计，让传统塑料包装在具备基本功能的同时，通过包装"产品化"设计来增加局部功能的效用性，使包装在同等成本下实现功能的多样化，并延长包装生命周期。但需要注意的是，首先，包装局部配件在其全生命周期中的展现角色不同，在包装开启前，局部配件仍与包装为同一整体，发挥

① 尹倩钰：《瓦楞纸包装产品的可再利用设计》，硕士学位论文，中南林业科技大学，2020年。

着保护产品、方便储运、促进销售的基本功能，当包装开启后，局部配件功能多以辅助产品为主。因此，当对包装局部配件再使用与功能转移时，需要设计师在设计初期便对包装进行预置设计，预先制定好包装局部配件的辅助功能形式、使用循环次数、配件更换方式等，并对易耗损部分进行标注说明，简化配件的更换方式。其次，由于局部配件再使用的功能替代方式中的包装可作为产品被直接使用，所以对包装局部的配件更换方法要比普通产品维修更为高效。最后，并不是所有产品包装都适合开发局部配件再使用功能，在包装设计中需要对其限制条件进行分析，特别是当包装的局部配件价格昂贵时，会导致包装制作成本与功能价值的失衡，同时也会降低消费者对包装的购买欲望，出现包装的功能价值过剩，对可持续发展与减塑理念形成阻碍。因此，对于塑料包装局部配件的功能形式，我们一方面需要考虑成本的合理性要求，另一方面还需要考虑用户的使用需求与习惯。

2. 局部部件的添置与功能升级

"部件"一词，通常用于机械制造中，它是指机械的一个组成部分，由若干装配在一起的零件所组成。我们将"部件"引入包装设计中，提出"包装局部部件"的概念，其目的是添置包装的局部部件，使其设计更趋向于产品，具备一定的产品特性，但又区别于产品本质。在包装设计领域，包装局部部件具体是指一个包装或一个产品—包装组合的某一局部，对其添置集成化元件[①]、产品部件或是可循环使用装置，使其成为包装本体的局部部件，增加包装的功能属性。但需要注意的是，这里的包装局部部件，是与包装本体形成一体化的形式，其部件既无法拆卸，也无法独立应用。此外，与包装局部配件不同的是，该包装形态不会因其所处状态或场景的不同而发生改变；在功能形式上，也无法实现部件功能的二次转移，因而功能属性较为单一。有鉴于此，我们通常会在包装设计中添置局部

---

① 庞传远：《材料智能型包装设计研究》，硕士学位论文，湖南工业大学，2019年。

部件来增强包装原功能属性，并使具备产品某些特性的包装在功能上得到升级。

目前，大多数的传统塑料包装主要依靠自身的装潢设计、造型设计及材料应用来实现其基本功能。因此，这类包装是作为辅助产品的形式而存在的，其使用价值较低，当包装使用完毕后会被抛弃，成为环境的影响因素。而对于减塑理念下的塑料包装来说，需要对塑料包装及其产品的限制条件进行分析研究，对满足条件的塑料包装加入全生命周期设计管理理念，以期延长塑料包装的生命周期，减少包装废弃物的产生。因此，针对以上问题及情况，我们可通过局部部件的添置或者部件功能升级，使包装的功能价值得以增加，并利用功能的升级替换原有包装功能的一次性使用现象，推动减塑包装的发展进程。因此，通过功能替代方式来添置包装局部部件，主要包括发光部件、语音部件、智能管控部件及可重复使用部件四种形式。其中，以语音部件在包装设计应用中的添置为例，通过内部结构设计、外部语音装置使用指示性的设计、语音的选择与定位设计三个重要的环境，来实现包装的智能语音功能。[①]特别是在儿童产品包装中添置语音部件，使包装功能得到升级，可与儿童进行语音交互行为，成为儿童玩具，从而改变以往包装在使用后会被直接丢弃的现象。除此之外，可循环使用装置在包装设计中的应用形式，也尤为常见。例如，顺丰推出的丰·BOX共享快递箱（如图3-13所示）。这款可循环使用的快递包装在其封装功能的开发设计中，开创了用拉链代替封箱胶纸的先河。它将可循环使用的锁扣拉链应用在包装封口处，替代原有的一次性胶纸，从而达到减少包装局部塑料用量的效果，同时也实现了包装的快速开箱与封箱。

---

① 柯胜海：《智能语音包装设计研究》，《装饰》2013年第2期。

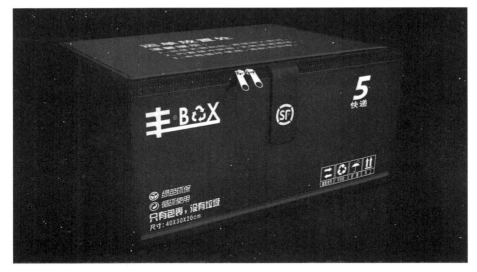

图3-13　丰·BOX快递包装箱

图片来源: http://www.wuliujia2018.com/html/99895.html。

　　综上所述，智能发光、智能语音、智能管控等部件均带有一定的智能性，可使包装突破传统功能的束缚，通过部件的功能属性，让包装具有了模拟人类行为的功能，并可以代替人在使用过程中的部分行为步骤，有效增加了包装功能的使用价值。[①]此外，这些部件装置本身具备的耐用性特征，能够替代包装局部耗损率高的部分，从而增加了包装局部使用次数，有效地延长了整体包装的生命周期。值得注意的是，局部部件添置于包装设计中，并非所有包装及产品均适用，它的应用具有一定的限制性条件，需要考虑包装内部产品的适配性、包装特定适用的场景、包装设计成本及后期的回收方式等。如快消产品包装因其销售快，废弃物产生的速率高，无法多次循环使用，若对其局部添置部件会造成包装成本过高、资源分配不均的现象发生，因此不可以进行局部部件的添置或者功能升级。

---

① 柯胜海：《智能语音包装设计研究》，《装饰》2013年第2期。

（二）整体功能延续与包装创新

1. 后续重构功能的开发

包装后续重构功能的开发设计，是一种间接延长包装生命周期的设计方法，在包装基本功能的基础上通过重构的方式增加新的包装功能或是将其转变为新的产品。[1]因此，它需要设计师和消费者双向对包装实施作用后才能使包装性质发生转变，具备新的功能。具体而言，包装的后续重构功能需要设计师对包装结构进行预先设计，待包装使用后，消费者可以通过对预先设定好的包装进行拆分、重组，构造出一件新的产品。我们甚至可以将它看成DIY的一种设计形式，发挥自主意识，不需要太高的技术与艺术要求，通过对原包装的观察，进行再设计过程。该类方法在设计初期就需要对用户的使用行为进行解码，分析用户对包装的使用方式及对包装的情感诉求，以此达到后期对包装拆分重组而形成新产品的目的。

为了延长塑料包装的使用寿命，减少塑料包装用毕即弃现象的发生，并且在保证包装成本与用效的基础上，对该类包装功能进行替代方式设计，这就需要我们对该类塑料包装在后续重构功能开发过程中朝两个方向进行：一是包装本体可独立重构成新的产品。当塑料包装在基本功能使用完毕后，借助消费者对包装的拆分与重组，使包装脱离原有产品的功能形式，构成一件新的产品，发挥其新的功能。需要说明的是，这里是对包装本体进行重构，且重构后所形成的新产品与内部产品可以没有任何联系，是一个完全独立的新产品。例如，Building blocks矿泉水瓶包装（如图3-14所示），通过瓶身的卯榫结构，使包装在完成基本功能后，可多次进行组合，通过不同的拼接与组装方式，使其可形成座椅、茶几等家具。二是包装模块重组成新包装。这种情况下的塑料包装本身由多个模块组合而成，当该包装使用完毕后，可继续重组成新的包装形态。因模块化设计是产品设计中的一种新的标准化形式，模块化设计中同一功能的单元之间可以相互替换，有利于大规模生产，

---

[1] 李燕飞：《保健食品包装再设计策略研究》，硕士学位论文，郑州大学，2017年。

在生产成本控制和产品设计研发时间不变的同时，通过模块的组合实现产品多样化和个性化定制。[①]因此，塑料包装在后续功能替代方式的设计过程中，可通过采用模块化的方式，将塑料包装分为多个模块单元，使各模块可反复多次组合再利用，最终延长包装使用的寿命。例如，日本设计师Kenji Abe设计的一款可无限组合的包装（如图3-15所示），它改变了传统包装形式，通过将可循环使用的包装材料加工制成六角形的包装模块，利用这些模块进行简单组合，形成所需的包装或产品形状，来实现其功能的应用。因此，这种模块化的包装设计，通过包装模块的多次组合，增加了包装的循环使用次数，同时自由多变的组合形式，也密切了包装与产品间的适配关系。

图3-14　Building blocks矿泉水包装

图片来源：http://markingawards.com/show2021.asp?id=1930&bigclass=2021。

图3-15　CY-BO模块化包装材料

图片来源：https://mp.weixin.qq.com/s/KeuAlCBcA9N7T4lZZ9ibmQ。

---

① 熊兴福、卞金晨、曲敏：《基于绿色模块化理念的共享快递包装设计》，《包装工程》2021年第10期。

除此之外，我们在对包装进行后续重构功能开发时，仍需做到以下两点：一是需要设计师考虑到包装的易用性原则，简化包装的拆分方式，增强用户与包装的互动体验感；二是需要在包装表面标注清楚后续重构方式的说明，以便更好地实现包装后续重构功能并达到更好的效果。

2. 后续收藏功能的开发

在现代产品包装的开发设计中，品牌为推广高端产品理念，促进市场营销，会从消费者对产品的个性需求出发，推出极具特色的限量款产品包装。特别是针对各大知名品牌的高端产品来说，如酒水茶饮、护肤彩妆、服饰衣物等，其产品本身价值不菲，以高端市场为主，通过产品包装的个性化定制设计，使其具有收藏价值。因此，我们对现有市场上具备收藏功能的包装进行研究，发现其侧重点是对包装的外观形态或表面装潢进行设计，特别是根据包装的材质、结构等进行预先设计，用户使用完产品后，根据包装上的引导信息，进行再次使用且具有装饰意义的功能。[①]简言之，包装在一次使用过后可作为装饰品摆放或收藏于家中，使其功能得到延续的再次利用型包装，以此满足用户的审美需求。

因此，我们将具有后续收藏功能的理念应用在可替代性塑料包装设计中，并结合现有市场对产品包装的收藏功能细分为视觉装饰收藏功能、材质装饰收藏功能及造型装饰收藏功能三种类别。其中，视觉装饰收藏功能主要表现为包装可以利用一定的视觉元素装潢包装表面，使其具备独特有趣的内涵，其创意形式异于普通包装，能够满足用户的美学求异心理。例如轩尼诗与世界知名先驱街头艺术家Felipe Pantone合作打造的这款珍藏版轩尼诗酒包装（如图3-16所示），外包装采用纯白色的PET盒子，当消费者将盒子内的酒瓶及内核的波纹网状杆取出后，可排列组合在纯白色的PET盒子上方，从而与酒瓶共同创造出属于消费者自己的艺术雕塑作品并典藏于家中，实现塑料包装后续的收藏价值。造型装饰收藏功能主要是利用包装独特的结构与造

---

① 张郁：《包装产品化设计研究》，硕士学位论文，湖南工业大学，2015年。

图3-16　轩尼诗珍藏酒包装

图片来源: https://www.163.com/dy/article/

G7PTQKl80512830U.html。

型，使其具备一定的收藏意义。例如这款饮品包装（如图3-17所示），其底座带有韵律的线条造型，提升了包装外观造型的形式美感，当其内部产品使用完毕后，包装可作为花瓶收藏在家中。材质装饰收藏功能在可替代性塑料包装设计中并不常见，它可对塑料材料进行工艺处理，增加包装表面的肌理感，并搭配视觉与造型装饰功能，使包装具备一定的美学理念，从而被消费者喜爱并收藏。

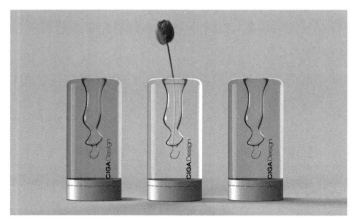

图3-17　饮品包装

图片来源: https://zhuanlan.zhihu.com/p/371763108。

　　包装后续收藏功能开发中，需要设计师在前期对产品理念进行很好的分析与归纳，将产品理念通过包装的造型、视觉及材质传达出来。[1]此外，后

————————

① 刘兵兵：《现代包装的功能延展设计研究》，《包装工程》2012年第6期。

续收藏功能有别于其他包装功能的延伸，其主要侧重点是包装需要具备一定的收藏价值，而对于可替代性塑料包装来说，在满足同成本与同效用的状态下，通过后续收藏功能来延长塑料包装的使用寿命，这就需要我们一方面从包装本身的表现形式出发，利用包装本身的形式美来激发用户的收藏欲望；另一方面我们可以从用户的求异心理出发，通过某种限量销售形式，使包装市场出现"供不应求"现象，刺激用户的收藏欲望。总而言之，后续收藏功能可以使产品包装在使用完基本的物质功能后可作为装饰品，刺激用户的审美诉求和求异心理而进行收藏。

3．后续收纳功能的开发

所谓"后续收纳功能"，是指产品包装在完成基本保护产品、方便运输及促进销售等功能后，其外部结构与材质、内部容量等可满足用户对收纳功能的需求。具体来说，包装的后续收纳功能是其在完成内部产品的使用阶段之后，对一次性使用包装的丢弃、可重复使用产品的放置等后续行为的辅助功能，[①]旨在通过对用户使用后的收纳需求，着重关注包装、产品及用户三者之间的关系，改善传统包装用毕即弃的现象。因此，后续收纳功能的开发具体是一种使用后行为延续的辅助功能。

对可替代性塑料包装来说，研究其后续收纳功能的开发，对塑料包装使用的可持续发展是一件极为重要的事情。传统塑料包装在用毕即弃现象发生后，对环境造成的污染问题严重，废弃物堆积所造成的回收压力也难以解决。为了改变这一现状的持续不良影响，可通过对塑料包装的后续使用功能进行研究，延长该类包装内部产品使用完毕后的生命周期，增加包装的功能价值。[②]此外，通过市场调研分析，日常生活中绝大部分具备收纳功能的产品包装，均以玻璃和食品级塑料为主。针对该现象，我们提出对塑料包装后续收纳功能的开发设计，特别是对食品级塑料包装的后续功能来说，其包装

---

① 文娅茜：《产品包装的后续功能设计研究》，硕士学位论文，湖南工业大学，2015年。
② 孟迪：《基于视觉传达设计中包装延伸功能设计及应用研究》，硕士学位论文，东北电力大学，2019年。

本身材料以食品级为主，具备一定的安全性，因此，当该类包装使用完毕之后，用户可对其内部进行清洁，待晾干后，可存放日常生活中所需收纳的产品。例如，农夫山泉婴儿饮水瓶包装（如图3-18所示）便是我们日常生活中常见的具备简易收纳功能的包装，当包装内部产品使用完毕后，包装可盛装谷物食材，起到一定的收纳作用，具有良好的循环再利用功能，减少了塑料包装废弃物的产生。这款REUSE灯泡包装（如图3-19所示），其材料也是以塑料为主，但为了展示塑料的收纳环保功能，设计师在该包装上增加再利用收纳案例的提示，以便于消费者后期使用。

图3-18　农夫山泉婴儿饮水瓶包装

图片来源: https://www.xiaohongshu.com/discovery/item/601013fc 000000000100ae01。

图3-19　农夫山泉矿泉水包装

图片来源: https://www.sohu.com/a/270459795_285010。

除此之外，收纳不仅是单纯的存放谷物，还可成为食物托盘。例如这款来自MATARA的矿泉水瓶包装（如图3-20所示），也很好地诠释了包装的后续收纳功能。它将瓶身设计成多边形扁平形态，将其放入冰箱内冻住，可成为一个冰质托盘，在一定程度上发挥了食物保鲜的作用。

图3-20　Matara矿泉水

图片来源: https://36kr.com/p/1083630769504516。

后续收纳功能的开发对材料选择的要求性较高，常以耐用性、环保性及稳定性材料为主，用以替代塑料包装。需要注意的是，后续收纳功能在设计过程中需要通过可复用的材料进行替代，来增加包装的循环使用次数，这里还包括对包装辅助物进行替代，使其具备多次使用的标准。

4. 后续娱乐功能的开发

后续娱乐功能是一种较为常见的功能开发形式。它通常是在包装的基本功能基础之上，为增加包装与消费者之间的交互行为，创造出使用户愉悦的使用体验和情感共鸣而被开发出来的一种功能形式。[1]具体来说，通常是指用户在使用完产品后，利用包装的容器或是其一部分装置使包装具有娱乐功能。[2]因此，后续娱乐功能在包装设计中的应用，一般具有明显的个性化特征，其主要的目标人群也多为儿童及年轻群体。

但是，与传统包装中的后续娱乐功能开发有所不同的是，"限塑"背景下的塑料包装后续娱乐功能开发不一定局限在包装使用完基本功能以后发挥其功能作用，它可贯穿于包装使用的三个阶段，即使用前的后续娱乐功能、使

① 孟迪：《基于视觉传达设计中包装延伸功能设计及应用研究》，硕士学位论文，东北电力大学，2019年。

② 文娅茜：《产品包装的后续功能设计研究》，硕士学位论文，湖南工业大学，2015年。

用时的后续娱乐功能及使用后的后续娱乐功能。首先，使用前的后续娱乐功能，它是用户在购买产品后到使用前这一过程中，包装能够满足用户的娱乐需求的辅助功能。例如，三得利矿泉水推出的一款猫爪弹球瓶盖（如图3-21

图3-21　猫爪弹球瓶盖

图片来源: https://www.sohu.com/na/432725113_323203。

所示）。该包装将瓶盖作为玩具进行设计，用户只需在购买产品后便可与包装瓶盖进行互动，增加了包装的趣味性。其次，使用时的后续娱乐功能，主要是指用户在使用产品过程中，包装具备除基本功能的玩具功能，满足用户对产品互动体验的潜在需求。例如，这款专为儿童设计的沐浴露包装（如图3-22所示），在具备承装洗护产品的同时，增加了包装的趣味性玩具功能，使包装在使用过程中也可作为玩具在特定环境下与儿童进行互动，从而扩展了洗护包装的功能。最后，使用后的后续娱乐功能，具体是指包装在使用完内部产品后到丢弃前这一阶段内，通过预先设

图3-22　儿童沐浴露包装

图片来源: https://www.163.com/dy/article/FNP59U4F0519JMMB.html

计好包装的娱乐功能，使包装继续作为玩具被使用。如图3-23所示，该款药瓶望远镜包装前期可作为保护药瓶的传统药盒包装，待内部产品使用完毕后，包装可作为简易的望远镜玩具，发挥其自身的娱乐功能。

　　需要注意的是，后续娱乐功能的主要目的是满足包装的可持续发展与减

塑需求，因此，包装的后续娱乐功能可贯穿包装的全生命周期，这里包括使用前与使用时的后续娱乐功能。

图3-23 药瓶望远镜设计

图片来源：http://www.visionunion.com/article.jsp?code=201604230017。

5. 后续有条件降解功能的开发

后续有条件降解功能是包装整体功能延续的一种极为特殊的功能形式，与其他功能延续的方式相比，包装会经历一个从有到无的过程，而该过程的发生主要是依托材料本体的可降解特性或是结合其他相关材料来实现的。[1]后续有条件降解功能，通常需要材料本身的降解性能与外部条件的调节作用下，二者产生相应的反应，来实现降解功能。这里的外部条件通常包括水、温度、阳光、微生物等，当包装在具备这些条件状态时，包装材料才会发生降解反应。因此，利用水、温度、阳光、微生物等因素，可以有针对性地对后续有条件降解功能的包装行为进行调控。此外，后续有条件降解功能的开发，需要对包装前期预先设定好降解方式与降解条件，当包装本体在使用完毕后，可通过对外界条件的控制，使包装本体具备某种降解特征，以代替人在包装使用过程中的部分行为步骤，进而实现一些后续的特殊功能，[2]如种植功能、定量投放功能、辅助洗护功能及可食用功能等，以减少包装废弃物造成的环境污染问题。

---

① 张艳琦：《智能材料型包装的视觉形态与审美特征研究》，硕士学位论文，西北大学，2021年。
② 庞传远：《材料智能型包装设计研究》，硕士学位论文，湖南工业大学，2019年。

（1）种植功能

后续有条件降解功能的种植功能是利用包装材料自身的降解特性，预先对包装功能进行设计，将作物种子提前嵌入包装内，待包装使用完毕到被抛弃前，消费者将其埋入土壤中，并利用一定的条件状态与包装之间发生降解反应，此时包装内的作物种子会随着降解结束后显露在土壤中，最终可生根发芽。[①]该功能使包装经历了一个从有到无的状态，有效地解决了包装后期回收的复杂问题。例如，希腊设计师 George Bosnas 设计的一种具有生命力的可降解鸡蛋包装（如图3-24所示），这款包装采用可降解材料制成，其中包括净化处理后的透明纸浆、面粉、淀粉和生物种子等。设计师在设计初期就对其时间的延续形式进行设计规划，通过对包装内部喷洒水分，待数日后，可直观呈现出鸡蛋包装转变成盆栽的过程，从而使消费者意识到可持续包装的好处。除此之外，这款包装的可降解功能与种植功能结合，使豆类蔬菜通过根瘤固定大气中的氮气，以有效提高土壤肥力，最终提高资源的利用效率。不仅如此，可降解包装在生活日用品中的应用，也尤为常见。例如，来自Pass It On 香薰品牌的蜡烛盖（如图3-25所示），便是采用可生物降解的纸张制作而成，纸张内部嵌入植物种子，并在蜡烛盖上附带压缩后的土壤颗粒，当蜡烛使用完毕后，将压缩土壤与可降解蜡烛盖结合，便可种出小植物。这

图3-24　可持续生物包装 Biopack 鸡蛋包装

图片来源：https://www.xiaohongshu.com/discovery/item/61a5a9960000 000021034c0b?xhsshare=WeixinSession&appuid=5beeebd9b283c90001629315&a pptime=1641147010。

---

① 柯胜海：《智能包装设计研究》，凤凰美术出版社2019年版。

种可降解的蜡烛包装，不仅满足了绿色包装的降解需求，其中的趣味性设计也为消费者带来了与众不同的体验，为可降解材料在包装中的应用形式带来了新的思路。

图3-25　Pass It On可种植香薰蜡烛

图片来源：https://www.xiaohongshu.com/discovery/item/5fffc89600000000 010088bb?xhsshare=WeixinSession&appuid=5beeebd9b283c90001629315&apptime=1641146605。

（2）定量投放功能

定量投放功能是利用包装本身因材料具备有条件降解功能，而提出的一种包装功能形式。它是根据产品特定的使用环境和使用者对产品使用量的需求，可将包装设计成单次使用的样式，以减少包装操作频次，从而有效提高包装产品的利用效率，减少产品使用过程中的浪费现象。[1]例如水溶性薄膜材料包装便为机洗设计提供了一种定量型的洗液产品（如图3-26所示）。该包装在常温无水状态下不会溶解和渗透，额定容量可以清洁一桶衣服，包装遇水即溶无残留，解决了在机洗时洗衣液投放量的问题，避免日常机洗过程中洗衣液的浪费。[2]

（3）辅助洗护功能

辅助洗护功能也是包装有条件降解功能的一种形式，该功能多发生在洗护产品当中。其主要原理是包装材料本身具备一定的洗护功能。待包装内部

---

① 庞传远：《材料智能型包装设计研究》，硕士学位论文，湖南工业大学，2019年。
② 柯胜海：《智能包装设计研究》，凤凰美术出版社2019年版。

图3-26　定量型的洗液产品

图片来源: https://www.maigoo.com/goomai/228759.html。

产品使用完毕后，包装会根据自身特定的使用环境与需求，发生相应的溶解反应，从而延续了包装的洗护功能。[1]例如SOAPBOTTLE液体肥皂瓶包装设计（如图3-27所示），创意触发于每年有数十亿塑料洗发水瓶、护发素管和肥皂分配器等进入垃圾填埋场或是直接被倾倒于海洋中，因此，这一款专门盛放洗液产品的固体肥皂瓶包装被设计出来。该包装瓶内部盛放洗液产品，可供日常的洗护需求，待洗液产品使用完毕后，由固体肥皂制作而成的包装瓶，可被继续使用，直到最终溶解无残留，从而解决了此类产品塑料包装的污染问题。

（4）可食用功能

相较于其他的有条件降解功能来说，可食用功能包装的降解原理主要是通过食用方式使其材料得到分解。具体分析，可食用功能是利用包装材料本身的可食用特性，根据产品特定的使用环境、产品属性以及使用者对产品独特的需求，在包装设计生产初期就利用可食用的材料进行预置的功能设

---

① 柯胜海：《智能包装设计研究》，凤凰美术出版社2019年版，第103页。

图3-27　SOAPBOTTLE液体肥皂瓶包装

图片来源: https://www.puxiang.com/galleries/d7fc954fac6800d7d6ea1dc0f9ea3fa9。

计，待包装在完成基本功能后，消费者可直接食用。[①]但需要注意的是，可食用功能包装中的应用范围较为局限，通常出现在快餐食品包装领域，因快餐属于即时性产品，具有快速供应、即可食用、价格合理等优点，能够很好满足快节奏的生活方式。但又因其供应方式与食用速度过快，从而导致快餐包装的废弃物的大量产生，难以得到有效处理。所以，基于这种问题及情况的发生，部分企业及商家会采用可食用材料应用在快餐食品包装里，消费者可将包装与食品一起食用或是待食品使用完毕后再食用包装，从而有效缓解快餐包装废弃物的产生。例如，KFC推出的一款具有可食用功能的咖啡杯包装（如图3-28所示），就很好地诠释了包装的可食用功能。这款可食用的咖啡杯是采用饼干、糖纸及耐热白巧克力等材料制作而成。从包装外观上来看，与正常纸杯形态一样。但不同于普通纸杯的材料，它是由三层材料设计而成，其中包装的外层是糖纸，而内层是由白巧克力制成，中间层为饼干，内外层用以隔离内装咖啡，以免饼干融化。当杯内注入热饮时，内部巧克力会随着温度的上升逐渐被融化，从而增加了消费者饮用的口感。待内部饮品食用完

① 徐金龙：《胶原纤维可食用膜的机械性能改善策略及相关机制》，博士学位论文，江南大学，2021年。

毕后，可将外包装直接食用，由此包装便不会浪费。这样的可食用功能包装设计不仅满足了消费者的食用需求，还增加了包装的趣味性体验，使包装具备了产品的某种功能特性，延展了包装功能的形式，并为该类包装在应用设计上提供了新的思路。

图3-28　KFC环保咖啡杯

图片来源：https://baijiahao.baidu.com/s?id=1633305628121577162&wfr=spider&for=pc。

三　方式替代与包装创新

方式替代的侧重点主要是以人们在日常生活中对塑料包装的使用行为为导向，通过对传统塑料包装的使用方式、生活方式、购物方式及销售模式等进行改变，利用可循环使用的包装、无包装形式、可替代包装的产品包裹包装或者特定的包装装置等，来替代人们对塑料包装的使用，改变传统塑料包装的应用方式，实现塑料包装的可持续发展。[1]此外，设计界为了优化包装方式，减少包装污染，提出"零包装"设计的概念。因"零包装"旨在从包装设计源头解决包装污染问题，力求节省自然资源及保护环境，尽可能从设计环节创造一种包装用完之后不产生任何垃圾，对环境不造成任何污染的理念的包装方式。[2]同时，"零包装"只是一种相对的概念，更多的是提倡人类

---

[1] 胡飞龙：《可持续发展理念下的现代包装设计研究》，硕士学位论文，云南大学，2019年。
[2] 景京：《零度包装》，《包装工程》1990年第2期。

要积极寻求解决包装和环境之间的矛盾，实现人、自然、产品、包装和谐相处。[①]因此，将方式替代与"零包装"结合，改变传统塑料包装方式的单一形式，使塑料包装在方式替代与"零包装"设计理念下，提升包装利用效率，减少塑料包装废弃物的产生。具体来说，即是从包装设计顶层的行为利用进行重新架构，研究出一种行为方式，使包装在使用完后尽可能地不产生包装废弃物，并让其所对应的包装替代传统的塑料包装，从而解决包装浪费的问题。

（一）使用方式变革与"零包装"设计

使用方式变革与"零包装"设计，是指将塑料包装的研究重心定位在消费者的使用方式上，消费者在使用包装过程中，会根据自身行为习惯、使用情景、功能需求等因素影响包装的应用情况。[②]例如，长跑运动员在跑马拉松时与他学习状态下对矿泉水包装的使用方式不同，跑马拉松时的运动员对包装开启方式的便捷性要求更高，同时为了更快进入运动状态，在饮水完毕后会将包装直接丢至路边，丢弃后的矿泉水包装会造成废弃物堆积影响环境。而对学习状态下的饮水方式则更为平静，通常是开启瓶盖后根据具体需要分次将瓶内矿泉水饮用完毕，而后再丢弃，但在这一过程中，消费者有更加充足的时间应对包装开启的难易程度，同时也有时间在使用完毕后将空瓶丢至垃圾桶内。因此，两种不同情况下的饮水方式，所对应的包装使用需求是不同的。有鉴于此，我们通过对消费者使用包装时的情况变数进行研究，寻找与之对应的可持续包装使用方式，并根据其方式针对性地提出具体的满足功能诉求的包装，以此达到避免塑料包装用毕即弃现象的发生。

针对上述情况，来自英国的 Rodrigo Garcia Gonzalez，Guillaume Couche 和 Pierre Paslier 三人所设计的 Ohoh 可食用水包装就很好地诠释了消费者在运

---

① 柯胜海：《基于二维码技术的电子商务"零包装"设计研究》，《包装工程》2013年第8期。
② 李佩：《"零包装"及其设计研究》，硕士学位论文，湖南工业大学，2010年。

图3-29　Ohoh可食用水包装

图片来源：https://www.sohu.com/a/
140169672_782465。

动状态下对传统塑料矿泉水包装使用方式的变革（如图3-29所示）。设计师针对具体的消费人群及其影响包装应用方式的因素进行分析，考虑到运动员在运动时需要更加快速的包装开启方式，同时按照运动员标准的饮水摄入量需求，对普通矿泉水瓶包装进行改变，设计成利用薄膜包裹内部矿泉水的一个独立包装，运动员在使用过程中，无须手动开启，只需轻咬开最外层薄膜便可进行饮用，同时其独立的个体包装设计，使其摄入量有明确的标准，避免了运动时过度饮水造成的危险。此外，因外层薄膜材料为可降解材料，待消费者饮用后可直接丢弃并自行降解。这种包装设计使传统矿泉水的饮用方式发生变化，并替代了传统矿泉水瓶包装，在一定程度上减少了塑料包装的应用，同时材料的可降解也实现了包装的"零浪费"。[1]

（二）生活方式变革与"零包装"设计

在限塑政策与绿色包装理念的推动下，人们的生活方式发生着巨大变革。传统塑料包装虽然给人们日常生活带来便利，人们也因塑料包装的优势众多而无法摆脱对其的依赖，但随之也会造成一系列的环境问题，如塑料包装废弃物的产生、塑料包装废弃物的回收问题及塑料包装难降解等。因此，为了缓解人们在日常生活中对塑料包装的依赖，从消费者对塑料包装使用的具体生活方式出发，根据特定的生活场景、使用人群、使用方式进行分析，寻找与之对应的可以满足消费者生活需求的塑料包装替代品，来辅助消

---

① 范瑞瑞：《可持续发展理念下的"零包装"设计研究》，硕士学位论文，武汉纺织大学，2021年。

费者满足包装的使用需求。[①]例如，在传统生活方式中，消费者若是想品茶，就需要有特定的品茶环境，同时品茶器具也要齐全，再结合沏茶功夫，如滚杯、洒茶、点茶等复杂程序才能实现品茶需求，但这些因素致使品茶的范围受到了限制，消费者无法随时随地享受茶文化。特别是在快节奏的生活状态下，年轻人渴望更加缓慢的生活节奏，而品茶作为一种慢节奏的生活方式，也逐渐备受消费者的喜爱，成为一种仪式感。因此，饮茶不再只是小部分人群的事情，其受众群体逐渐年轻化，且饮茶方式也逐渐常态化。但市面上所呈现的茶类包装，其侧重点仅在于满足储存及销售功能上，无法通过包装来满足消费者对功能和生活方式的需求。因此，为了满足消费者的茶文化生活方式，使他们不分时间和地点都能品茶，我们对消费者的品茶需求进行分析，寻找与之对应的茶包装，并优化其包装使用方式，使包装自带"氛围感"，以此来满足消费者的生活需要。

针对上述情况，茶会盒子所设计的一次性泡茶杯包装（如图3-30所示），就从消费者的生活习惯出发，具体分析了饮茶场景、饮茶人群、饮茶方式等因素，满足消费者随时随地的品茶需求，并对普通茶类一次性塑料包装进行优

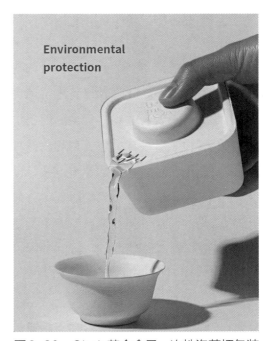

图3-30　Ohoh茶会盒子一次性泡茶杯包装
图片来源：https://mp.weixin.qq.com/s/zjOVGAW0x-_fAsrtID3LbQ。

————————

① 范瑞瑞：《可持续发展理念下的"零包装"设计研究》，硕士学位论文，武汉纺织大学，2021年。

化升级，实现茶包装在生活方式上的变革和"零包装"设计。具体来说，这款包装设计了茶盒、茶盒托、茶盒盖及茶杯，而在茶盒盖上设计有滤嘴，可供消费者在使用过程中，将沏好的茶滤出后进行饮用。而这一过程，包括了泡茶、斟茶，满足了消费者饮茶的仪式感。此外，包装材料以食用竹浆和甘蔗浆料压制而成的纸浆模塑为主，其材料待消费者使用完后可自行降解，实现了包装的"零污染"。同时，包装采用双层设计，避免包装多次使用后出现软塌的情况，实现了包装的循环使用需求，是可持续性生活方式的一种体现形式。

（三）购物方式变革与"零包装"设计

随着限塑政策的严格落实，我们对塑料包装减塑设计的研究，还可以从购物方式的变革与"零包装"设计的角度出发，将设计重心落在消费者的购物方式上，通过对消费者的购物过程、购物需求、购物场景、购物人群及购物行为等进行研究分析，设计出可满足消费者具体购物方式的塑料包装替代制品，以此缓解消费者购物过程中的塑料包装消耗问题。值得注意的是，购物方式与"零包装"设计中所强调的设计理念，并不是让我们在购物过程中完全不需要使用包装，这里的"零包装"设计概念只是相对的，我们对其立意的出发点是指，消费者在购物过程中，通过某种替代性制品来取代塑料包装的购物行为，而这一替代性制品既不是塑料包装，同时在购物结束后也不会产生塑料废弃物。[1] 例如，消费者在超市或集贸市场购物时，通常会使用商家提供的塑料袋，但这种塑料袋多以超薄塑料袋为主，耐用性差、回收难、降解难成为它的问题所在，且使用后产生的塑料废弃物对环境造成严重污染。因此，我们可以改变消费者在商超或集贸市场的购物行为，提出利用可循环使用的包装袋或是环保包装袋等替代性制品，来取代这种超薄塑料袋，从而缓解购物过程中塑料袋的消耗量过大的情况，同时也有效应对了塑料袋

---

[1] 范瑞瑞：《可持续发展理念下的"零包装"设计研究》，硕士学位论文，武汉纺织大学，2021年。

废弃物对环境的污染问题。

　　针对上述情况，德国的Nautiloop购物袋设计就是从消费者的购物方式出发，通过对消费者在使用塑料袋后随意丢弃所造成的环境污染问题而提出的一种可循环使用的购物袋（如图3–31所示）。设计师针对消费者在购物过程中所产生的一次性塑料袋用毕即弃的现象，以及限塑政策所提出的有偿提供塑料袋等因素进行分析，考虑到消费者在购物时不愿意有偿购买塑料袋，同时又要解决塑料袋污染问题，从而进行的一次性塑料袋优化改良设计，将其设计成体积小巧，重量只有120g，而内部容量可达到5L左右收纳空间的可斜挎式单肩背带型购物背包，这样的设计既有利于消费者携带，又能满足消费者对大容量购物袋的需求。此外，该购物袋有专门的开启结构和收纳结构设计，便于消费者购物后的收纳再利用。而对该购物袋内部材料来说，以高密度尼龙材料为主，并通过铝合金材质提环衔接而成，外部圆盘采用ABS塑料，该塑料具备强度高、硬度大，防摔，抗压等优点，使购物袋达到循环使用的标准。这种购物袋的大胆设想和尝试，切实响应减塑限塑要求，使之成为一次性塑料购物袋的替代品，同时可循环使用的购物袋有效解决了消费者在购物过程中对一次性塑料袋包装的用量问题，实现了包装的"零浪费"。

图3–31　Nautiloop购物袋

图片来源：https://www.sohu.com/a/226638785_544489。

（四）销售模式变革与"零包装"设计

除了上述所谈到的使用方式、生活方式及购物方式的变革外，我们还可从商家及企业销售模式的角度出发，根据消费者的购买习惯、购买需求以及企业商家的销售环境、售后服务、销售对象等因素，分别从线上、线下两个维度来开发新的销售模式。其中，新的线上销售模式将传统销售模式的包装实物剥离成实物与实物信息两个部分，致使产品附属物的原有商品也被分离成了两个相对独立且统一的包装新形式，即为满足物流渠道的包装实物和为实现网络商品信息展示、提高包装附加值的数字化虚拟包装。[①]而线上销售模式下的数字虚拟化包装是通过数字化智能技术，来实现包装信息最初的展示，因此它是实物包装的一种虚拟化形式，通过这种虚拟化方式的呈现实现包装的减量，特别是对塑料包装来说，减少不必要的展示形式，满足了"零包装"的设计需求。例如，消费者通过虚拟现实技术进入包装展示平台，可以直观地从穿戴设备上接受包装造型、装潢、材料以及商品推广的各类信息，[②]无须对塑料包装进行印刷设计，也避免了过度包装，较之传统塑料包装来说具有明显的"零包装"特征。而对新的线下销售模式中，通过对特定的行业或特定的包装类型进行分析研究，使企业或者商家根据所研究内容提供与之相对应的可循环使用包装及配套服务装置，由此让包装实物与产品分离成为相对独立的个体，但又可以依附于商品的包装新形式，即企业及商家在销售过程中，通过一定的计划使包装由"一物一包"转为"多物一包"的形式。具体来说，消费者可通过循环使用包装及其配套服务装置购买所需包装，通过所购买的包装再去获取相应的产品，或是消费者自己携带包装物去购买所需产品，而这种情况下的包装具备多次使用的功能，能够对应与之匹配的多种类商品。特别是对塑料包装而言，通过"多物一包"的销售模式增

---

① 柯胜海：《基于二维码技术的电子商务"零包装"设计研究》，《包装工程》2013年第8期。
② 何青萍：《基于智能包装技术的电子商务减量化包装设计模式研究》，《包装工程》2019年第15期。

加同一包装的用量，以期在一定程度上减少塑料包装的销售和需求。[①] 例如，无印良品为减少塑料瓶的使用，推出了一款由PET材质打造，扁平易于携带的空水瓶包装（如图3-32所示），该包装需搭配饮水机一同使用，消费者通过手机查找就近的饮水机，用提前购买好的可重复使用的无印良品PET空瓶，到与之对应的饮水机前去盛水，而这样的方式实现了PET瓶的循环使用，使其既可以满足消费者的饮水需求，又能够减少购买其他饮品所获得的包装数量，从而在一定程度上减少了塑料瓶的使用和废弃物的产生。再例如，星巴克咖啡提出的到店自带杯子购买咖啡，这种方式促使消费者携带可再利用包装，在咖啡饮品必须要有盛放容器的条件下减少一次性包装的使用，同时实现多次购买饮品过程中的"零包装"需求，达到了减塑的目的。

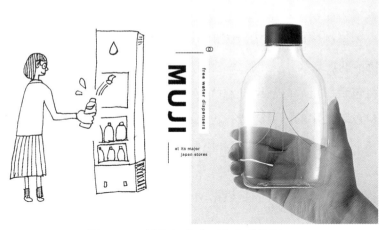

图3-32　液体肥皂分配器包装设计

图片来源：https://new.qq.com/omn/20211118/20211118A03ZUZ00.html。

两种维度下的销售方式改变了传统塑料包装销售形式，通过线上的数字化虚拟包装及线下循环共享包装与自助配套服务装置结合并用的销售方式，使销售模式由现实社会走向虚拟社会，由"一物一包"的销售形式变为"多

① 蒋丹青、吴永发：《地铁站公共空间导向性设计要素的研究——以欧洲部分城市地铁站空间设计为切入点》，《合肥工业大学学报》（社会科学版）2016年第6期。

物一包"的可循环包装销售形式，即从包装实体的减量化出发，实现"零包装"的目标，特别是对可替代的塑料包装来说，其实体减量可以在一定程度上减少包装的应用问题；或是从用量减量化出发，实现包装的多次使用，促进使用过程中的"零包装"和"零废弃"，避免了资源的浪费，特别是对可替代的塑料包装来说，在增加塑料包装使用次数的前提下，达到减塑目的。

四　创意样式替代的开发与设计

"样式"的概念最早源于工艺美术品，旨在工艺美术品所反映的具体的模样和形式，也可以称其为"式样"，它完全是由设计者人为创造出来的，主要目的是追求外观形式和结构。因此，设计中的样式包含范围非常广泛，如造型、装饰、色彩、材质、肌理等多方面。[1]例如，在服装设计中，样式可以称为款式，而到了日用产品中，样式又可以称为式样。随着设计思潮的不断变革，各设计领域中作品的样式也会发生改变，这便引起作品中造型结构和形态特征的更新换代。[2]那么，将样式的概念放在包装设计中亦是如此。当传统塑料包装所造成的污染日益严重，相关限塑政策的不断出台，为了解决当下塑料包装使用的困境，塑料包装在设计与应用上亟须改变，而这也提示我们可从"样式"的角度出发，用样式设计的方法使传统塑料包装更新换代。因此，本节根据特定的时代背景和目的需求，对塑料包装的样式替代的概念进行归纳、总结，具体是根据塑料包装的某一种功能或塑料包装在某一种应用场景中的作用，对塑料包装的材质、装饰、造型、结构等外观形态进行替换，改变它原来的包装形式，使其形成新的包装，且新包装在替换之后仍具有和原塑料包装相同的成本或效用，并符合限塑的基本要求。与此同时，本节还将应用在塑料包装中的样式替代进行划分，具体将从本体材料、结构造型、装潢形式三个角度探索塑料包装的可替代方式，实现塑料包装可持续发展。

---

① 尹定邦、邵宏主编：《设计学概论》（全新版），湖南科技出版社2016年版。
② 刘凯特、Juan Manuel：《中国工业遗址记录样式的比较与设计》，《今日科苑》2022年第3期。

（一）以本体材料为主的创意样式

以本体材料为主的样式替代是指利用新材料或新工艺，使某种材料替代塑料，来增加材料的"效用比"，从而延长包装的使用寿命。在本体材料为主的样式替代中，材料的选择不仅对包装基本功能、包装美感和包装品质有着重要的影响，而且新型环保材料在设计中的应用，同样发挥了举足轻重的作用，引领了新的设计潮流。

以塑料袋的代替品为例。选用布料、尼龙、可降解塑料等材料对传统塑料包装袋进行替代，改变传统塑料袋样式的同时也改变着使用方式。例如，可持续使用的水果网袋（如图3-33所示），设计师改变传统一次性塑料袋的包装形式，采用可拉伸的塑料网袋来包装果蔬食品，其可拉伸的特性增加了包装内部容量，而塑料网袋的设计样式也在生产与使用过程中减少了塑料用量。因此，该包装形式相较之前焕然一新，与可持续发展理念相吻合。除此之外，还包括人们日常生活中所用的环保购物袋（如图3-34所示），该包装采用耐用性较高的尼龙材料去替代传统一次性塑料袋，增加了包装袋的循环使用次数，并通过草莓的造型设计与可收纳、可展开的结构，使包装样式得到创新设计，突破了传统塑料包装单次使用的束缚，也为塑料包装在样式创新上提供了参考依据。

图3-33　可持续使用的水果网袋

图3-34　环保购物袋

图片来源：https://www.puxiang.com/galleries/1095d00ad0f2213ffeac5aaa767e051b。

需要注意的是，这里所提出的以本体材料为主的塑料包装样式替代，虽也是通过环保材料对塑料包装进行替代，但是其侧重点是在塑料包装样式替代上，通过材料的替代，使塑料包装在样式上发生了新的变化，相较上文中所谈及的材料替代侧重点不同。

（二）以结构造型为主的创意样式

以结构造型为主的创意样式是指基于产品形态与结构特点，从包装的保护性、便捷性、展示性等基本功能与实际生产条件出发，对包装结构加以创意样式设计，使包装的外观形式和结构被替换。[①] 相较现代包装设计中的结构造型设计来说，这里的结构造型创意样式设计，主要以那些能够被替代的塑料包装为对象，利用某种结构或者造型设计，在不影响生产成本与功能需求的前提下，使传统塑料包装达到减塑的目的，实现塑料包装的替代开发。

以塑料膜的代替品为例。最典型的就是不可降解的塑料胶带，它在应用过程中需求量大，且使用后不可降解，对行业生态环境保护造成较大压力。因此，在包装中选用拉链式结构、"一体化"包装等样式来替代不可降解的塑料胶带。例如，这款"一撕得"拉链快递纸箱包装（如图3-35所示），采

① 周美丽：《包装形态结构创新方法的研究探讨》，《包装工程》2021年第S1期。

用免胶封口来替代传统的塑料胶带，使封装结构与包装本体形成"一体化"形式，改变了传统快递包装胶带与包装本体的独立样式。与该案例相似的还包括iPhone13系列包装（如图3-36所示）。该包装改变原有的收缩包装方式，减去包装盒最外层的塑封膜，并采用纸质撕拉设

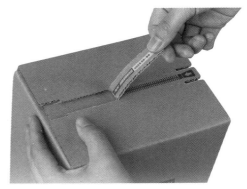

图3-35　"一撕得"拉链快递纸箱包装
图片来源: https://www.yiside.com/llzx。

计进行免胶封装，消费者只需撕掉盒子底部的纸质免胶封口即可。这样的设计极大程度地缓解了塑料胶带给环境造成的压力，同时也为人们的生活带来便利。

图3-36　iPhone13系列包装

图片来源: www.pinterest.com。

（三）以装潢形式为主的创意样式

为解决塑料包装的污染问题，改变传统塑料包装在装潢设计所造成的塑料用量问题，我们提出用新的工艺技术来实现装潢设计上的创意样式替代。装潢设计属于视觉信息传达设计的一种设计方法，它以企业的形象宣传为目的，设计内容包括了色彩、图形、造型、字体、纹样、构图等，通过这些元

素的应用来向消费者传达企业的设计理念和文化内涵。[①]特别是在包装装潢设计中，需要从消费者审美角度出发，设计出符合企业销售需求及消费者审美需求的多元化设计活动。有鉴于此，我们根据相关限塑政策，在对可替代性塑料包装进行装潢设计时，可以利用某些去塑化的工艺技术，辅助包装进行装潢设计，使其既能够符合企业理念和消费者的审美诉求，同时又能够减少包装中塑料的用量，实现包装减塑的环保要求。[②]

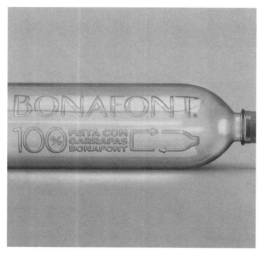

图3-37　Bonafont矿泉水包装

图片来源：www.pinterest.com。

以塑料瓶为例。巴西Bendito Design 设计的一款名为Bonafont（裸体）矿泉水瓶（如图3-37所示），旨在免去瓶身多余的装饰和标贴，采用极简主义的设计风格，利用压膜技术将logo及其产品信息刻印在瓶身上，达到包装装潢的效果。同时，这样的设计方式替代了传统塑料瓶表面的标贴设计，在一定程度上减少了塑料用量，实现了装潢的"零包装"设计。[③]除此之外，这款松山油脂身体乳包装（如图3-38所示），同样创新了传统的塑料标贴设计，改用丝网印工艺，并将产品信息印制在塑料瓶体上，实现了包装减塑的目的。

① 李华杰、武志云、窦煜博：《基于客观生理反应的包装装潢评价机制研究》，《包装工程》2021年第18期。
② 刘勃希、黎英、陈丽莉：《网购包装减量化设计研究》，《包装工程》2021年第10期。
③ 范瑞瑞：《可持续发展理念下的"零包装"设计研究》，硕士学位论文，武汉纺织大学，2021年。

图3-38　松山油脂身体乳包装

图片来源：https://www.suning.com/dgzt/15otmj.html。

第三节
可替代性塑料包装产品化设计的程序与方法

一　设计调研

同其他设计过程一样，可替代性塑料包装产品化设计也需要进行调研，而且相较于传统包装而言，其调研有着更大的深度和广度。设计调研的目的是帮助设计师更好地进行产品定位，以及从调研数据中挖掘用户的需求，最终以可替代性塑料包装产品化的设计方法解决这些需求。

（一）同类产品调研

同类产品调研是指对具有同一属性的相同及相似产品进行调研对比，同类产品一般包括相同产品和相似产品。[1]其中，相同产品是指二者在用途和功

① 徐颖异、吴智慧、XU等：《基于人体工程学的衣柜产品调研与评价》，《家具》2018年第1期。

能上完全相同，而相似产品是指二者用途相同但具体功能有所不同。而同类产品制造时使用的材料和技术也存在一定的差异。[①]因此，此类调研主要可以从以下三个方面入手。其一，产品包装应用领域。针对不同的应用领域，其产品包装风格及需求也相差甚远，此项调研是为了寻找应用领域中需要注意的潜在需求。例如，军事领域的产品包装需要保密性、耐用性强，洪灾中的救助产品包装的潜在需求是耐潮性，震灾中的产品包装需要耐压性，而办公领域的产品包装需求是便捷使用，由此可见，产品包装在应用领域方面调研的必要性。其二，产品包装属性。对可替代性塑料包装产品化设计的属性调研可以寻找到保持产品性状不变的基本要求。可替代性塑料包装产品化设计属性包括物理属性和化学属性。其中，物理属性主要指产品的存在状态，不同的状态意味着包装要根据产品属性进行不同程度的调节，液体、气体、固体等材料的产品对于包装材料和结构的要求各不相同，需要用不同的包装形式满足对应的产品状态。化学属性是指物质在化学变化中表现出来的性质，如酸性、氧化性、稳定性、还原性等。[②]其三，产品包装特殊性。产品包装的特殊性是指此类产品的包装、运输、存放及使用过程中不同于一般产品。对产品包装特殊性的调研，可以防止设计师在设计过程中因为忽略了产品特性而导致设计方案不合理、实际使用效果不佳等问题。

（二）使用对象调研

使用对象调研是调研环节必不可少的一部分。使用对象调研可以帮助设计师更好地了解不同人群的需求，并且从需求出发也更容易找到产品和包装的设计着力点。[③]不同产品的使用对象需求往往存在着一定的差异，针对产品使用对象展开调研为可替代性塑料包装产品化设计定位的确定奠定了坚实的基础。

---

① 王艳：《试析在产品调研过程中用户信息的采集》，《艺术与设计：理论版》2010年第8期。
② 芦宇辰：《面向协作交流的概念图库构建方法研究》，硕士学位论文，南京师范大学，2020年。
③ 姚振强、张雪萍：《机械产品对象的系统性设计策略》，《机械工程学报》2000年第6期。

使用对象的调研也具有多种分类思路。其一，根据使用对象年龄阶段分类。可分为儿童、青少年、青年、中年、中老年、老年等年龄阶段，不同阶段可以根据实际情况进行更精确的分类。每个年龄阶段对于产品及包装的认知、需求各不相同，因此对不同年龄阶段的人群进行系统且具有针对性的调研是使用对象调研中必不可缺的。其二，根据使用对象群体状态分类。目前主要可以分为一般群体和弱势群体。其中弱势群体主要指儿童、老人、孕妇以及残障人士，而一般群体指的是除弱势群体以外的大多数人群。当今社会，人性化设计已经成为评价设计优劣的标准之一，人性化设计体现在满足一般群体使用需求的同时还能符合弱势群体的使用需求，对弱势群体的调研更容易获取弱势群体的产品需求，在产品及包装设计上体现人性化思维，从而提升设计的人文关怀。其三，根据使用对象职业分类。这里的职业可以按照笼统的职业或者精准的职业进行分类，如按大类分类，可分为学生、白领、蓝领、自由职业者等，而特殊职业则必须要精准分类，如医生、军人、消防员、空乘人员等。为获得更为精准的使用对象定位，对使用对象职业的调研是必不可少的。其四，根据使用对象消费水平分类。消费水平的评价分类是一个综合且复杂的过程，不仅要权衡多方面因素，还需要根据实际应用情景进行有依据、有考量的分类。不同消费水平的群体对产品售价的敏感度也有区别，而品牌、质量和功能等侧重点的差异也会影响不同消费水平群体的购买，因此，对不同消费水平的用户进行分类可以针对性地解决当前消费范围内的用户需求。此外，还可根据产品的特殊性进行其他角度的使用对象分类，但使用对象分类不能过多，分类标准也不能过于繁杂，需要根据实际情况进行考量。[1]

（三）用途调研

用途调研是指对产品应用的具体方面、领域范围及使用功能展开调研。[2]

---

① 谭浩、冯安然：《基于用户角色的调研方法研究》，《包装工程》2017年第16期。
② 任英丽、范强：《大数据在产品设计调研中的可应用性研究》，《包装工程》2015年第20期。

对产品包装用途进行调研能够使可替代性塑料包装产品化设计更加合理。因此，对可替代性塑料包装产品化设计用途调研的分类如下所示。其一，物理用途，即包装的保护功能用途，它是包装最基本的用途，在产品流通的任何阶段都需要重视。保护功能可以在产品的运输过程中保护产品不受损坏，降低产品的损坏率，为企业减少损失，给消费者在收取产品时带来安全感。其二，商业用途，即包装的促销功能用途。可替代性塑料包装产品化设计的商业用途主要有吸引消费者、宣传产品信息以及增加产品的附加值。有着出色视觉效果的包装设计，能够提升产品的整体形象，让产品在展示货架上或购物网站上更加夺目，吸引消费者眼球以刺激消费者的购买欲望，使消费者产生购买行为，并同时起到宣传产品的作用，最终使企业产品的经济效益最大化。其三，生理用途，也称为便利用途，其主要体现在使用时的便利和安全上，优秀的设计师在设计包装时会考虑到人体工程学的结构，方便消费者开启、使用及携带。[1]同时，包装的生理用途还体现在产品和品牌的易记识性上，包装中运用的色彩及文字更加醒目，使产品更容易抓住消费者眼球。其四，特殊用途。特殊用途是指可替代性塑料包装产品化设计应用于特殊的领域，其功能用途除了满足一般的基础用途以外还具备满足特殊情况的功能用途。如盲人、记忆力弱的老人等弱势群体、自然灾害环境等，常规的产品包装功能用途不适用于上述情况，针对此类特殊用途展开细致调研对后期的可替代性塑料包装产品化设计起到重要作用。

(四) 成本调研

可替代性塑料包装产品化设计的成本调研是综合、复杂且多样的，成本价值由成本和费用构成，其中，成本属于价值范畴，主要指企业为生产产品、提供劳务而发生的各项耗费，费用是指企业为销售产品、提供劳务等日常经营所发生的经济利益，费用与成本一起组成成本价值的基础。依据不同

---

① 曹恩国、张歆、邓嵘：《基于SET分析法的居家养老交互产品系统设计研究》，《机械设计》2014年第12期。

的需求和角度，成本调研也有各种不同的分类形式。例如产品化包装成本是指企业为生产一定数量、一定种类的产品而发生的各种耗费，其成本主要由产品包装设计成本、产品包装生产成本及产品包装销售成本构成。

产品包装设计成本是指企业设计一款产品包装，从设计开始到完成的整个过程所需投入的成本。[①]实际上是企业在进行设计或者委托他人设计时，根据设计方案中的预选材料、生产工艺、加工技术、产品功能等条件所计算出的成本。产品包装设计成本并不是实际成本，而是一种预估成本，是对后期所需费用的一种预估，其中需要注意的是，企业委托他人所设计的成本需要花费费用。产品包装设计成本的作用十分重要，它能使企业管理人员更加直观地看到后期可能投入的成本，并据此分析产品包装的可行性、经济性及有效性，以便进一步选择是否进行批量化生产销售。

产品包装生产成本也称制造成本，即企业为生产制造产品包装而产生的成本。生产成本主要包括材料费用、制造费用及人工费用这三部分。材料费用是指在生产过程中所需要使用到的原材料的采集及加工费用，通过加工以后使其成为具备形状的产品，让其从原本的单一材料价值提升为作为产品的使用价值。制造费用一方面包括在生产制造过程中所使用的机器设备和辅料费用，另一方面则是对机械设备的维修费用。人工费用是指在生产过程中所耗费的人力资源费用，如生产过程中的劳动者，其费用成本可按照基本工资、奖金及意外伤害费用计算。

产品包装销售成本是指对已生产出来的产品进行销售，所获取的费用成为销售人员的劳务费用及其他销售渠道的业务费用。销售成本主要包括主业务成本及其他业务成本。其中业务成本是指企业雇用员工对已生产产品进行销售所产生的劳务费用。其他业务成本则是指在销售过程中因租借场地、广告宣传等所形成的费用成本。

---

① 刘松洋：《人工智能技术在产品交互设计中的应用研究》，《包装工程》2019年第16期。

二 产品化目标确立

（一）设计定位

"定位"（positioning）一词最早由美国营销战略家艾·里斯于1968年提出，是指让品牌在消费者心目中占据有利位置，从而使品牌成为某特定种类或特性的代表。因此，定位在设计中具有极强的目的性和针对性特征。[1]而在产品包装设计中，企业需要以消费者为中心，考虑目标群体的需求，并结合对产品的特征、营销方式及市场竞争环境等进行分析后，可制定出科学合理的设计规划，将产品的特色、功能、信息等传递给消费者，从而建立其可信赖的心理地位。[2]基于此，在限塑与时代发展的大环境下，为了更好推动包装的可持续发展，有效缓解塑料包装废弃物的产生，实现可替代性塑料包装的产品化状态，就需要企业及包装制造商在对可替代性塑料包装的生产资料、工厂加工设备、技术资金、人员管理等硬件设备和塑料包装造成的环境影响、市场需求、被包装物（产品）特色、消费者调研等软件基础进行综合考察后进行设计定位。因此，开展可替代性塑料包装产品化设计定位可以从品牌定位、消费者定位、产品定位以及综合定位等方面进行研究。[3]

其中，品牌定位是指以品牌为核心的设计表现策略，它主要是以品牌文化及品牌视觉形象为主要的表现策略，主要表现是将品牌的标志、名称、图案及色彩等运用到产品包装的主体画面上，通过提升品牌形象将品牌理念、品牌故事等品牌文化融入产品来使消费者对品牌产品更为信赖和认可，从而促使消费者购买产品的一种策略。[4]

消费者定位是通过对消费群体进行调研，依据消费群体年龄、性别、爱好、购买行为、职业及消费心理等，进一步对消费群体进行细分，并在设计

---

[1] 朱和平：《包装设计》，湖南大学出版社2006年版。
[2] 夏磊：《保健酒包装中的设计定位方法研究》，硕士学位论文，武汉理工大学，2020年。
[3] 综合：《探析包装设计的定位策略》，《中国包装》2022年第5期。
[4] 曾珑、谢思芹：《包装设计定位策略研究》，《大众文艺》2018年第21期。

中突出目标群体的特征，突出针对某一类消费群体的产品功能，使消费者感受到产品的人群针对性，使其产生信赖感。①此外，对消费者群体展开定位，更容易吸引所定位的消费者购买其产品，给消费者在使用产品时带来愉悦感。

产品定位主要适用于产品本身具有一定的独特性，此独特性指的是区别于其他同类产品的特性，主要是通过产品功能、特点、档次等作为设计定位的途径。②具体分类如下：其一，产品功能定位。功能是产品的本质，在产品包装上以功能创新作为设计出发点，能与同类产品拉开差距，并能同时回归消费者的本质需求，促进产品创新。其二，产品产地定位。一般具有地域特色的产品包装会采取此定位策略。不同民族、不同地理环境都有其独特的习俗与文化，例如有些产品在其所在产地由于天然的地理优势使得产品品质优于其他产地产品，通常此类产品以产品产地定位为其出发点，以突出当地的地域文化特色来进行产品包装设计。其三，产品特色定位。产品特色定位是指设计师根据消费者需求，以同类产品的差异性作为设计重点，产品之间的差异性就是产品的特色。产品特色定位以产品创新或产品独特性为核心，让产品既具备实用功能也具备独特点，以满足不同消费群体的使用需求。其四，产品档次定位。产品包装档次定位是指根据不同的消费群体、销售策略及使用目的会形成不同的档次差异，③例如根据产品价值、品牌价值的高低来判定所采用的产品包装策略。

复合定位则是指将以上四种定位方式进行混合应用，将品牌、产品、消费者定位融合、叠加在一起进行复合定位，此定位更具有整体性，在设计中更容易进行整体考虑，但复合定位在具体设计中要有着重点，在考虑整体的基础上进行特征的提炼，使设计定位更加具有针对性。

（二）产品化目标定位

可替代性塑料包装产品化设计的总目标是针对可替代的塑料包装制品，

---

① 任英丽、范强：《大数据在产品设计调研中的可应用性研究》，《包装工程》2015年第20期。
② 综合：《探析包装设计的定位策略》，《中国包装》2022年第5期。
③ 综合：《探析包装设计的定位策略》，《中国包装》2022年第5期。

通过产品化方法设计包装，使包装成为产品的一部分，包装实现附属功能的同时成为产品本体的重要组成部分，并将包装的原本附属属性转化为使用价值，[①]让包装的生命周期得以延长。特别是在新限塑政策背景下，绿色生态成为当今社会共识。为此，通过产品化的设计方法延长包装的使用寿命，改变传统包装用完即弃的缺点，增加包装的使用价值，最终实现绿色生态环保的目标。

需要注意的是，可替代性塑料包装制品在进行产品化目标定位时，不是所有的包装都适合产品化。包装设计中需要对限制条件进行分析，其实就是在可替代性塑料包装产品化设计的过程当中，分析产品的状态、构造、性质、属性和物理、化学、生物性能、流通渠道、销售环境等，以及产品保存的时间长短，使用场所、气候问题，时效性等因素，在对某项可替代性的塑料包装制品进行包装产品化设计时务必要考虑这些限制因素。如多数快销商品并不具备开发可替代性塑料包装产品化设计的意义，还有些食品类的包装需考虑食物卫生安全，其包装材质不可再次利用。因此，细致分析产品的性质、属性、状态等性能了解其优缺点，[②]才能考虑采用相应合理的可替代性塑料包装产品化设计。

三　替换方式的选择与评价

（一）替代方式的选择

替代方式选择的合理性是实现可替代性塑料包装产品化设计的基础，替代方式的选择，即塑料包装寻找替代性设计的方式方法，是塑料包装在生产与制造过程中的前期设计环节，具体来说，它一方面需要基于限塑政策与可持续发展下进行，另一方面需要倚靠市场中的塑料使用调研结果（上文中所谈及设计调研），设计师经综合判断后，选择合适的塑料包装替代方式，让该类包装在同等功效与成本作用下，实现塑料包装替代性设计，最终加快塑

① 张郁：《包装产品化设计研究》，硕士学位论文，湖南工业大学，2015年。
② 张郁：《包装产品化设计研究》，硕士学位论文，湖南工业大学，2015年。

料包装的减塑进程。可替代性塑料包装产品化设计的替代性方式通过深度调查研究，主要有材料替代、功能替代、样式替代、方式替代四种。

材料替代是可替代性塑料包装产品化设计开发过程中常见的一种方法，就是用一种材料取代另一种材料，也是应用最为广泛的一种方法。这种方法在材料工业迅速发展的今天，具有强大的活力。[①]应用不同的材料，赋予产品包装截然不同的外在品质使产品包装的效果发生改变。选择材料替代方式的原因通常包括以下四点：其一，利用新型材料或者新工艺的优点来改善产品包装。[②]其二，改善产品包装使用性能，使其更加牢固且拥有更长的使用寿命。其三，降低产品包装成本增加企业利润。其四，响应政府政策，减少环境污染，保护生态环境。材料替代除了开发利用新材料以外，也可用现有材料进行替换，例如外卖包装使用纸浆模塑替代塑料等。但一般来说，一种材料对另外一种材料的简单替代不会产生优化方案，因为这并不能发挥新材料的全部潜能，[③]因此设计师在设计优化方案时要考虑产品包装的可替代性，在替代材料能够满足降低成本或改进设计的需求时才能选择材料替代方式。

功能替代是指有多种功能方式能够达到同一适用效果，在各种功能中选择一种最适用于应用场合的来替代原本功能，功能替代方式是应用能力较强的一种方法。功能替代可分为局部功能替代和整体功能替代，局部功能替代是指针对产品包装的局部进行功能替代，如对普通包装的开启方式进行功能替代，用拉链等具备循环使用功能的开启方式来替代原本一次性的开启方式。整体功能替代是指将产品包装的整体功能形式利用另外一种功能形式进行替代，例如使用共享快递包装来替代一次性纸箱等快递包装，共享快递包装不仅能保护产品及方便运输，还具备以租代借的功能，其功能优于一次性纸箱包装功能，使其替代更为合理。因此，功能替代的选择需要看产品包装的设计是否合理，产品的经济性、环保性是否满足。

---

① 李兵：《可代替泡沫塑料的纸质包装材料》，《包装工程》2003年第5期。
② 搜狗百科：《材料替代》，https://baike.sogou.com/v72267767.htm，2022年10月13日。
③ 搜狗百科：《材料替代》，https://baike.sogou.com/v72267767.htm，2022年10月13日。

样式替代是指根据包装某一种功能或包装在某一个应用场景中的作用，对这个包装的外观形式和结构等样式进行替换，改变它原来的包装形态，其中包括包装结构造型、装饰、色彩等，从而形成一个新的包装，且这个新包装是符合"限塑令"要求的。此替代方式多针对原产品包装外观较差的情况，通过样式替代的方式更新产品包装的外观使其视觉效果增强，吸引消费者注意力，使产品的经济价值得到提升。

方式替代侧重应用方式，是对人们的日常使用行为、使用习惯、生活习惯、购物习惯及销售模式等方面进行的一种替代方式。它与创意样式的区别在于，样式替代是基于包装本体样式去进行研究，而方式替代是基于包装使用行为去研究。合理地运用方式替代能够优化产品的使用流程，提升产品包装使用的便捷性，提高用户的使用体验感。

（二）效果预估

设计效果的好坏关系产品的销量，会影响企业的效益。可替代性塑料包装"产品化"设计替代方式的效果预估，是指对使用不同替代方式所设计出来的产品包装方案的大体效果进行事前预测评定。准确的效果预估，首先要有明确和合理的评估标准，为了给后续评估工作提供相应的指导。替代方式选择效果预估主要代指对视觉效果进行预估，视觉效果预估特征包括：视觉审美吸引力、信息有效性、可操作性，具体介绍如下。

第一，视觉审美吸引力是指包装吸引顾客目光的能力，而产品包装视觉吸引力的强弱，往往由包装设计的新奇程度、美观程度及周围环境的对比程度决定。可替代性塑料包装"产品化"设计创意造型、色彩对比及装饰图案都能提高包装的视觉效果。视觉审美吸引力是预估可替代性塑料包装产品化设计效果优劣的首要条件，只有具备良好的吸引力以及美观度，才能使包装在竞争中脱颖而出，从而完成进一步的销售目标及传达品牌信息。

第二，信息有效性。信息有效性一般包括两种，一种是实用信息，如产品数量、使用说明、规格、产地等实用性信息，这种信息主要是帮助消费者正确地使用产品。另一种是宣传性信息，例如品牌定位、产品特点、广告标语等，此信息的作用是刺激消费者购买及强化品牌信息。优秀的包装设计上的信息应该是在重要性上有优先顺序，从上述两种信息作用来看，宣传性信息更为重要，更有利于产品的竞争和销售，即能够明确产品定位、刺激用户购买、强化品牌形象信息。因此，判断不同替代方式的设计方案效果优劣也应考虑信息主次分级。

第三，可操作性主要是针对可替代性塑料包装产品化设计功能而言的，产品包装首先要满足最基本的使用功能，如保护产品、储存运输、方便用户使用、安全性和环保性等。优秀的包装，除了具有市场营销功能外，还要具备良好的可操作性能，以保证产品在市场上安全流通和用户便捷使用。

（三）多方案对比评价

多方案对比评价是根据实际情况所提出的多个备选方案，通过选择适当的评价方法与指标，对各个方案的经济效益进行比较，最终选择出具有最佳效果的方案。[①]可替代性塑料包装产品化设计替代方式多方案对比评价的方法与指标，主要包括用户评价、市场评价、效益评价及环保评价。

多方案对比中用户评价主要体现在可替代性塑料包装产品化的替代方式设计能否满足目标用户的使用需求、设计是否符合用户的使用习惯等。用户评价的判断标准和依据以设计调研中的使用对象调研为准，根据对使用对象具体划分展开调研，掌握各类人群的使用需求，进而对多设计方案做出评价。此外，可替代性塑料包装产品化设计除考虑到一般群体以外也要重视弱势群体，要满足弱势群体的使用需求并且方便弱势群体使用，体现可替代性塑料包装产品化设计人性化的设计理念，这也是用户评价的重要标准。

市场评价是指设计方案能否满足市场的需求、顺应市场的发展。市场评价的依据和标准来源于人群需求及价格定位，市场需求与人群需求息息相

---

① 王普红：《投资决策阶段的可行性预测研究》，《中国新技术新产品》2010年第20期。

关，市场由人构成，因此，人群需求是具有相当参考价值的依据和标准。[①]此外，可替代性塑料包装产品化设计方案的价格定位也是影响市场评价的重要因素。可替代性塑料包装产品化价格的高低会影响市场评价，价格过高会降低消费者的购买欲望从而影响市场的接受度。因此，可替代性塑料包装产品化设计方案与传统包装设计方案的差异不宜过大，应采取可替代性塑料包装产品化设计成阶段性的优化与改进。

效益评价能够判断可替代性塑料包装产品化设计方案是否有助于促进企业发展，是多方案对比评价中一项重要的评价标准。效益评价包含品牌效益及经济效益。随着经济的发展，品牌已作为一种无形资产，成为产品甚至企业区别于其他产品和企业的标志，它代表了一种潜在的竞争力和获利能力。因此，品牌所引发的效益越来越大，其作用也越发重要。[②]品牌效益的判断标准是设计师在采用可替代性塑料包装产品化设计方案后能否使其在传统包装中更具吸引力，从而提高产品及企业的价值。经济效益是指可替代性塑料包装产品化设计方案所带来的经济价值，若可替代性的塑料包装进行产品化设计后其利润高于传统包装，则说明可替代性塑料包装产品化设计方案具备可实施性。

随着社会污染的加重，人们的环保节能意识也不断提高，绿色环保已经成为一种趋势。可替代性塑料包装产品化设计也不例外，包装在给人们生活带来便利的同时，其整个使用周期所产生的废弃物以及过度包装对资源的浪费，已引起人们的重视。因此，环保评价也是可替代性塑料包装产品化设计多方案对比评价中不可缺少的部分。从环保评价的角度分析，首先，应该考虑可替代性的塑料包装在进行包装产品化设计时所使用的材料是否环保。其次，要考虑可替代性的塑料包装在进行包装产品化设计时，是否满足低消耗高功能，如实施可重复使用设计方案，可重复再利用降解材料。最后，判断

① 曹华林：《产品生命周期评价(LCA)的理论及方法研究》，《西南民族大学学报》（人文社会科学版）2004年第2期。
② 马超民：《产品设计评价方法研究》，硕士学位论文，湖南大学，2007年。

产品包装管理模式是否环保合理，包装在生产加工、流通储运、陈列销售、回收利用的过程中要消耗大量的资源，为此，在对可替代性的塑料包装进行包装产品化设计方案时应该选择智能化运营管控模式，并将人力物力降到最低，以此来减少对资源的浪费。

四　包装本体设计创新

在设计调研、产品化目标确立及替换方式的选择与评价之后，就是包装本体的设计创新环节。可替代性塑料包装产品化本体的设计主要可以从四个方面进行，即材料选择、结构与造型设计、展开图的"二次"设计转化以及装饰方案的选择性设计，从而实现产品化包装设计的相关功能。

（一）材料选择

材料是组成可替代性塑料包装产品化设计最重要的因素之一，它不仅是可替代性塑料包装产品化的物质载体，而且是体现设计思维的物质基础，此外，合理地选择材料是保障可替代性塑料包装产品化功能深入的前提条件。不仅如此，包装材料还关系产品整体功能、经济成本、加工工艺以及废弃物处理等多方面问题，因而在包装本体设计创新中具有重要的作用。因此，在保证包装功能的基础上，可替代性塑料包装产品化的材料选择应该具备以下性能。首先是物理性能，包括耐热或耐寒性、阻气性或透气性、阻隔性及稳定性等。其次是化学性能，包括耐侵蚀性能及在特殊环境中的稳定性等。最后，适当的机械加工性能也是必不可少的，其包括抗压强度、拉伸强度等。此外，经济性能、安全保护性能以及环保性能也是可替代性塑料包装产品化材料需要具备的性能。

材料作为可替代性塑料包装产品化设计的"纽带"，材料选择是否得当关系整个包装系统的运转，在设计中材料的选择应用需要遵循以下原则。

第一，材料的选择需要与绿色发展理念相契合。包装的绿色发展理念，一直是包装设计发展最基本的原则。而材料的选择使用，直接关乎包装对环境的影响，我们在设计时应最先考虑包装材料的环保性。因此，在可替代性塑料包装产品化设计材料的选择中应首先考虑生态环保材料。生态环保材料是指能再生、可降解的，能够循环使用且在产品包装的生命周期中不对环境及人体造成危害的材料。生态环保材料可大体分为三类：首先是可重复利用材料，再生利用是解决固体废弃物的好办法，此材料也是现阶段发展生态环保材料最切实可行的一种，可重复利用材料有纸浆模塑、玻璃、金属、植物纤维等。其次是可降解材料，可降解材料可广泛应用于食品包装、周转箱、工具包装等，[1]可降解塑料包装材料既具有传统塑料的功能和特性，又可在完成使用寿命以后，在自然环境中分裂降解还原，最终重新进入生态环境中，可降解材料主要有生物降解塑料、光降解塑料、生物分裂材料等。[2]最后是天然生态材料。目前，化学加工包装材料的废弃物已成为污染环境的主要因素，且由于能源消耗大导致生产成本高。[3]而用天然生态材料制作而成的包装，能够在自然环境中迅速分解，不污染环境且生产成本相对较低，天然生态材料主要包括木材、竹编、木屑、柳条、稻草、秸秆等植物。

第二，材料的选择要与生产成本相协调。包装材料的选择是影响包装生产成本最关键的一项，不同材料的价格相差悬殊，相同材料的用料、大小、薄厚、工艺等不同也会影响可替代性塑料包装产品化设计的生产成本。在一个包装上价格相差不多，但是如果生产数量达到一定规模，生产成本也会暴涨。因此，可替代性塑料包装产品化材料的选择需要考虑到生产成本因素，材料选择的合适与否会直接影响成本价格，进而影响企业与消费者，导致连锁反应。

第三，材料的选择要与可替代性塑料包装产品化设计功能相匹配。材料的精确选择对可替代性塑料包装产品化功能的实现非常重要，材料选择需要与目标功能相契合。例如，具有后续收藏功能的可替代性塑料包装产品化最主要的

---

① 吕宏、李捷、尹红等：《包装的必然趋势——绿色包装》，《印刷世界》2003年第3期。

② 倪晓娟：《低碳经济下食品包装的发展方向》，《上海包装》2010年第5期。

③ 戴宏民、戴佩燕：《绿色包装发展的新趋势》，《包装学报》2016年第1期。

功能就是包装可作为装饰品收藏在家中。种植功能的可替代性塑料包装产品化的首要任务就是利用包装材料的降解特性，在包装使用完成后可以种植植物，解决包装回收问题。共享物流包装最主要的功能就是保护产品、方便运输及循环使用。药品包装最主要的用途就是保护药品，阻隔气体液体，防止药片损坏及方便用户使用。因此，我们在选择可替代性塑料包装产品化材料时，应根据可替代性塑料包装产品化的功能用途，对不同的材料进行对比分析，选择合适的材料。此外，由于有些类型的可替代性塑料包装产品化具有特殊性，为此需要结合多种材料进行使用，以满足可替代性塑料包装产品化设计功能要求。

第四，材料的选择还需与消费者审美相匹配。可替代性塑料包装产品化设计的服务对象是人，站在消费者的角度，包装的材料能为消费者带来视觉与触觉的多重感受，能为消费者带来更多的体验，这样更容易得到消费者的青睐。因此，我们在选择可替代性塑料包装产品化材料时，要分析目标群体的审美，从而选择出更具有吸引力的可替代性塑料包装产品化材料。

第五，材料的选择还需要与产品特性相匹配。外部材料特性可直接体现内部产品特色。材料与产品特性相符，能方便消费者更好了解产品，使消费者直观地感受到产品的特性作用，更快吸引有购买需求的使用群体。所以我们在选择材料时要对产品特性做深入的调查，以便选择出更贴合产品气质的材料。相关包装材料选择及其性能比对情况，如表3-3所示。

表3-3　　　　　包装材料选择及其性能比对

材料类型	常用品种	应用形态	优点
纸材	①白卡纸 ②胶版印刷纸 ③普通食品包装纸 ④牛皮纸 ⑤厚纸板 ⑥标准纸板 ⑦瓦楞纸板	①瓦楞纸箱 ②瓦楞纸盒 ③平板纸盒 ④纸袋 ⑤纸杯（碗） ⑥纸罐 ⑦纸筒	①原料来源广泛，价格低廉 ②具有一定的刚度和强度 ③具有良好的弹性和韧性 ④具有优良的印刷适应性 ⑤具有较好的耐热性 ⑥质轻可折叠，节省储运空间 ⑦加工方便，适应性能好

续表

材料类型	常用品种		应用形态	优点
纸浆模塑材料	①纸浆材料 ②甘蔗纸浆材料 ③麦草纸浆材料 ④竹浆材料 ⑤木浆材料 ⑥芦苇浆材料 ⑦棕榈浆材料 ⑧瓜藤浆材料 ⑨棉秆浆材料		①高档纸塑工包 ②普通工包 ③食品包装 ④农用包装 ⑤医疗药品包装 ⑥一次性包装 ⑦运输包装 ⑧缓冲包装 ⑨礼品包装	①原料来源广泛，价格低廉 ②材料可降解 ③废弃后可重新打浆再生产 ④具有优良的印刷适应性 ⑤具有较好的透气性与吸潮性 ⑥质轻可堆码，节省储运空间
塑料	①聚乙烯 ②聚丙烯 ③高密度聚乙烯 ④低密度聚乙烯 ⑤亚克力有机玻璃 ⑥聚酯 ⑦聚碳酸酯		①塑料薄膜 ②塑料箱 ③塑料瓶 ④塑料桶 ⑤塑料袋 ⑥塑料网 ⑦泡沫塑料	①透明度好，内装物可以看清 ②具有一定的物理强度 ③防潮、防水性能好 ④耐药品、耐油脂性能好 ⑤耐热、耐寒性能良好 ⑥耐污染，包装卫生 ⑦适宜于各种气候条件
可降解塑料	①生物降解塑料	①PLA聚乳酸 ②PBAT脂肪族-芳香族共聚酯 ③PGA聚乙交酯 ④PCL脂肪族聚酯 ⑤PPC聚甲基乙撑碳酸酯 ⑥PHA聚羟基脂肪酸酯 ⑦PBS聚丁二酸丁二醇酯 ⑧纤维素、淀粉、壳聚糖等天然聚合物塑料 ⑨蛋白质塑料薄膜 ⑩复合生物塑料	①可降解塑料薄膜 ②可降解塑料箱 ③可降解塑料瓶 ④可降解塑料桶 ⑤可降解塑料袋 ⑥可降解塑料网 ⑦可降解塑料电子产品包装 ⑧可降解塑料食品包装	①材料绿色环保，可降解 ②具有一定的物理强度 ③防潮、防水性能好 ④耐药品、耐油脂性能好 ⑤耐热、耐寒性能良好 ⑥耐污染，包装卫生 ⑦材料物理性能可以取代石油基质塑料
	②水解塑料 ③热氧降解塑料 ④光降解塑料 ⑤堆肥塑料			

材料类型	常用品种	应用形态	优点
金属	①低碳薄钢板 ②镀锌薄钢板 ③镀锡薄钢板 ④镀铬薄钢板 ⑤铝板 ⑥铝箔 ⑦镀铝薄膜	①集装箱 ②钢桶 ③钢箱 ④饮料罐 ⑤药品管 ⑥牙膏管 ⑦衬袋	①机械性能优良、强度高 ②加工性能优良 ③具有极优良的综合防护性能 ④特殊的金属光泽，易于印刷装饰 ⑤材料资源丰富，能耗和成本低，具有重复可回收性
玻璃	①钠玻璃 ②铅玻璃 ③硼硅玻璃	①玻璃瓶 ②玻璃罐	①具有优良的化学惰性和稳定性 ②具有优良的光学性能 ③具有低膨胀性和耐高温
陶瓷	①陶器 ②瓷器	①陶器瓶、罐 ②瓷器瓶、罐	①优良的耐热性、耐火性和隔热性 ②具有耐酸性和耐药性
天然材料	①木 ②藤 ③草 ④叶 ⑤竹 ⑥茎 ⑦壳	①工艺品包装 ②礼品包装 ③运输包装 ④一次性包装 ⑤天然绿色包装 ⑥隔热包装 ⑦缓冲包装	①就地取材，绿色环保 ②成本低廉，易于加工成型 ③优良材料特性，保护性能好 ④材料功能用途广泛

（二）结构与造型设计

结构与造型相辅相成，包装结构与造型是形成可替代性塑料包装产品化设计实体和实现可替代性塑料包装产品化功能的重要组成部分，其与包装材料、包装装饰等内容紧密相连，一同实现可替代性塑料包装产品化设计的整体功能。

从广义上讲，包装结构是指包装设计产品的各个有形部分之间相互联系、相互作用的技术方法。[1]从设计层面上来讲，包装结构是指基于科学原

---

[1] 龙婷：《基于用户体验的智能日化产品包装设计研究》，硕士学位论文，湖南工业大学，2016年。

理，根据产品的形态特点等要求，从包装的安全性、便捷性、展示性、环保性等基本功能和生产情况出发，运用不同材料及成型方法，对可替代性塑料包装产品化的内外结构所进行的设计。可替代性塑料包装产品化结构设计从目的上讲主要解决经济性和科学性，在设计的功能上主要体现环保性、安全性和易用性，此外还需要体现展示性。[①] 其中，经济性是指通过包装结构的合理巧妙设计来减少材料成本，降低材料消耗。科学性是指可替代性塑料包装产品化结构设计应用正确的设计方法及加工工艺，使结构设计标准化、通用化和系列化，符合法律法规，使可替代性塑料包装产品化设计适合批量生产。环保性是指响应政府政策要求，通过结构设计节约资源减少可替代性塑料包装产品化的污染问题，促进可替代性塑料包装产品化设计的绿色生态化，可替代性塑料包装产品化结构设计对于包装的减量化、无害化起到作用。安全性是指可替代性塑料包装产品化结构设计要保证内置物品在运输等过程中不被损坏，它既包括对内置物品的保护，也包括对可替代性塑料包装产品化本身的保护，即可替代性塑料包装产品化结构设计应具备足够的强度和稳定性能，在流通过程中可承受外界的各种作用及影响。易用性是指可替代性塑料包装产品化结构设计要运用人体工程学，充分考虑到人体的结构尺寸以及人的心理、生理因素。例如，小巧便携、易于拿握的包装能使消费者携带方便；易于搬运的包装可以降低工人的疲劳。展示性是指可替代性塑料包装产品化结构设计要使包装具备明显的辨别度，以此在商场中以自身的特点使消费人群迅速辨别出来。目前市场上存在的产品包装在设计上存在商品包装外观过度装潢以及忽略包装保护性的问题，此类问题都是由于设计师过于重视平面装潢效果而忽视结构设计而造成的，此类问题的最终结果会导致设计出的包装缺乏实用的功能。因此，我们要重视可替代性塑料包装产品化中的结构设计内容，使可替代性塑料包装产品化设计得更加全面。

造型是指人们将材料物体加工组成具有特定使用目的的某种器物。可替

---

① 谭潜：《"半山小镇"生态农产品品牌形象塑造与包装创意设计研究》，硕士学位论文，北京印刷学院，2019年。

代性塑料包装产品化造型设计是指可替代性塑料包装产品化容器或制品的外观造型设计，它是经过将具有外观美及包装功能的容器或制品造型以视觉形式加以表现的一种活动。可替代性塑料包装产品化造型设计是兼具形式美与实用美的造型艺术，设计时不能只考虑形式美，造型设计的原理是同时考虑形态与功能、工艺、经济、文化、消费者等多方面因素的艺术创作法则，并利用此法则指导设计。其中，"变化与统一"是一切造型艺术的基础。变形是指形体各部分之间的多样性，统一是指形体各部分之间的联系、过渡和整体性。成功的造型设计既有变化又有统一，能充分地体现出造型艺术的形式美。①

可替代性塑料包装产品化造型设计存在许多规律，将这些规律进行总结大体可以归纳为两类：其一，仿生设计，即对自然界的各种形态或具有象征意义的事物进行模拟与仿造；其二，对基本几何形体的体、面、块、棱等部分，在形式美法则的指导下，通过切割、贴补等方式进行局部的变化与统一塑造出的新形象。

其中，仿生设计是艺术与科学相结合的思维方法，仿生设计的灵感源于自然，这种对自然生物进行模仿与再创造的设计方法带来了更为丰富的创新产品。②仿生设计的方法是：首先，要求设计师对设计目标进行分析后寻找相对应的自然生物模型，通过仔细研究自然生物模型并将其简化以提取生物特征元素。其次，将其特征转化为数字模型。依据此数字模型或生物原型，将其特征原理应用到可替代性塑料包装产品化造型设计上，制作出实物模型，对其进行反复的实验和改进。最后，对其进行可行性分析研究后，批量化生产此创新产品。使用仿生设计方法的容器或制品不仅具有趣味性和象征性，且能给人以自然舒适的感受。仿生设计方法包括具体仿生和抽象仿生、静态仿生和动态仿生、整体仿生和局部仿生。除仿生设计方法以外，还有一种重要的设计方法——基本几何体的变化设计，该方法是以基本的几何形体作为

---

① 陈新华：《试论包装容器造型设计的艺术规律》，《包装世界》2007年第6期。
② 万伟、王驰：《探究仿生设计在包装容器造型设计中的应用价值》，《戏剧之家》2016年第13期。

造型原型，对几何形体的各个局部如体、面、块等进行适当的变化，产生新的造型。运用此设计方法的容器或制品具有简洁大方的特点。此设计方法所设计的造型，首先通过几何塑造法以及三视图塑造法确定容器或制品的基本形态，并在此基础上进行变化，形成多个变化且统一的基本型，或对局部进行变化，最后得到丰富巧妙的造型。

可替代性塑料包装产品化造型设计是否合理，直接关系生产制造、加工工艺及生产成本等。优秀的造型设计有助于加强可替代性塑料包装产品化的便利与实用功能，对吸引消费、促进销售提升产品附加值具有重要的作用。

（三）展开图的二次设计转化

包装在商品销售中发挥着重要的作用，任何一件产品都需要包装进行保护。但在大多数情况下，消费者在购买和使用产品后，包装就完成了其使命，进而被消费者丢弃成为生活垃圾，给环境保护增加负担并造成资源的浪费。为此，需要针对包装废弃回收问题，对包装废弃物进行收集分类分析，对包装展开图进行二次设计转化，对包装蕴藏的隐性资源加以利用。

包装展开图的"二次"设计转化，是指设计师根据包装材料特性及后续所需功能，在原有包装的基础上对其平面展开图进行预先设计，使该包装在完成基本功能后，可通过折叠、拆解、拼接等方式对结构进行再创造，从而设计出新形态新功能的产品，提高资源的利用率。包装展开图的二次设计转化对环境保护和资源浪费的问题都具有重要意义。

展开图的二次设计转化，有预先设计再利用和消费者自发性再利用两种。

预先设计再利用的直接方式是通过设计师参与，运用相关专业知识，结合制造工艺进行包装展开图的二次设计，通过预处理方法，使包装在到达消费者之前就具备了二次设计转化的功能，预先设计再利用可细分为整体利用、局部利用、原有产品结合利用和独立利用。[①]整体利用是指将整个包装的

---

① 杨开富、谢燕平：《包装再设计策略解析》，《包装工程》2011年第16期。

展开图再利用为另一种功能的产品。通俗来讲，产品使用完后将包装整体直接展开，不需要裁剪、拼接、组合等，可以直接利用。局部利用则是与整体利用相反，它是通过裁剪等方式选取包装的部分区域进行展开图的二次利用转化。原有产品结合利用是指包装展开图拆解后二次利用所形成的功能与原有产品相关，可以组合搭配使用，例如某些玩具枪包装，该包装在完成保护功能后，将展开图沿着虚线剪开还能够当标靶用。独立利用是指整个包装完成对产品的保护以后，其展开图二次设计转化独立于产品之外，再利用为与产品无关的功能。例如，某些瓦楞纸箱在运输完产品以后，将展开图展开再组合还能够当手机支架用，其原本包装的产品与手机支架无关，独立于产品之外。

　　可替代性塑料包装产品化展开图的二次设计转化仅靠预先设计再利用的方式是不够的，消费者处于产品销售的末端位置，应为废弃包装的利用贡献自己的力量，对废弃包装物的展开图进行自发性利用。[①]而消费者自发性再利用方式主要有利用包装原有特性和根据包装材料属性两种。其中，利用包装原有特性是指消费者要根据包装原本的功能、形态，充分发挥自身的主观能动性。对包装拆解展开图进行简易改造利用，例如根据包装盒的形态，对包装盒进行拆解改造成日常使用的储存箱等。而根据包装材料属性是指利用不同包装的材料性能，如耐水耐热、透气、厚度等不同特性，借助工具将其改造成消费者自己所喜欢所需要的物品再次使用。例如根据不同纸张如硬卡纸、瓦楞纸、水洗纸等的特性进行二次利用，硬卡纸可以制作书签，瓦楞纸可以制作成书立，水洗纸可以制作成洗漱用品收纳包等。

（四）装饰方案的选择性设计

　　装饰设计在可替代性塑料包装产品化设计系统中是十分重要的环节，从可替代性塑料包装产品化本体设计的角度来看，装饰设计是整个体系的重要

---

① 倪倩、刘晴、王安霞：《包装的再利用设计研究》，《包装工程》2010年第6期。

组成部分。其与材料、造型、结构有着很强的联系，并直接影响可替代性塑料包装产品化设计的整体效果和其在市场上的经济效益。装饰设计主要是指在可替代性塑料包装产品化的表面造型上进行科学合理的装饰美化，使可替代性塑料包装产品化的外形、色彩、文字、图案及品牌标志等各要素融合成一个整体。装饰设计可以起到传递产品信息、展现产品特色、美化产品、宣传产品及促进产品销售的作用。装饰设计的好坏能够极大地影响消费者是否购买该产品，因此，设计师在装饰方案的选择性设计中要遵循信息准确性、视觉简洁性、设计环保性、视觉形式新颖性等设计原则，设计选择出具有视觉冲击力、感染力及表现力的装饰方案。为此，我们应该从多方面、多角度去设计选择匹配可替代性塑料包装产品化的装饰设计方案。可替代性塑料包装产品化装饰设计的主要构成要素包括标志设计、字体设计、色彩设计、图形设计等。

标志设计即品牌标志设计，其通过对图案和文字进行设计创作来达到使消费者易于识记，促进产品销售的目的。标志设计包括但不限于商标设计，实际上品牌标志设计是以标志标识为核心的品牌视觉识别系统设计，其包括标志符号、应用字体、标志标准色、辅助图形等，品牌标志设计有着塑造品牌形象、提升品牌识别性、扩大品牌影响力、增强品牌整体性，吸引消费者购买产品的作用。其设计选择必须遵循简洁适用性、品牌独创性及信息传达性三个原则。简洁适用性即用简洁大方的外形概括品牌形象；品牌独创性即突出品牌特色；信息传达性即体现品牌文化，展现品牌的行业特征。

字体设计作为装饰设计的基本元素，在传递产品信息、美化装饰效果方面具有重要作用。装饰设计中的字体设计除了文字设计以外还包括文字排版，其中文字设计是应用不同的设计手法将字体偏旁部首拆散重组形成一个具有视觉冲击力的新文字；文字排版是指根据包装装饰图案对文字进行排版整合，使其与装饰图案相融合构成新的装饰图形。[①]字体设计内容包括标题字

---

① 熊礼梅：《包装中的字体设计》，《包装工程》2004年第2期。

体、装饰字体、说明性文字、广告语等几个方面。字体设计选择要明确主次关系、提升文字识别性以及实现文字与画面和谐统一的原则。

色彩设计是指设计师运用色彩学的原理，在产品色调的基础上进行提炼总结，根据装饰的需求，进行想象和创造，从而赋予可替代性塑料包装产品化设计独特的色彩情感内涵。为了更好进行色彩设计，需要认识色彩的特性，色彩的特性主要包括色彩的轻重感、冷暖感、进退感等。在可替代性塑料包装产品化装饰的色彩设计中需要用色彩特性来展现产品包装的特点，以便吸引不同消费人群的注意力。利用色彩设计的整体性、情感性、地域性、特异性的设计方法，使色彩设计成为富有表现力的设计语言。

图形设计作为包装装饰设计中一个重要的视觉符号，有着比文字更加直观的效果。优秀的图形创意设计能够迅速吸引消费者的视线，更好传达出产品所宣传的品质、精神文化等信息。图形设计的内容包括插画、摄影、写实绘画、抽象图形、装饰图形等。运用互动性、巧妙性及系列化的设计方法展开图形设计，使图形设计能够更好地展现个性，以引领消费者的购买意愿，从而在装饰设计中发挥重要的作用。

五　产品化功效验证

设计环节结束以后，设计师还需要对当前设计方案进行功效验证评估。功效评估与验证的主要来源是设计准备阶段的设计需求，对可替代性塑料包装产品化设计方案的需求评估与验证可以判断该方案是否满足要求，且产品化功效验证可以总结设计的优势与不足。产品化功效验证的角度主要有两个，分别是本体包装功能与功效验证、后续功能与功效的评估与验证，每个功效验证的侧重点不同，综合以后才能较为全面地验证本次设计方案成功与否。

（一）本体包装功能与功效验证

本体包装功能与功效验证是可替代性塑料包装产品化设计功能检验的重要组成部分之一，可替代性塑料包装产品化的本体包装功能主要指其使用功能，即可替代性塑料包装产品化设计的基本功能，这是其他功能存在的前提和基础。本体包装功能与功效验证评估即使用效果评估，主要包括保护性功能评估、运储性功能评估、容纳性功能评估、使用性功能评估。具体介绍如下。

本体包装保护性功能评估是指可替代性塑料包装产品化设计是否能保护产品在储存、运输、销售及使用等过程中不受损坏。其保护性主要体现在根据内装物的特点属性以及在运输贮存等过程中的具体需求，再通过对产品包装结构、材料的合理选择来实现其保护性能。[①] 不同的内装物有着不同的保护需求。例如，某些产品不耐潮，所以要选择防潮材料进行保护；有些产品抗挤压能力差，所以要设计合理结构盛放制品或选择具有稳定保护性的材料。因此，在本体包装保护性功能评估的具体过程中，应针对包装内装物的具体保护需求对可替代性塑料包装产品化设计进行不同的分析评价。

产品在转化成为商品过程中，由于需要频繁装载、搬运及存放，因此运输储存的便利性及安全性问题成为本体包装运储性功能的重要评估标准。本体包装运储性功能评估主要针对体积大、重量大以及体积小、重量小的两类产品。对于需要运输储存的体积大、重量大的产品，其可替代性塑料包装产品化的形态需要设计合理，能够重复利用空间，保证可替代性塑料包装产品化在大量堆积以后也不会造成内置产品的滑落损坏；而运输储存体积小、重量小的可替代性塑料包装产品化则需要满足便于携带的需求。

容纳性是可替代性塑料包装产品化设计体量化的展现，本体包装容纳性功能评估是指可替代性塑料包装产品化设计是否能通过给产品提供特定的内外空间，以便于通过内外空间的合理利用实现其承载与保护功能。在本体包装容纳性功能评估中，需要考虑的主要是产品特性与容纳的载体配合性问题，如气体、液体等对包装制品或容器的特殊需求；此外，还需要考虑到产品大小与容纳空间大小之间的关系；等等。好的可替代性塑料包装产品化设

① 邱变变、罗西锋：《论商品包装设计的效果评价》，《郑州轻工业学院学报（社会科学版）》2008年第4期。

计应在满足基本功能的基础上，还能缩小体积，以便在容纳产品的同时起到节约资源、降低成本、保护环境的作用。

本体包装使用性功能评估是指可替代性塑料包装产品化设计不仅要满足产品的保护、运输、促销等基本功能，还要为用户的使用提供便利。其具体表现为优化用户的使用过程，如使用户在购买完产品以后方便携带，在使用时便于开启、持握、放置以及使用后迅速封存等；或根据使用人群的特殊性，如利用可替代性塑料包装产品化创新功能解决老年用户记忆力退化导致的用药问题等。因此，针对本体包装使用性功能评估应针对可替代性塑料包装产品化设计开启、携带、使用等方面，并结合产品的使用对象、用途及使用环境等因素进行综合考虑。

（二）后续功能与功效的评估与验证

后续功能与功效的评估与验证是产品化验证的重中之重，后续功能与功效的评估与验证是指以系统、全面、发展的眼光来看待可替代性塑料包装产品化设计。在进行评估验证时应综合考虑可持续发展、包装生命周期、经济成本及社会总体资源等因素，其中，后续功能是否能够延长产品整个生命周期，对于可替代性塑料包装产品化设计再利用尤为重要。后续功能与功效的评估与验证主要有再利用与回收评估及环保性评估两种。

再利用与回收评估主要指，包装设计在完成其基本功能后，能否通过后续的包装附加功能再次使用，延长可替代性塑料包装产品化设计的使用周期，减少资源浪费，减轻回收压力。[①]随着环保理念的不断深入，人们的目光也越来越转向包装设计。现阶段市场上的包装设计存在过度包装的现象，如市场上某些礼品包装在制作时使用大量材料、装饰其盒身，但在消费者购买使用内置物后外包装没有剩余利用价值，只能将其丢弃，从而导致资源浪费、包装回收不便以及环境污染的问题。此现象引起社会对产品包装材料、

---

① 侯云先、林文、韩英：《再使用包装物回收的主体行为分析》，《生态经济》2007年第3期。

成本及回收利用问题的高度关注。虽然可降解材料的出现缓解了部分包装使用后的污染问题，但其成本过高以及降解周期过长的问题也限制了降解材料的应用推广。因此，可替代性塑料包装产品化设计的回收和再利用是减少包装污染的重要途径。好的产品化包装后续功能设计在前期设计时就应从整体上综合考虑到可替代性塑料包装产品化设计的回收和再利用问题。

环保性评估是指可替代性塑料包装产品化设计的后续功能可否达到降低资源消耗，保护环境的目的。[1]如果可替代性塑料包装产品化后续功能在整个生命周期中，其资源消耗反而高于传统包装，那么此设计一定是失败的。因此，环保性评估可以从设计、生产、流通等各个环节的资源消耗以及成本与传统包装对比入手，通过其资源消耗的高低，判断该可替代性塑料包装产品化的后续功能设计是否合理。

目前市场上的可替代性塑料包装产品化设计仍处于零散、不够系统的状态，这显然不能有效地解决问题，也难以对设计程序、方法及设计规律进行系统性的总结。以上可替代性塑料包装产品化设计的程序与方法是对当前各类可替代性塑料包装产品化设计方法以及其他包装设计方法进行总结归纳研究出来的，此设计程序与方法是面向可替代性塑料包装产品化设计整体的，因此针对不同分类下的各类包装设计需要进行相应的调整变化。此外，值得注意的是，设计的程序和方法并不是一成不变的，可替代性塑料包装产品化设计的程序与方法需要根据时代的变化进行更新改进。本节提出的设计程序与方法是为设计师以及从事该行业的相关人员提供设计方向和参考思路，但在设计具体方案时需要因时、因事制宜。

小　　结

目前，塑料包装替代制品的研究设计，仍局限于"小鸡啄米"式的突

---

① 李秀君、史志梅：《中小型塑料企业环保评估对策研究》，《科技资讯》2020年第21期。

发灵感所得，这显然不能系统、规范、有效地解决可替代性塑料包装的替代问题，而且市面上所呈现出的零散的可替代性塑料包装，不具备代表性的设计模式，通常以个例呈现，无法为行业提供针对性的参考，也无法形成并总结系统化的设计方式及创意规律。而本节内容的可替代性塑料包装产品化设计是在对当前各类可替代性的塑料包装制品的替代方式及产品化设计方法进行研究后归纳出来的，具有普适性，能够面向大部分可替代性塑料包装。例如，对一次性包装的应用创新上来说，未来发展将会采用具备降解功能或者可多次反复利用的材料进行替代，或是从包装产品化设计的角度出发，将包装的功能转化、独立应用功能及辅助产品功能应用于一次性包装技术开发中；而对快递包装来说，未来可以通过降解材料进行替代，并将共享包装设计理念、包装功能延续及包装的数字管控技术等加入快递包装的研发过程中，满足快递包装的产品化需求，最终实现快递包装的创新应用；针对快餐外卖包装来说，可降解塑料包装、纸浆模塑包装都可以成为这一领域下可替代性塑料包装的材料选择，同时搭配恒温控温技术、移动互联网技术以及物联网管控技术等，可使快餐外卖包装具备保温保鲜功能，同时可根据标识、标签来追溯食品的来源、状态及位置信息；对医疗药品包装可从智能提醒、智能管控、定量服用、夜间可视以及为特殊人群辅助服药等角度出发，增加包装附属功能，实现医疗药品包装的更多价值。但值得注意的是，这些创新应用领域及其相关设计的方法并非一成不变，可替代性塑料包装产品化设计方法需要随着减塑政策、技术迭代、时代变化及时更新和改进，而这也就需要包装设计师不断地对市场做分析研究，把握包装行业的新路径，同时结合跨学科技术应用，实现减塑代塑，为可替代性塑料包装的创新应用提供更多灵感。

下 篇

实践篇

发展是人类生存的永恒主题，人类在面对一系列相继出现的环境问题时，开始对传统发展观进行深刻反省，在生态环境保护及能源资源节约方面积极采取策略，不仅通过制定和完善与保护环境、治理污染等相关的法律法规、制度政策来减少工业社会对生态环境造成的破坏，而且在设计理论与实践方面，同样取得了很多研究成果及实践经验。

理论研究部分基于"新限塑令"的政策要求背景，根据塑料包装自身的材料特性、使用场景、使用刚性需求等因素，将其分为可替代性塑料包装、不可替代性塑料包装及周转型包装三大类别进行研究，并提供了不可替代性包装塑料减量化设计、可替代性塑料包装产品化设计、周转型包装共享化设计的基本方向。在此基础上，对每一类别的塑料包装在减塑方法上进行了系统的研究，为这一章节的减塑范式设计实践奠定了坚实的理论基础。

本章节范式设计实践部分将针对外卖、快递、一次性塑料购物袋、一次性饮用水瓶、包装辅助物（如吸管、叉、勺）等问题突出、污染治理难度较大的领域进行专题范式设计研究，一方面是对前面章节理论研究成果的检验，另一方面为包装设计行业减塑发展提供一定的范式参考。具体到每一设计专题，首先会对同类产品所存在的问题、研究现状及经验归纳总结，然后寻找塑料污染问题解决的路径与方法，最后在设计实践环节，将突破传统减塑设计"唯物"的设计思维，转向针对物从"生产—销售—使用—回收"进行包装全生命周期的设计。以共享快递专题设计篇为例，设计者不仅设计了共享快递的折叠回收结构、内部缓冲结构、封口结构等包装本体部分，还对包装的循环回收装置、线上租赁 App 等配套模块进行了系统的设计，保障整个共享循环系统可以高效地运行。设计范式实践部分具体针对以下领域进行。

第四章
共享环保购物袋设计研究

塑料购物袋为人们提供便利的同时，由于使用过量、回收处理不当等问题，已造成了严重的资源浪费和环境污染。为限制塑料袋使用，国务院于2007年底颁布《关于限制生产销售使用塑料购物袋的通知》，但由于各方面原因，实施效果并不理想。国家统计局数据显示，2008—2023年，塑料制品年产量持续保持正增长态势，塑料制品累计增长量在2014年突破了7000万吨，年人均塑料制品消费量超过40千克，首次超过世界人均水平。[①]且2023年全球塑料产量为367公吨，其中中国占据了近32%的主导地位，全国塑料制品行业产量为7488.5万吨，是主要消费用户。[②]有鉴于此，国家于2020年初公布《关于进一步加强塑料污染治理的意见》，该意见指出："2020年底城市外卖将禁用不可降解塑料袋，到2025年底，全国集贸市场禁止使用不可降解塑料袋。"该意见也被称为"新限塑令"。基于此，本章针对传统塑料袋限塑难点进行分析，提出共享环保购物袋的概念、价值与优势，通过共享购物袋的结构创新、材料选择及循环模式构建，解决当下塑料购物袋废弃物增多而引起的环境污染和资源浪费问题，为保证"新限塑令"政策背景下购物袋行业的绿色转型，实现环保购物袋的可循环使用提供新思路。

---

① 王胜利、臧志祥：《从限到禁:新版限塑令出台》，《生态经济》2020年第5期。
② 《2023年塑料制品行业生产情况》，工业和信息化部网站，https://www.miit.gov.cn/gxsj/tjfx/xfpgy/qg/art/2024/art_12541af38e5a4294b8c50880a59d5705.html，2024年2月6日。

一　传统塑料购物袋限塑难点分析

自"限塑令"颁布以来，中国实施了一系列的减塑限塑政策以限制塑料购物袋的使用，但政策在执行过程遭遇众多阻碍，主要包括以下四个方面。

（一）消费者使用习惯固化

传统塑料购物袋减塑限塑难与消费者使用习惯有密切关系。塑料购物袋具有体积小、重量轻，可反复使用等优点，被消费者广泛使用，而新版限塑政策的推行，需要让消费者减少使用塑料购物袋，这对消费者群体来说无疑是巨大的挑战，因为消费者群体对塑料购物袋早已产生很强的依赖性。此外，当今社会生活节奏越来越快，尤其是中青年消费者群体由于工作时间长、压力大，时常会忘记自行准备购物袋，这更加大了减少使用塑料购物袋的难度。当然，大多数消费者是支持国家限塑政策的，但要其真正通过自身行为在短时间内改变这种形成已久的使用习惯还存在一定的难度。

（二）消费者环保意识淡薄

"新限塑令"的有效实施离不开消费者的支持。消费者环保意识对政策的有效落实及推行有着直接影响。但由于消费者在生活习惯、政策认知、知识水平、环保意识等方面的差别，使部分消费者、商家及企业未形成较为整体的环保意识。此外，由于政府和商场一些宣传方式不能让消费者细致了解限塑政策，导致消费者并没有把限塑政策与切身利益结合到一起，从而使消费者对环境污染问题以及国家推行的"新限塑令"表现出一种漠不关心的态度。[1]因此，消费者环保意识的薄弱和缺乏会导致塑料购物袋在用量上得不到控制，使环境污染现象更加严重。

---

[1]　王菲菲：《中国"限塑令"政策执行的困境与路径选择》，硕士学位论文，天津财经大学，2016年。

（三）政府监管存在漏洞

政府部门在"新限塑令"中占据主导地位，政府监管若存在问题则必然会导致政策的失效。政府监管问题主要包括三方面。一是多方执法分工不明确。"新限塑令"是一项涉及生产、销售、使用等多个环节的公共环境政策，限塑政策的有序执行涉及国家发展改革委、生态环境部、商务部、质量技术监督局等各个政府部门的协调合作，但各部门的具体实施措施和制度均较为模糊，导致在政策具体执行的过程中出现各部门之间相互推诿的现象。[①]二是对中小型购物场所渗透不足。中国购物渠道多种多样，大型商场与小型购物摊并存，执法人员对大型正规商场监管较为容易，但对于主体多、流动性强的农贸市场、集市等小型购物场所，则常常出现监管不到位的问题，最终导致塑料购物袋屡禁不止。三是政策执行者监督力度不够。政府部门监管具有方面广、强度高、难度大的特点，而全国各地的监管执行者专业能力存在较大差别，在实践中往往存在难以有效把握政策实质，以及对专业问题也无法进行正确指导的局面，从而使监管流于表面。

（四）循环模式缺乏完善

在塑料购物袋的减塑限塑中，循环回收模式是关键的环节。但是以中国目前的现状来看，塑料废弃物的回收、循环模式还存在问题，主要表现在两方面。一是涉及塑料购物袋的生产、回收利用系统尚不完善，塑料购物袋在生产、回收等循环过程中没有明确具体的标准，在实践中缺乏可操作性；此外，监督机构难以保证塑料购物袋在使用后能得到有效回收。二是国内缺少对废弃物处理基础设施的建设，目前中国国内塑料废弃物大多采用填埋、焚烧等方式，此类处理塑料废弃物的方式导致资源利用率极低，不仅对生态无

[①] 刘松涛、罗炜琳、林丽琼、王林萍：《中国公共环境政策困境破解研究——以"限塑令"实施遇阻为例》，《生态经济》2018年第12期。

益，反而带来了二次污染。[①]塑料废弃物的循环机制是减少环境污染的关键环节之一，完善的回收循环机制能够降低资源的消耗，促进社会生态的循环发展。

二　共享环保购物袋的价值与优势

共享环保购物袋来源于共享经济理念，"共享"释意为共同分享，共享经济则是指利用互联网平台中的信息技术，通过大数据分析，了解、整合并满足人们在衣、食、住、行等生活方面需求的综合经济活动，其特征为使用权分享化。[②]共享经济由需求方、供给方和共享平台三个主体构成。参与者以互联网等共享平台作为依托，实现社会资源利用效率最大化。共享环保购物袋是建立在共享经济理念基础上，采用环保可降解材料，运用网络智能化技术搭载智能硬件，实现以租代购，使购物袋在不同的运输过程中能够重复使用。它具备可循环、可降解、易于回收、便利耐用的功能特点。因此，共享环保购物袋可以代替传统一次性塑料购物袋在运输物品的过程中使用，增加购物袋的可使用循环次数与频次，起到可反复使用，减少资源浪费，降低生态污染的作用。

共享环保购物袋与传统塑料购物袋只注重材质与视觉设计等要素不同，它的设计不仅遵循共享原则，还具备环保、美观、安全、便利、可循环、可适配、可回收、可降解等属性，其呈现出的价值及优势可以从以下三方面来看。首先，共享环保购物袋具备可循环、可降解的优点，虽然从短期来看，其成本高于普通塑料购物袋，但从长远的角度来看，共享环保购物袋实现了资源再利用。其次，共享环保购物袋采用环保可降解材料，并对袋体结构以及材料进行减量化处理，使购物袋杜绝了过度设计，降低了材料用量。此外，共享环保购物袋的功能形式具有多样性，常规环保购物袋形式单一，而

---

① 唐辉、李星、郑江宁：《市政固体废弃物中塑料的处理》，《现代塑料加工应用》2000年第3期。

② 姚凯宁、岑庆微、刘宇航、潘红梅：《基于共享经济视角下环保袋的应用探讨》，《市场周刊》2019年第10期。

共享环保袋的形式多样，并且可以匹配不同的使用场景。最后，共享环保购物袋在整个生命周期即设计、生产、运输、销售、使用、回收等环节，通过减少材料使用、简化购物袋生产流程等方法，起到了减少成本输出和环境污染的作用。[①]

三 共享环保购物袋的设计创新

（一）结构造型

结构与造型相辅相成，结构造型创新是共享环保购物袋创新设计和功能实现的重要组成部分，其与限塑材料选用、循环系统构建等内容紧密相连。针对国内外购物袋进行设计调研可知，目前市场上的便携环保购物袋整体可以归为一体式便携购物袋和非一体式便携购物袋两种。其中，一体式便携购物袋即结构一体化，通过卷曲、折叠、伸缩等方式缩小购物袋体积，让携带更为便利，一体式便携购物袋具备轻巧、便携的优点。如日本MARNA一体式便携购物袋（如图4-1所示），其通过收拉迅速平整购物袋褶皱，再利用卷曲来缩小袋身的体积，此购物袋的一体化结构减少了资源的浪费。非一体式便携购物袋的主要特点是由用于包裹产品的袋体和放置袋体的收纳包两部分组成，其

图4-1　日本MARNA一体式便携购物袋
图片来源：http://i.biopatent.cn/archives/47120。

使用特点为闲置时将袋体放置在收纳包中方便携带。如德国Nautiloop购物袋（如图4-2所示），其造型简洁，袋身可以迅速收纳、展开，使用十分便捷。

---

① 刘宗明、余国伟：《基于全生命周期理念的竹家具减量化设计研究》，《家具与室内装饰》2021年第3期。

图4-2　德国 Nautiloop 购物袋

图片来源：https://weibo.com/ttarticle/p/show?id=2309404217478308870376。

综上情况，笔者设计出此款共享环保购物袋（如图4-3所示），具体介绍如下。

图4-3　共享环保购物袋结构造型创新设计

图片来源：笔者绘制。

在购物袋尺寸上，将外包装尺寸分为三种（如图4-4所示）分别是大号、常规以及小号，这三款宽度尺寸相同，高度比例分别为1∶3、1∶2和1∶1。其中，大号款共享购物袋可以携纳如电器、衣物等大件物品，不用时一般可以放于书包或手提包中。常规款云享袋是适用场景最多的，可以用来携带中小型体量的商品，常规款能满足大多场景的需求，并且尺寸适中，用一只手掌就可以轻松抓握。小号款共享购物袋具有小巧灵活，占用空间小的优点，适用于盛载如文具等小件物品。用户可根据具体情况选择不同尺寸的共享环保购物袋。[①]

30×30×25　　30×30×50　　30×30×75
单位：毫米（mm）

共享环保购物袋尺寸　　　　　　　　常规款掌中尺寸

图4-4　共享环保购物袋尺寸图

图片来源：笔者绘制。

在购物袋结构设计上，共享环保购物袋整体可分为外收纳壳和袋身两部分，其中外收纳壳设计采用了三角形结构，此结构具有稳定性便于堆叠，将共享环保购物袋横放堆码，不易倒塌，节省空间并且保障购物袋在运输过程中的安全，降低产品的损坏率，减少资源浪费的问题。此外，不管是在购物袋运输过程中还是在购物袋回收过程中，都需要对产品进行搬运、堆叠的行为操作，而随着堆叠数量的增加，其物体所承载的压力也随之增加，从而导

① 陈龙、黎英、刘沩：《基于大数据库的物流共享包装设计研究》，《包装工程》2020年第10期。

致整体的稳定性下降，造成产品损坏问题。针对上述问题，笔者在共享环保购物袋外收纳壳上采用了公母锁结构设计，通过外壳顶部的凸起与外壳底部的凹陷来实现多个袋体之间的紧密接合，提高堆叠的稳定性。共享环保购物袋细节展示如图4-5所示。此外，笔者还采用了非一体式可拆卸模块化结构（如图4-6所示），使共享环保购物袋的使用和替换更加便利。

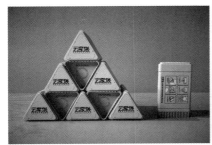  

三角形造型结构　　　　　　　　　公母锁结构　　　　　　　　竖堆叠效果

图4-5　细节展示

图片来源：笔者绘制。

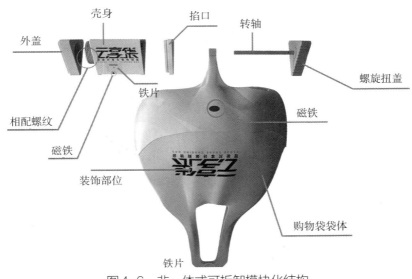

图4-6　非一体式可拆卸模块化结构

图片来源：笔者绘制。

在共享环保购物袋的使用上，其使用流程可分为六个步骤，如图4-7所示：（1）通过将置于外收纳壳上的袋身磁铁拿下；（2）扣住袋身上的提手向下拉动展开袋身；（3）将袋身反转让外收纳壳磁铁吸附于袋身铁片上固定外收纳壳使其稳固；（4）使用云享袋携带产品；（5）使用完后通过旋转外收纳壳上的螺旋扭盖回收袋体，此举使购物袋避免了烦琐的折叠过程；（6）将袋体磁铁吸附于外收纳壳上固定袋体和外收纳壳，完成整个使用流程。

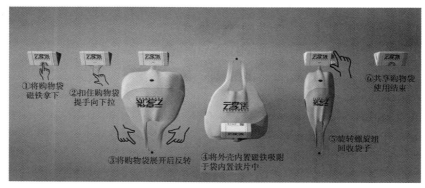

图4-7　共享环保袋使用流程

图片来源：笔者绘制。

（二）材料选用

生态环保材料是共享环保购物袋创新设计环节的前提和关键因素，共享环保购物袋的材料要展现合理性则必须满足可循环使用的条件，具体包括物理性、化学性以及材料可行性三方面。在物理性方面，首先，材料必须具备稳固性，即足够坚固耐用，以避免在使用过程中磨损毁坏；其次，材料应具备轻量化特点，即质量较轻、体量较小，以便降低消费者携带时的重量压力。在化学性方面，材料应具备防水、耐热等功能，良好的化学性能可以让共享环保购物袋避免因高温食品、水货等物品对其造成的损坏。此外，材料的成本以及可回收性能也是不可忽视的条件，成本与可回收性直接关系材料的使用可行性，决定其是否能在市场上流通使用。因此，如表4-1所示，根据共享环保购物袋使用的特殊要求，从稳固性、质量、防水性、耐热性、成本及可回收性等角度分析，纸类、布类、皮类、生物可降解塑料类、可循环塑料类以及原生态类等材料均可作为共享环保购物袋材料的选择参考。

表4-1　　　　　　　　共享环保购物袋适用材料种类与性能

纸类	白卡纸	C	A	E	B	C	A
	牛皮纸	B	A	D	B	C	A
	铜版纸	C	A	D	B	C	A
	覆膜纸	C	A	C	B	B	B
	水洗纸	B	A	B	B	B	B
	纸浆模塑	C	A	B	A	C	A
布类	帆布	B	A	B	A	A	B
	棉布	B	A	C	B	B	B
	绒布	B	A	D	C	B	B
	涤纶滤布	C	A	B	B	B	B
	非织造布	E	A	E	C	C	A
	麻布	B	A	B	B	C	A
皮类	人造皮革	A	C	B	B	B	C
	水染皮	A	D	A	B	B	C
	再生皮	A	D	B	B	A	C
可降解塑料类	PLA聚乳酸	C	A	C	E	A	B
	PHA聚羟基脂肪酸酯	C	A	C	D	A	B
可循环塑料类	PA尼龙	A	A	A	A	C	C
	PP硬质发泡材料	B	A	A	A	B	C
	PU普通发泡材料	A	A	A	A	B	C
	ABS丙烯腈-丁二烯-苯乙烯共聚合物	A	E	A	B	C	C
原生态材料类	竹子	A	D	C	C	B	A
	秸秆	C	B	D	E	C	A
	稻草	C	A	A	C	C	A
	木材	A	E	B	C	C	A

注：A为优秀；B为较好；C为一般；D为较差；E为差。

对共享环保购物袋适用材料的种类与性能进行调研对比发现，部分材料在实际应用中存在些许问题，因此，限塑材料的选择一定要和设计相结合，选择适合共享环保购物袋设计创新的材料。笔者将共享环保购物袋的使用寿命作为减塑设计目标。共享环保购物袋应选择结实耐用、可反复使用的材料。笔者在云享袋的设计过程中对材料进行了多次测试分析，最后在外收纳壳上采用了ABS塑料。此材料可循环回收使用，稳固性强，在运输过程中不易损坏；其防水、耐热性能较为优良，生产回收过程中较为环保，并可在回收后加工再利用。袋身采用定制防撕高密度尼龙材质，PA尼龙布密度高、承重好，其最突出的优点是耐磨性高于其他所有纤维，并且由于尼龙具有良好的防水性、耐热性，用它制作出来的袋体不仅具有防水、轻巧坚韧等优点，而且尼龙布袋相对于塑料袋，它的材料可回收可降解，能够反复利用，虽然单个成本要略高于塑料袋，但是尼龙布袋可循环使用上千次，从总体看，其价值远高于塑料购物袋。在共享购物袋装潢图案上采用了水性弹胶浆，水性弹胶浆在印刷后有明显的凹凸感，其覆盖性好，耐水洗，在使用过程中也不会造成污染问题，是相对环保的印刷材料（如图4-8所示）。可降解材料的组合满足了共享环保购物袋的使用要求，使共享环保购物袋的设计生产得到了保障。

图4-8　共享环保购物袋材料

图片来源：笔者绘制。

（三）循环模式

共享环保购物袋循环模式的构建对购物袋减塑限塑的实施至关重要。共享环保购物袋循环模式由运行体系和购物袋回收装置两部分组成。其中，运行体系主要是指由企业管理、用户使用和工厂回收处理三部分涉及的服务、收集、运输等所形成的市场化管理模式；回收装置设计是指在共享环保购物袋的租赁回收工作中，其作为一个小型自助服务站点且兼具环保购物袋存放、回收以及购买等功能的装置设计。[①]

在共享环保购物袋的运行模式上（如图4-9所示），企业线上管理、用户使用流程和回收循环流程三者相互影响。用户在使用完购物袋以后可以选择购买或者归还，购买后共享环保购物袋为用户个人所有，而选择归还后其会进入回收循环，若是完好无损，用户可直接选择放回到借柜机中，如果发现损坏等情况则是通过手机报修返还到制造工厂进行回收、清洗、修复、再造以后再放回共享袋借柜机中，等待下一位用户使用。在用户使用过程中，通过物联网的线上信息管理系统得到用户的反馈，可得到购物袋的循环次数、用户使用习惯、用户数据反馈以及用户信用等大数据，根据这些数据对共享环保购物袋进行材料、结构以及循环系统的再优化，之后重新投入市场，使循环体系持续更新，与时俱进。

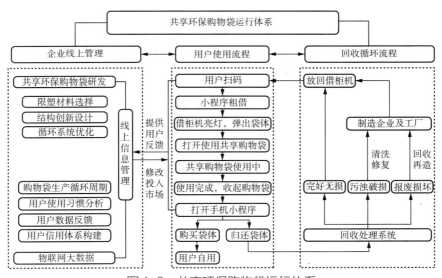

图4-9 共享环保购物袋运行体系

图片来源：作者绘制

[①] 柯胜海、杨志军：《共享快递包装设计及回收模式研究》，《湖南工业大学学报》（社会科学版）2020年第2期。

共享环保购物袋循环模式的回收装置由共享购物袋借柜机和手机应用程序组成。其中，共享购物袋借柜机根据使用环境可分为两种（如图4-10所示）：一种是适用于人流量一般的中小型便利店使用的便携式共享借柜机，另一种是在人流密集的场所使用的大型共享购物袋借柜机。便携式共享购物袋借柜机兼具回收、消毒功能。顶底公母锁托使借柜机在叠加时更为牢固，使商家方便通过人流量来判断是否需要多投入借柜机，在人流量变化频繁的区域十分便利。在人流密集的场所如大型商场，由于每天进出商场的人较多，可能导致小型便携借柜机的环保购物袋数量不足以支撑用户的使用需求。为此，笔者设计了一款适用于人流密集场所的大型共享购物袋借柜机，大型借柜机具备便携式借柜机所拥有的功能，且能满足大量用户对购物袋的使用需求，但其造价较贵，因此在中小型场所使用的性价比较低，不太适用。综上所述，可知便携式共享购物袋借柜机与大型共享购物袋借柜机都有其适用场所，商家可以根据不同的场所进行设置，让共享借柜机能够实现全场覆盖。

便携共享购物袋借柜机

叠加效果图

大型共享购物袋借柜机

图4-10　共享环保购物袋借柜机设计

图片来源：笔者绘制。

共享环保购物袋循环模式的构建离不开智能技术的支撑。如图4-11所示是由笔者设计的共享环保购物袋手机应用程序系统界面。共享环保购物袋手机应用利用共享借柜机上的二维码、NFC电子标签和GPS定位系统装置，依靠物联网、大数据、云计算等技术的支撑，使环保购物袋实现"袋袋共享"的功能。共享环保购物袋手机应用具体使用流程如下。首先，用户需要使用共享环保购物袋时可在手机小程序中下单，系统会显示附近的智能共享借柜机地点，并给用户推荐最近的共享借柜机位置。① 其次，用户扫描共享借柜机上的二维码页面，手机小程序弹出提示消费者及时取走环保购物袋的消息。再次，用户在借走环保购物袋以后，小程序会显示其循环次数以及生产日期等信息，还会提示用户租借价格以及可租借时间。最后，用户归还以后手机小程序会显示付款方式。此外，用户也可以选择购买以便自用。若是在使用

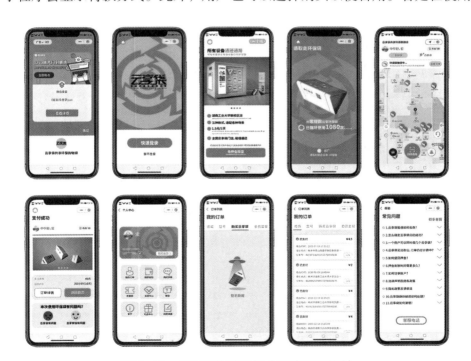

图4-11　共享购物袋手机小程序界面设计

图片来源：笔者绘制。

① 朱和平：《共享快递包装设计研究——基于设计实践的反思》，《装饰》2019年第10期。

过程中出现损坏等情况，可以在小程序中点击报修反馈问题，放置在借柜机以后，企业员工会将环保袋回收工厂进行修理后再放置于借柜机中，在此期间也会对用户反馈进行研究，以便日后优化，从而实现共享环保购物袋的循环使用。

小　　结

"新限塑令"提出后，治理塑料购物袋污染成为中国可持续发展的又一个难题，共享环保购物袋创新设计对减少塑料购物袋污染，实现环保购物袋资源共享，完善共享环保购物袋循环回收体系，维护社会生态发展，促进购物袋行业可持续发展具有重要的意义。因此，共享环保购物袋应以绿色循环降解、安全便捷耐用作为设计导向，将结构造型、环保材料、智能技术进行融合，让购物袋实现可循环使用，以实现减塑限塑。本章中的共享环保购物袋设计创新内容为今后的购物袋行业的创新发展与转型升级，在设计学的角度提供了参考依据。然而，要让"新限塑令"得到有效落实，真正意义上杜绝塑料污染，还需要社会多方面的支持，如建立行业标准、相关政策的实施以及人民群众的支持等，此外，还要不断完善共享环保购物袋的设计理念以及设计实践，让共享环保购物袋朝着绿色可持续的方向全面发展，减少因塑料袋带来的环境污染问题，保护生态环境，减少资源浪费，让共享环保购物袋更好服务社会、服务群众。

第五章
免胶式快递包装设计研究

现如今，国内新零售模式日趋成熟，电商、快递等新兴产业已成为国民消费方式的主流。网购运输包装作为物流环节一个重要的载体，在保护传递着商品的同时，其资源消耗和环境污染问题也饱受诟病。据估算，中国快递业每年消耗的纸类废弃物超过900万吨、塑料废弃物约180万吨，其中80%的纸质废弃物以及99%的塑料废弃物因得不到有效的回收利用而沦为生态垃圾。另经查阅资料发现，不可降解塑料胶带是其加大包装废弃物回收难度以及回收成本的主要缘由之一。针对以上情况，国家发展改革委和生态环境部于2020年1月19日颁发了《关于进一步加强塑料污染治理的意见》，其内容明确提出了："到2025年底，全国范围邮政快递网点禁止使用不可降解塑料包装袋、塑料胶带、一次性塑料编织袋等。"[①]综上可知，现行快递包装用完即弃的资源浪费问题、不可降解的BOPP（聚乙烯）塑料胶带的过度使用以及用量不合理等问题，都亟待得到国家、行业、消费者的重视以及出台有效治理方案。因此，本书将根据"新限塑令"的内容、要求及实施原则，以免胶式快递包装为研究对象，通过分析现有快递包装的现状及问题，对现行免胶形式进行类型划分并深入展开内容解析和研究拓展，力图寻求一种能适应行业需求、绿色可持续的新型免胶式快递包装形式。

---

① 柯胜海、杨志军：《共享快递包装设计及回收模式研究》，《湖南工业大学学报》（社会科学版）2020年第2期。

一　现行快递包装的现状及问题

电商网购销售模式在带动快递运输行业及其包装产业发展进步的同时，也导致了包装废弃物的泛滥以及塑料污染等问题。其中，因传统塑料封装胶带而造成的塑料包装二次污染最为严重，至今仍无妥善处理之法；另外，因塑料胶带缠绕、难清理而造成的快递包装回收困难大、再利用效率低等问题，也亟待有效解决。虽然国内各行业一直致力于新型免胶包装结构以及包装新材料等免胶包装形式的研发及应用，但因其包装成本、使用范围、使用效率的局限性问题，至今仍难以完全替代传统封箱胶带包装的使用，其占据的市场份额十分微小。因此，笔者认为，在包装策划阶段前，事先厘清及归纳出传统快递包装的绿色环保性问题、新型免胶式快递包装的标准统一性问题，以及上述两类快递包装的开启便利性问题，是十分必要的。

（一）传统快递包装的绿色环保性问题

包装是否绿色环保关系到快递行业能否健康转型，生态建设能否高质量发展。目前，传统快递包装的绿色环保性问题主要体现在两个方面：一方面是封装胶带使用过度的问题，虽然中国已对此作出了规范，如国家邮政局发布的《邮件快件绿色包装规范》就规定了快递包装箱在采用"一"字封装方式时，胶带长度不宜超过最大综合内尺寸的1.5倍[1]等要求，但目前快递包装的塑料胶带用量过度的问题却仍未得到有效缓解。许多商家和快递公司为了规避商品包装在运输过程中受到损坏所带来的负面影响，仍较多会选择以层叠胶带包裹的形式来增加商品包装的防护性能及稳固性。另外，由于塑料胶带的强胶黏性，胶带在剥离纸盒的过程中往往会破坏盒体，丢弃后还容易缠上各种生活垃圾，使箱体与胶带更难得到回收。另一方面是包装所用胶

---

[1] 国家发展改革委、生态环境部：《关于进一步加强塑料污染治理的意见》（发改环资〔2020〕80号），国家发展改革委网站，https://www.ndrc.gov.cn/xxgk/zcfb/tz/202001/t20200119_1219275.html，2020年1月19日。

带的材料不环保问题，目前行业在快递封装中所用胶带均为双向拉伸聚乙烯（BOPP）材质，其是一种以双向拉伸聚丙烯薄膜为基材的合成高分子材料。[①]由于这种材料难以降解，其进入环境后往往会造成像农作物减量、危害动物生命等长期且深层次的生态环境问题，所以快递封装所用材料的环保性问题急需得到解决。

（二）新型免胶包装的标准规范性问题

相较于传统塑料胶带封箱的快递包装的市场应用情况，新型免胶快递包装的研究仍处于初步发展阶段，许多设计、生产及回收标准尚且缺乏规范性，导致其包装在市场推广及应用中频遇阻碍。究其原因，主要有两个方面，一方面是包装生产标准不规范的问题，现行免胶快递包装大多缺乏全生命周期设计管理概念，其设计往往一味地追求包装功能的前沿性，生产材料的环保性以及结构的繁杂性，但却忽略了包装生产标准的规范性，致使包装制造成本居高不下。[②]因此，从商家和消费者的角度来看，新型免胶快递包装费用过高，可获利润少，难以成为最佳的选择。另一方面是新型免胶快递包装回收管理方法不完善、方式不普及、回收处理标准不规范等问题，其中快递包装用毕即弃的现象以及包装废弃物回收分拣不规范，是导致其包装废弃物回收困难的重要原因。

（三）新旧快递包装的开启便利性问题

通过目前已实际量产及成熟应用于市场的快递包装类型及其包装形式的比对和分析，笔者发现，在包装开启便利性问题上，现行快递包装大都缺乏一定的人性化考虑。其主要体现在两方面：一方面是传统快递包装开启困难的问题，包装在经过层叠的胶带包裹后，往往难以找到其开启的位置，加

[①] 《邮件快件绿色包装规范》，国家邮政局网站，https://www.spb.gov.cn/gjyzj/c100009/c100012/ 202006/2fa93fcd2ef14765b533f75dc812b8e9.shtml，2020年6月22日。
[②] 刘芳卫等：《新型环保胶带的研究思考》，《绿色包装》2021年第1期。

之塑料胶带具有韧性强、拉断力高的特点，更是在一定程度上增加了包装开启难度。因此，若是缺乏辅助工具进行开启，便可能会发生消费者暴力开箱的现象。此外，在包装内装物充盈的情况下，暴力开启还容易误伤商品本身，从而造成不必要的经济损失。另一方面是免胶包装在缺少指示性开启标识时，所导致的包装操作/开启盲区的现象。例如京东物流推出的"青流箱"快递包装，就因缺少相应的指示性图标而导致消费者对包装操作产生一定的理解误差，从而无法正确打开包装。

除了以上情况，笔者还进行了免胶包装与共享包装的比对和分析，归纳出两类包装的差异性。虽然两类包装形式颇有相似之处，都是以实现包装可持续化发展为目的的绿色化设计形式，但归根结底，两者的作用、使用途径及使用范围等，仍具有较大差异性。具体而言，即免胶包装是指通过物理学、材料学及技术学等原理对包装的胶粘结构和材料进行创新性替换，从而实现零胶带打包商品的一种包装形式；而共享包装则是针对快递电商领域，按照规范使包装在不同主体之间或同一主体在不同物流流程中能够重复使用的一种非固定式通用包装类型，具有绿色化、可循环性、安全性的特点。[①]

二 免胶式快递包装的分类及其特征

在"新限塑令"颁布后，国内部分学者针对传统快递包装的合理减量及绿色化问题，纷纷提出了自己的创新见解及意见。其中，在结构创新上，王宇航等人[②]在瓦楞纸箱盖两侧插舌处设计了两个梯形襟片和矩形预留孔，在快递打包时只需把成型的襟片插入侧板和内侧板之间的空隙中即可完成无胶封箱。而袁晓宝等人[③]则对可用于包装的绿色材料进行了系统的分类研究，分别提出了可降解材料研究应该侧重于降解和力学等特性，以及不可降解材

---

① 柯胜海、杨志军：《共享快递包装设计及回收模式研究》，《湖南工业大学学报》（社会科学版）2020年第2期。
② 王宇航：《免胶带可自锁的瓦楞纸箱结构设计》，《包装工程》2021年第1期。
③ 袁晓宝等：《绿色包装材料研究进展》，《包装工程》2022年第7期。

料研究应侧重于减量和轻量上的建议。除此之外，快递企业也纷纷加入了相关"免胶包装领域"的研发队列当中，并提供了具有一定可行性的免胶包装设计应用方案以及"免胶包装新材料"的创新研发。基于此，笔者通过对现有免胶案例进行收集和总结，并依据其免胶形式的不同，将快递包装的免胶方式（如表5-1所示）分为以下五类。

表5-1　　　　　　　　　　　免胶方式的分类及特点

免胶方式	结构免胶式	样式免胶式	材料免胶式	驱动免胶式	混合免胶式
定义	通过对包装的本体或包装模块之间的折叠剪裁组合，以单一的材料实现包装密封成型	通过在包装中添加物理辅助物，使其与包装相联结构成一个封闭的空间，以达到免胶的效果	利用绿色材料特有的基本属性与包装设计相结合，以替换传统的BOPP胶带包装	利用绿色材料特有的基本属性与包装设计相结合，以替换传统的BOPP胶带包装	四种免胶式的混合应用
特点	成本低、工艺简单、普适性强、密封性较弱	成本较低、工艺简单、普适性强、密封性较强	成本较高、工艺较复杂、有广泛开发空间、安全环保	成本高、技术要求高、安全性强、密封性强	普适性强、使用方式较灵活、密封性较强
应用领域	信件类快递、通用物品类快递、果蔬类快递	信件类快递、通用物品类快递、果蔬类快递	少单独应用，多与其他形式混合使用	有特殊运输需求且贵重的产品运输包装上	可适用范围较广
分类	插接式、罩盖式、折叠式、撕拉式、拼接式	插拔式、捆绑式、卡扣式、自锁式、拉链式等	光降解材料替代、生物降解材料替代、光/氧化/生物全面降解材料替代、水溶性材料替代等	二维码识别技术、RFID识别技术、NFC识别技术	单一混合形式、多样混合形式

内容来源：笔者绘制。

（一）本体结构免胶式

结构免胶是通过对包装本体或包装模块之间的巧妙折叠、剪裁等组合方式，进而以单一材料来实现包装密封成型的一种包装免胶形式。其在包装组装过程中，可以完全免除胶粘物，最大限度地减少包装耗材，而且其工艺也相对简单，具有普适性强及应用领域广等特点。在具体实践中，可用于包装的底部密封、交接面的拼接、封口处的锁合等多个包装连接部位。其中，目前常用于快递包装的结构免胶方式主要有插接式、罩盖式、折叠式、撕拉式、拼接式五种（如图5-1所示）。如EMS推出的免胶快递箱（如图5-2

所示），即采用了一纸成型的结构免胶方式——双插接式结构设计，这种结构在单插接结构的基础上增加了一个保险插舌，可以使摇盖受到双重的咬合，非常牢固，可承受较重的内容物，并且在封装好之后，也无须塑料带、胶带等再次加固封装，可有效减少塑料制品及其包装废弃物对生态环境所造成的"白色污染"。

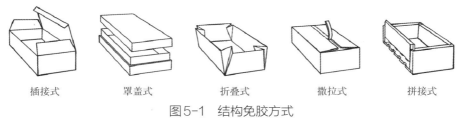

插接式　　　罩盖式　　　折叠式　　　撤拉式　　　拼接式

图5-1　结构免胶方式

图片来源：笔者绘制。

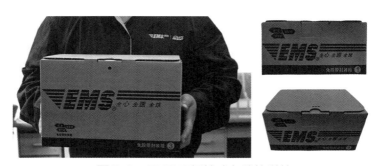

图5-2　EMS双插接式免胶快递箱

图片来源：笔者绘制。

除此之外，根据其开启可逆性的差异，结构免胶还可分为可多次开启结构和一次性破坏结构两种。但是，由于可多次开启结构的密封性和防窃启性能较差，无法满足用户对包裹的安全性需求，因此一次性破坏结构在快递包装领域中尤为常见。如日本PERFECT ONE的网购运输包装（如图5-3所示），其开口处就添加了一次性缝纫线，只需通过轻轻按压指定部位，即可开启包装，而且这种结构操作简单，开启后无法复原，可有效保证包装内容物的运输安全。

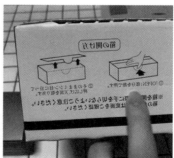

图5-3　日本PERFECT ONE网购运输包装

图片来源：笔者绘制。

（二）辅助免胶式

辅助免胶是通过在包装中添加一种或多种物理辅助物，使其与包装相联结构成一个封闭锁合的空间，以达到免胶的效果。其中，物理辅助物没有材料的限制，其是指在制造包装容器和进行包装过程中起辅助作用的物件的总称，主要包括了别针、捆扎带、U形钉等可作用于包装密封的物件。此外，不同于结构免胶的包装本体的结构封闭性，辅助免胶更注重包装本体以外的物件辅助功能，而这种辅助物件一般具有可替换性，可与包装本体连接及使用，形成包装封闭的效果，从而达到辅助免胶的目的。一般而言，不同物件对包装的密封效果不同，而不同物件在不同形式下的密封效果也大为不同。目前，较为成熟地应用于快递包装中的辅助免胶形式，主要包括插拔式、卡扣式、自锁式、捆绑式、拉链式五种（如图5-4所示）。例如，由笔者团队成员设计的循环快递包装箱中就采用了自锁式的尼龙封扎带（如图5-5所示），这种自锁式封扎带由一个锁口及锯齿状扎带组成，当扎带的末端穿入锁口后，就会被卡住无法再度解开，具有极强的止退防盗功能。[①]另外，物理辅助物的成本相对较低，可使用的方式也较为灵活，通用性极强，可适用于无特殊运输需求的产品快递包装上，而且其在未来普快类运输包装的应用上，也更具发展前景。

---

① 赵浩凯：《触觉启动——适用于盲人的包装设计探究与思考》，《装饰》2012年第8期。

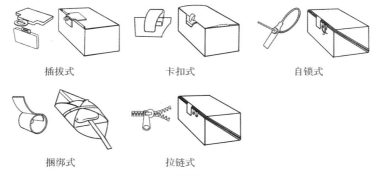

| 插拔式 | 卡扣式 | 自锁式 |

| 捆绑式 | 拉链式 |

图5-4　辅助免胶方式

图片来源：笔者绘制。

图5-5　可折叠循环快递箱

图片来源：笔者绘制。

除此之外，该类免胶方式对于包装辅助物的成本控制、包装密封性能的强弱，以及包装后续使用过程中的操作体验、回收处理等因素，也是我们在设计事前需要考虑的重点所在。

（三）材料免胶式

材料免胶是通过研发新型环保塑胶材料在包装设计中的应用创新方式，并利用材料特性的不同，筛选及选择一种或多种绿色环保材料与包装设计方案相结合，来达到替代传统BOPP胶带封装使用效果的一种"免胶"形式。其中，绿色环保材料一般为有机材料，其对环境友好属性较高，具有市场开发空间广、材料可再生与可降解性能好，以及包装废弃物可回收再利用等特点，可以有效从材料源头上减少"白色污染"源的产生。而在包装领域中，

较为成熟应用的绿色环保材料类型，主要包括光降解材料、生物降解材料、
光/氧化/生物全面降解材料、水溶性材料等。

目前，针对该类免胶形式，中国相关行业及企业也开展了相应研究方案
的探索及研究，并已成功应用于快递包装领域中。例如，苏宁物流和灰度科
技合作推出的共享快递盒（如图5-6所示），即通过使用具有可降解材料特性
的一次性锁扣封箱的方式，来替代传统封装胶带的使用。其中，封箱锁扣部
件主要为麦秆纤维复合材料，具有成型简便，化学稳定性强，可循环、无污
染等特点。除了改变包装整体或部分材料来替代不可降解的塑料胶带之外，
还有一种相对"免胶"的形式也值得借鉴。它是通过改变传统封装胶带材料
成分的方式，使其塑胶制品具有一定的环保效益，从而降低塑料胶带残留物
对包装废弃物后续回收再利用效果的影响。如一撕得公司推出的拉链纸箱（如
图5-7所示），其通过采用少量具有可分解材料特性的波浪双面胶进行包装封

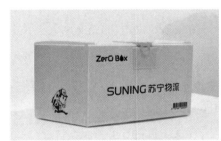

图5-6　苏宁物流循环快递箱

图片来源：笔者绘制。

图5-7　一撕得快递箱

图片来源：笔者绘制。

装黏合的方式，虽未完全剔除胶带或胶水的使用，但是对于助力国家污染防治来说，是具有重要意义的。

（四）驱动免胶式

驱动免胶是以满足用户需求为目的，增强包装在流通过程中的安全性与环保性而被创新出的免胶形式，其原理是通过为包装植入集成化元件或固有特性的元件来赋予其某种特殊功能，从而替代传统的胶带密封、扎带捆绑等形式。其在使用时，只需引导及触发某种技术条件（如控制包装开启或闭合的装置元件），激活内部锁扣部件并使其与包装另一个部件进行锁合，即可完成包装的封装。而与辅助免胶相比，驱动免胶的智能元件是难以替换的，其对商品的保护性能更强，造价也更为昂贵。因此，该类免胶形式更适合应用在3C产品、奢侈品、药品等有特殊运输需求且贵重的产品运输包装上。目前，市面上应用于快递包装的驱动免胶技术主要有二维码识别技术、RFID识别技术、NFC识别技术三种。例如，由Living Packets集团与EInk元太科技共同推出的智能运输包裹"THE BOX"，其包装就添加了NFC"感应式"连接功能，用户只需将有NFC功能的手机轻碰快递箱，输入正确的身份信息即可打开包装，同时箱体上还嵌有可取代传统纸质印刷面单使用的电子纸显示屏，[1]可有效除去包裹包装时所使用的胶粘物，也更为环保（如图5-8所示）。

图5-8　THE BOX智能运输箱

图片来源：笔者绘制。

---

[1] 柯胜海、陈薪羽：《"新限塑令"背景下共享包装功能结构设计研究》，《湖南包装》2020年第1期。

综合以上情况来看，驱动免胶是具有巨大开发空间的一种新型免胶形式，或许未来数年后，像语音识别、指纹感应、人像识别等驱动识别技术也会嫁接到快递领域中来。

（五）混合免胶形式

在实际应用中，四种免胶方式并不是孤立存在的，而是相互融合的，根据其混合形式的不同，还可以细分为单一混合和多样混合两种。其中，单一混合形式是指同种辅助样式之间的搭配使用，如插接式＋撕拉式、插接式＋折叠式、拉链式＋捆绑式等。例如，由万叠乃聿成公司推出的万叠快递盒（如图5-9所示），就采用了插接式＋折叠式的混合形式。其在包装盒封口时，只需将对侧两片摇翼对向折叠并把末端插舌插入预留口中，便可完成封箱。一方面，相较于材料和驱动免胶形式，结构免胶及辅助样式免胶的包装造价相对较低且使用方式灵活，因此多采用单一混合形式来加强包装的密封，强化盒体的结构；另一方面，在材料免胶及驱动免胶的应用中，则多以采用多样混合的方式进行设计，如材料＋结构免胶式、辅助样式＋材料免胶式、材料＋驱动免胶式等。

图5-9　万叠快递盒

图片来源：笔者绘制。

三　免胶式快递包装的设计实践及关键说明

综合上述快递包装存在的问题分析以及免胶形式的分类解析可知，在进行免胶式快递包装设计时，我们需要从多方面进行综合考量，如此才能得以检验设计方案的可行性。因此，笔者将从免胶形式设计、包装材料选择及免胶指示设计三个方面对免胶式快递包装的设计实践内容进行具体阐述。

（一）免胶形式设计

基于绿色封装的出发点，设计者可通过结构造型、辅助样式、包装选材、智能驱动等设计手段，进行一种改良或创新传统胶粘结构的设计活动，使包装获得免胶的效果，从而达成包装减塑的目的。其中，在具体的设计过程中，设计者可以根据不同领域的商品对快递包装的免胶需求进行分析，并结合现有技术手段及创新材料，对快递包装免胶形式进行一种具体化的创新设计。基于此，因考虑到现有快递包装类型及需求的多样性与差异性，这里将以笔者设计的双用包通用物品类快递包装箱为例（如图5-10所示），从单次型和复用型两种类型的快递包装入手，对免胶形式的具体设计过程做出具体阐述。

图5-10　双用包免胶快递箱外观展示

图片来源：笔者绘制。

首先，在箱体尺寸设计上，根据现行包装尺寸标准的设定以及包装应用场景需求的不同，特将其设计为大件型运输箱（430mm×210mm×270mm）和常规型运输箱（260mm×260mm×260mm）两种规格（如图5-11所示）。其中，大件型运输箱可用于包裹箱包等形体较大的物品，而常规型的运输箱则适用于中小型的化妆品、饰品的运输，方便工作人员根据商品的大小进行适配使用，减少包装空间资源浪费。

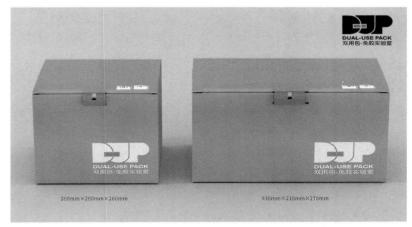

图5-11 双用包免胶快递箱尺寸图

图片来源：笔者绘制。

其次，在箱体结构设计上，采用抗压性能较好且具有一纸成型特性的盘式结构形式，不仅能够在包装运输过程中有效减少因受到外部碰撞或摩擦而造成的商品破损问题；还能够满足箱体快速组装成型，且易折叠、摊平码放等需求，可在包装储存及回收摆放时，有效节约包装立面摆放的空间占比。此外，在箱体组装完成后，其只需在其箱体预留封口处，插上外置插舌，即可完成封箱操作（如图5-12所示）。

最后，在锁扣结构设计上，通过对传统插舌结构进行改良设计及优化处理，使之具有可适配上述箱体结构封箱时的使用特性，从而实现包装结构免胶设计。具体来说，即是通过加大外置插舌与箱体预留封箱口之间的宽度比，使插舌最宽处大于预留封箱口宽度，并在保险插舌处增加四条折叠线，使其折叠成"几"字形结构（如图5-13所示）。而当外置插舌插入预留封箱口时，插舌两翼则会因受到插口两侧的挤压而对向收缩，使插舌能顺利插入预留口中；而在插入后，则会因为失去了力的挤压，结构会产生自动回弹现

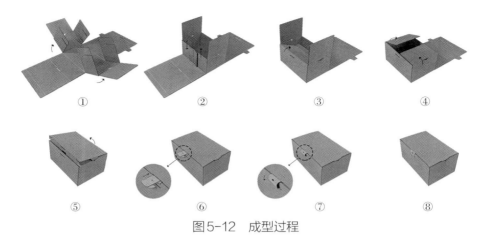

① ② ③ ④

⑤ ⑥ ⑦ ⑧

图5-12　成型过程

图片来源：笔者绘制。

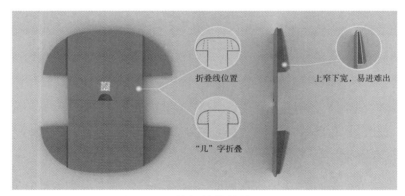

图5-13　锁扣结构的外观展示

图片来源：笔者绘制。

象，从而完成包装封箱操作。其中，这里的回弹是指像卡纸等韧性材料在失去一定力的约束后会因为惯性趋向于自然伸展的状态，进而将插舌卡在预留口内，实现防开启的功能（如图5-14所示）。此外，该锁扣结构的设计是双用包快递箱实现免胶封箱、重复使用以及防盗窃取的关键。

　　除此之外，因为与包装一体的显窃取的结构具有单次破坏性的特点，锁扣被破坏后箱体就难以再次复原利用，为了保护箱体的完整性，促进资源循环，方便快递箱在完成单次运输任务后可二次利用或回收，该设计对保险插

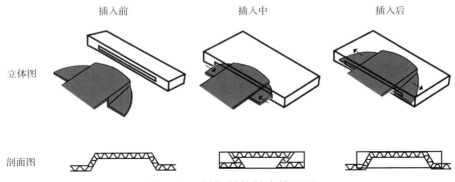

插入前 　　　　　　　　插入中 　　　　　　　　插入后

立体图

剖面图

图5-14 锁扣结构的自锁原理

图片来源：笔者绘制。

舌进行了外置化处理，即通过双插舌的形式使其成为一个外置锁扣作为辅助物的形式为包装箱体服务。在开启时只需撕开两插舌连接处的缝纫线即可（如图5-15所示），既便于包装的开启，又能减少资源的浪费。两插舌连接处还设有一个二维码（如图5-16所示），即一锁一码，在收取快递时，用户可通过扫描二维码获取包裹商品初始信息和物流情况防止锁扣被替换的可能。

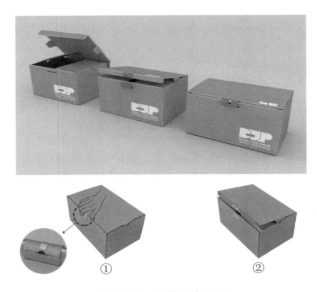

① 　　　　　　　　　　　②

图5-15 包装开启展示

图片来源：笔者绘制。

315

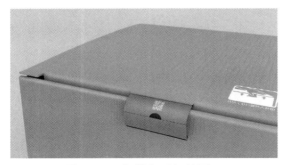

图5-16　包装条码细节展示
图片来源：笔者绘制。

（二）包装材料选择

包装材料的选择对免胶结构的功能发挥起到重要的作用，材料性能的差异决定了包装功能的不同，因此设计者可以根据运输物的差异、运输需求的差别对快递包装所选材料的合理性进行科学考量。除此之外，由于可用于包装的材料种类较多，即使是同一类别的材料，其性能及其原理等也可能具有较大的差异，因此，在设计过程中还应对材料所消耗的成本以及材料的环保性进行综合考虑。这里将对单次型与复用型两种不同定位的通用类快递包装进行分类说明。

单次型免胶快递包装，即单次运输后便退出流通的快递包装，这种类型的通用包装往往只需保障单次的保护性，无须考虑多次的运输时箱体的耐磨性和耐折性。因此，对于单次型快递包装箱体和外置锁扣的材料将采用三层瓦楞纸材料，这种材料易加工、质量轻便，可以很好地节省制作和物流过程中的成本，且三层瓦楞纸多层叠加的结构可以减少内容物在运输过程中所受到的撞击，可以大大增强包装的保护效果。此外，瓦楞纸材料还具备易折叠和易回收再生的特性，单次使用后的双用包纸箱因箱体未被破坏还可经过简单的回收修复，重新搭配外置锁扣进入循环系统，或退出流通作为家庭储物箱使用，但是因为瓦楞纸材缺乏一定的耐磨性，多次摩擦撞击后瓦楞纸板会慢慢趋于结构失稳的状态，不建议其作为循环快递箱的用材，因此在对于复用型免胶快递包装的箱体的选材上则采用耐磨、耐压、抗冲击力强以及质量较轻的再生PP材料，而外置锁扣则根据其结构的特点选用韧性较好，更易弯折的再生PE材料（如图5-17所示），两种材料均为环保的绿色包装材料具有化学性能稳定高、可回收、可重复利用的特点。使用PE再生料与PP再生料制作出来的制品，可以节约资源，减轻固体废弃物污染，是较为优异的选择。而为了方便用户对包装进行开启，双用包复用箱上的外置锁扣开启处则将单缝纫线结构改为双缝纫线结构（如图5-18所示），更为人性化。

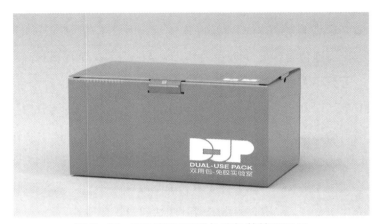

图5-17　双用箱复用型免胶包装外观展示

图片来源：笔者绘制。

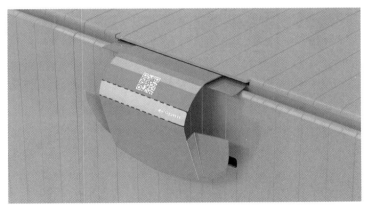

图5-18　双用箱外置锁扣开启细节展示

图片来源：笔者绘制。

（三）免胶指示设计

指示性设计可以理解为通过将一个或几个视觉元素进行合理配置来表征一个事物，以传达某种特定的含义，指引目标对象正确操作的一种辅助性设计。随着新技术迭代升级，免胶方式逐步多样，其新颖的操作手法也碰撞着我们认知的局限性。由此，更需要指示图标来指引目标群体快速了解包装的正确用法，促使用户有效使用包装。不同类型的快递包装所需指示内容是不同的，单次型免胶快递包装因只需考虑其单次流通功能，所以往往只需标明包装的正确开启位置、开启方式及操作流程（如图5-19所示）即可。而较之单次型免胶快递包装，复用型免胶快递包装除了需标明包装开启位置及方式流程外，还需要考虑包装使用后的归还操作指示和归还位置指示两个方面（如图5-20所示），因此在指示信息过多的情况下，仅凭指示图标是难以更好地展示给用户的，必要时还可以配备相应的文字及智能化技术来诠释说明，帮助用户正确归还包装，例如双用包在箱体侧部就添加条码识别技术，用户可以通过扫码二维码进入双用包小程序来获取附近的还箱点，或通过小程序上方的"上门取包"按钮支付相应的跑腿费呼叫快递员上门取箱。

①虚线处为开启位置　②插入预留口往上抠W开

图5-19　开启位置及开启方式指示设计

图片来源：笔者绘制。

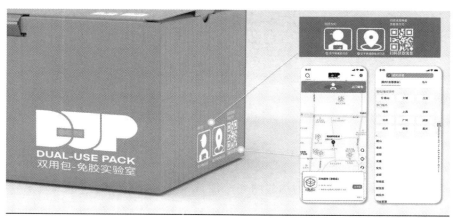

图5-20　包装归还操作及归还地指示设计

图片来源：笔者绘制。

小　　结

　　基于"新限塑令"的内容、要求及实施细则，传统不可降解的塑料胶带必然将退出历史舞台，而具有环保性质的快递包装设计及其发展，也必将会得到相关行业更多的关注及应用。免胶式快递包装的出现，不仅符合包装行业绿色发展的要求，也体现了可持续发展的设计理念。科技时代的进步，让未来免胶快递包装的设计将不仅仅停留在密封形式、指示图标以及材料选择三个方面，在具体的应用中，该设计还可以从这两方面进行改进。一是在包装的开启方式上可以与智能技术相结合增强包装的防窃取功能，比如可以配合无线射频识别技术实现一锁一码，即每个锁扣结构上皆设有唯一的二维码，存储在其中的包装及用户信息能够及时把物流状态反馈给快递公司，在签收时消费者亦能通过条码判断出包装是否曾被开启，防止盗窃。二是在快递包装的规格尺寸方面可以更加标准化，这可以使结构实现功能的最大化，空间占比也会更合理。相信在结构、视觉、材料、标准及技术等多样融合后，未来的免胶式快递包装将更贴合于市场。

第六章
同城外卖包装替代品设计研究

一　同城外卖塑料包装设计现状及问题

外卖包装经过市场20多年的考验，已经从最初简易的纸质、发泡包装向PP塑料包装为主和环保包装为辅转变。据调查，多数在校学生点外卖的频次超过了每月10次以上，一顿外卖的平均价格为10—30元。[①]评分、销量、优惠和包装卫生与美观程度成为大众选择外卖时主要考虑因素，消费者基本上很少关注外卖餐盒的材料使用，接触较多的还是塑料饭盒与纸质饭盒，消费者不太在意对包装盒材料选择且普遍接受5元以下价位的包装，外卖包装的外形以及空间利用率、保温性、使用方便是消费者所看重的特点。用餐后一次性餐盒一般都被直接丢弃，回收利用率低。

塑料外卖包装设计现阶段存在的问题包括：（1）外卖包装选材过量或不合理。一般以发泡塑料、PP塑料为材料，虽已具备较好的实用性但基数太大，对环境的影响依旧很大，一部分一次性筷子的原料来源于树木，导致森林资源被破坏。塑料餐盒虽已经过数次改良却仍不能被自然完全降解，依旧会残留在生态圈中，外卖垃圾不断增多，环境污染加重，垃圾处理成本也随之增加。（2）外卖包装结构不完善。结构对包装功能的影响也十分明显，食物的种类、形状、形态不同，对外卖包装的结构需求也不一样。现阶段市面上的外卖包装大小容积基本一致且结构形态单一，同一种外卖盒已经无法满

---

① 吴邕：《中国在线外卖平台消费者行为调查数据》（2024年1月1日），https://www.iimedia.cn/c1077/97809.html，2024年8月20日。

足商家种类丰富的商品，空间利用率低、运输不便、保护性降低已成为结构短板带来的后果。（3）外卖包装外观。市面上除去连锁和加盟商及一些高端商家，多数卖家采用透明塑料盒和塑料袋包装，风格单一且古板毫无设计感。一些商家为了博人眼球，还将油墨直接印刷到内包装中，将油墨与食品混合在一起，存在健康安全隐患。外卖包装外观设计乏味，不符合消费者审美需求，难以起到宣传作用。（4）外卖包装体验。现阶段外卖包装的美观性与便利性结合不融洽，目前市场中外卖包装盒人性化设计缺失导致无法满足消费者需求。外卖包装设计形式不成熟且产品单一，方方正正的塑料餐盒还存在割手的风险，不耐高温容易导致消费者拿取困难甚至被烫伤，开启餐盒有时还会使汤汁飞溅，老旧薄脆的塑料盒受高温作用容易碎裂，存在安全隐患。

（一）外卖包装可持续化问题

外卖包装件在任何生命周期都会对环境产生影响（如图6-1所示），原材料的采集就在消耗能源的基础上挖掘能源；加工成型方面既排放废气废水，同时消耗能源；印刷和密封过程中需要消耗能源还会产生油墨、溶剂、密封胶等污染物；流通过程中运输工具的排放污染。

原则上，所有热塑性塑料都可以多次反复回收再利用，只是回收加工工艺条件不同。塑料回收利用的方法主要包括：（1）机械法循环再生；（2）作为化工原料；（3）加工为工程燃料；（4）能源回收。目前，外卖包装盒在垃圾分类的列表中还属于干垃圾。外卖包装盒的材质主要以塑料为主，但外卖包装盒在使用的过程中受到食物油渍汤汁的污染，提高了回收再利用的难度。因此，在外卖塑料包装的回收处理机制中，首先是将回收来的塑料外卖包装进行去污去渍处理，使其净化为具有二次加工价值的可回收垃圾，再进行分拣分类后，采用热熔处理，冷却定型后加工才能利用。但塑料外卖包装回收再利用的价值很低，与高昂的分解成本相去甚远，因此目前只能放进干垃圾中统一处理，避免污染环境。改进性再生的方式主要包括物理化改性。在没有解决外卖包装污渍净化的技术问题之前，主要的回收机制，一是将塑

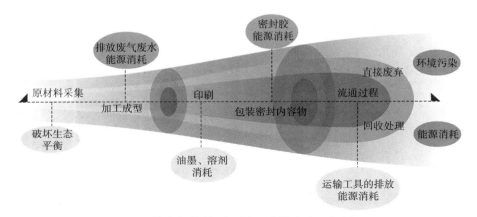

图6-1 外卖包装件对环境影响的生命周期过程

图片来源：笔者绘制。

料包装材料通过化学降解的方式进行再生回收，二是将不能二次利用的塑料外卖包装废物作为燃料进行焚烧处理，然后充分利用燃烧产生的热量，将塑料废物转化为能源以实现外卖塑料包装的回收处理。

外卖包装从单纯包装袋转变为包装废弃物的过程主要经历三个阶段，一是生产阶段；二是配送阶段；三是弃用阶段。与传统包装不同，外卖包装的使用频次高、周期短，往往从包装转化为垃圾只需要1—2小时，且转化成本极低，这就使外卖包装的可持续发展成为难题，主要包括以下问题。

1．材料浪费

在外卖包装的选材过程中，部分商家为了吸引顾客故意采用一些华而不实的材料作为包装盒（如图6-2所示），这类陶瓷类包装看似增加了豪华感，实际上实用性很低且重量重、易碎，在运输途中受到其他外卖的挤压、颠簸、碰撞容易损坏开裂导致食物泄漏，商家为了防止餐食泄漏又在陶瓷餐盒内部加上锡箔纸盛装食物，造成重复包装。消费者出于新鲜感可能觉得包装新奇，实际上商家会把包装成本算在餐盒费、打包费里面，给消费者造成不必要的经济负担。其特殊的材料结构使得在配送途中格外小心，一旦破裂，费用损失就需要配送员承担。

图6-2　砂锅外卖包装

图片来源: https://baijiahao.baidu.com/。

市面上外卖产品过度包装的现象较为普遍，其中商家的行业竞争与消费者的攀比行为是主要诱因，过度包装造成了明显的资源浪费与环境污染。只有减少包装袋数量并提升包装盒的利用效率才能遏制住材料浪费的势头，外卖包装作为餐饮企业与消费者的中间媒介，直接影响外卖的周转质量与用户的使用感受，外卖的包装最终还是用户买单，因此减少包装的过度铺张浪费在环保的同时也能降低销售价格。常见的外卖最外层用塑料袋包装，饮料有专门的塑料袋，内包装同样为塑料材质，除去一次性筷子，其他材料基本都为塑料。事实上消费者最关心的还是口味和食品安全，花哨的包装造成的材料浪费，在降低体验感的同时还增加了外卖成本、垃圾数量。将包装袋、外卖盒、餐具、纸巾、牙签等统一在包装的合理范围，以减少塑料袋的使用频次，现阶段的外卖包装亟待运用包装一体化设计的方式来解决由于外卖餐盒过度包装造成的材料浪费和环境污染问题。

2. 空间浪费

随着外卖销量连年增长，塑料外卖包装也在逐渐变得更加精致、豪华，外卖包装盒的内容填充物占据的比例也逐渐加大，餐盒的内外包装比例不匹配导致边角空间被空余出来造成空间浪费。空间运用不合理以及空间使用效率低的情况更是屡见不鲜，主要原因如下所示（1）包装盒设计形式过于老旧，以长方形、圆柱形饭盒为主（如图6-3所示）；（2）包装的功能性无法满足现行各种环境下运输配送使用的实际需求；（3）多数外卖商家并未针对不同类型食物的特性给予适合不同类型食物的包装，使包装盒很难与食物吻合。合理运用有限的包装空间，将包装内部空间利用最大化，采用干湿分离、隔断式设计，使外卖包装内部利用更加高效，空间实用且更加灵活，包装的内部各个空间设计需要根据食物的大小合理进行储物式分隔。餐盒外包装的空间浪费主要存在于包装盒顶部提手处，提手设计过于宽大且不能活动导致顶层空间被占据过多，灵活折叠的提手能帮助包装在配送中节省较多空间。

图6-3 方形、圆柱形包装

图片来源: http://www.dashangu.com/postimg_13556970_8.html。

现行外卖包装的空间使用浪费问题主要集中在包装的纵向空间与包装盒空间，根据食物特性的不同，其放置的层次顺序也存在差异。纵向空间的浪费主要集中在外卖包装盒的顶端，由于外卖在打包完成出餐时，最外层基本会使用塑料袋打包，餐盒顶部基本上被塑料袋系的结占领，造成包装盒顶部凹凸不平使外卖包装盒无法堆叠放置，造成纵向空间浪费。包装盒内部空间的浪费是由于外卖包装盒中以常见的正方形或长方形塑料盒为主，当放置圆形和球形食物时，包装盒内部空间中四个角的部分无法填满导致约15%的空间被浪费。单个包装的浪费空间可能不多，但数以万计的包装盒累积起来，空间的浪费间接导致了材料的浪费，也造成了空间使用成本的增加。原本一个配送员的配送箱可以送8—10份外卖，由于纵向空间的浪费配送箱实际上只能装下6—7份外卖，从而对配送员的收入造成一定影响。

　　3．保温性差

　　由于外卖包装中的食物具有时效性，骑手必须在一定时间内将餐食送至顾客手中，同时要保证食物温度处于不影响顾客进餐的状态。送餐员的速度也影响着外卖的温度，很多外卖员为了多跑单挣更多的钱一次性接很多单，花费大量时间在配送路程中，外卖送到顾客手中时只剩余温甚至已经凉透了。外卖包装的保温性受季节气温影响较大，冬季气温低且地面湿滑，影响配送效率和外卖温度，对本身就不保温的外卖包装更是雪上加霜。市面上的餐盒包装对食物的保温性普遍较低，由于包装材料是以塑料和纸质为主，隔温效果弱，基本上无法对内部食物进行保温，现阶段的保温手段主要是采用骑手保温箱和包装外套保温袋的方式（如图6-4所示）。两种保温方式都存在弊端，骑手保温箱虽然保温效果好但不能在外卖配送全过程中发挥保温效果，在商家出餐后等待骑手取货的时间段，以及配送员将外卖送到目的地后顾客可能无法第一时间取到餐，这些灰色时间段外卖都处于没有保温的状态。包装保温袋也存在一定局限性，因保温袋的大小受限使得较大的外卖盒无法塞进保温袋，保温袋实际上属于外卖包装衍生品，并未与包装盒进行一体化处理，不能忽视体积大、稳定性差、成本高等明显缺陷。

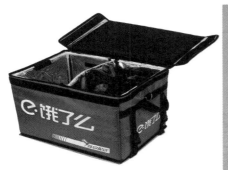

图6-4　外卖保温箱和保温袋

图片来源：https://image.baidu.com/search/indexD。

（二）外卖包装安全性问题

1. 包装运输散落风险

外卖周转流程主要在外卖商家、配送员、顾客三方中流通，运输途中存在不可抗力因素的影响。首先，是纸质包装，受到汤汁、蒸汽的浸润导致包装硬度降低、支撑性减弱，在颠簸的路程中易使外卖包装在配送途中破损散落。塑料材质的外卖包装受食物高温影响材料性质发生改变，塑料变软、变脆，加上外力的震动可能导致包装内容物的散落、汤汁溢出。其次，包装盒的质量优劣与结构的标准化对外卖包装运输的安全性也有密切关联，消费者购买的餐饮外卖的体积大小决定了出餐的规格，通常这类外卖包装由商家自行购买和配置，尚未针对不同的外卖规格做出个性化的包装匹配。导致外卖包装在运输过程中没有形成统一的放置规范，存在明显的运损风险。

2. 包装运输窃启风险

近年来，外卖在送餐过程中被人为开启，被"偷梁换柱"甚至恶意污染的新闻屡见不鲜。在外卖制作及流通过程中，我们无法约束他人的行为，道德素质败坏者的行为无法提前预防，配送过程中与配送员发生争执容易被别有用心之人报复，存在外卖被开启的风险。虽然消费者发现明显的外卖破损可以拒收但被细微的开启并不容易发现，即便在用餐时发现为时已晚，造成的损失主要还是由消费者承担。"舌尖上的安全"亟待加强安全卫生方面的保障。目前，市面上已经出现一类"食安封签""食安封条"，若被撕毁将留下痕迹。

3. 运输末端误领风险

伴随着外卖行业的兴起，"偷外卖"行业也应运而生。现如今，全国各地方高校都存在偷外卖的现象，并有愈演愈烈的趋势，最主要的原因是：大学是消费集中的地方、学生是消费主体。每至餐点校园门口外卖成群，点外卖者与送外卖人员时间上的不一致让他们有机可乘。而目前除了依靠监控外并没有其他有效的预防措施。酒店、公共写字楼等人员复杂的公共区域，人员流动性大且素质参差不齐，外卖配送人员无法准确按时将外卖送上来，多数会将外卖放至公共区域再由消费者自行拿取。由于此时外卖配送还未结束处于运输的末端，可能会出现极少数人因为外卖包装长得过于相似或者没有留意购买信息导致拿错外卖，甚至不排除心术不正的人偷拿他人外卖的情况。虽然概率很小但不能排除外卖在运输途中的末端存在被误领或被盗取的风险。

　　总的来看，外卖包装的安全性、结构性和绿色化问题影响着消费者、商家与外卖平台，同时也限制着外卖行业的良好健康发展。为解决上述问题，采用减量化、绿色化设计理念的外卖包装，以提升外卖包装的可持续发展为主要目标，同时辅以增强外卖包装的安全性，对现阶段的外卖包装进行创新设计。不但可以减轻环境污染、减少资源消耗、增加空间利用率，还能促进外卖包装业的良好有序发展，推动外卖包装提质转型与创新发展。

二　同城外卖包装替代品设计要求与原则

（一）减量包装设计的概念与优势

　　减量包装的概念来源于可持续绿色包装，减量化包装指在能够满足包装基本使用功能的前提下，尽可能减少内外包装材料的使用量，节省包装对资源和能源的消耗，从材料使用的角度解决包装材料过量使用造成环境污染的问题。外卖包装的减量化设计要求优先选用质量轻、韧性好、强度高、经济型、可回收、可重复再利用的合理材料，同时还要求包装中使用的材料种类尽可能少。[1]在生产实践中，可通过各个维度的技术途径实现外卖包装减量化设计，主要包括包装薄壁化技术、包装轻量化技术、包装方式减量化技术、包装结构减量化技术、包装形态减量化技术、包装风格减量化技术、包装"集零为整"技术。减量化包装并非一味删减包装材料，而是优化包装容器造型，推广集装化、模块化，促进包装设计元素和印刷工艺减量化等方式来

---

① 郑克俊、迟青梅、朱海鹏：《企业视角的快递包装减量化策略与案例》，《物流工程与管理》2018年第12期。

达到包装设计减量化的目的。

减量化外卖包装是绿色外卖包装的一种，其在市场上的特点和优势相较于传统外卖包装而言，更加符合目前整个外卖市场的实际需求，具体表现在以下四个方面。

第一，缩减包装材料使用占比，使单位成本低于现行传统外卖包装盒，由于自身具有材料、结构等减量措施可降低单个外卖包装的使用成本。

第二，包装印刷方式采用绿色油墨与丝网印刷工艺或凹版印刷工艺，减少或取消油墨在外卖包装中的使用，降低食品污染概率，降低外卖包装的生产成本。

第三，采用包装标准化设计方式，设计生产能够对应不同外卖食品规格大小的包装盒，减少包装在运输时的空间浪费，提升外卖运输效率与运输稳定性。

第四，采用可降解环保材料并对外卖包装的结构、材料减量，能够较为明显地减少外卖包装对环境造成的污染。与此同时，包装减量化能够减少对资源的消耗，从侧面抑制外卖垃圾的产生。

（二）同城外卖包装替代品设计原则

相较于传统外卖包装而言，同城外卖塑料包装替代品要在满足外卖包装的基础功能前提下，完成标准化、绿色化、可持续化等功能。结合市场上外卖包装现阶段所出现的种种问题，同城外卖塑料包装替代制品设计需遵循以下五类设计原则。

1. 功能性原则

外卖包装作为食物的运输载体最原始的功能包括保护功能与运输功能，随着时间发展，消费者对新型外卖包装功能性的要求早已不是最基本的共性功能而是个性化功能，如保温性功能。冷暖的保温效果都需要考虑，面对不同包装品，要采用不同的材料以及不同程度的密封性，甚至要用不同的包装方式。例如，用不容易散热的产品去加热散热快的产品。且外卖包装的功能还需符合相关食物特性，如包子、饺子等就需要透气性较好的包装盒，透气性差可能导致食材表皮粘到包装盒上，消费者就餐时很容易破皮、漏馅儿。增加包装的功能性有助于促进消费者的使用便利，减少操作频次以及提升用户满意度。

2. 环保性原则

分辨环保外卖包装与传统外卖包装区别的重要因素在于体现包装是否具有可降解、可循环、可持续的设计方式。外卖包装作为塑料使用占比极高的包装行业，对环境的负面影响以及资源消耗巨大，其遵循环保性原则一定是减塑外卖包装设计的重中之重。其对环境的影响不是片面的，外卖包装从原材料采集、加工、包装印刷、包装密封、流通过程、直接废弃、回收处理，整个生命周期从生产到成为废弃物都影响着生态环境，因此为了符合包装的环保性，包装的材料应选择易降解、能耗低、经济耐用、可再生的材料，用以降低外卖包装对环境的负面影响。在包装的结构设计方面，可根据外卖包装实际结构采用减量化设计方式，减少包装材料的消耗以及促进包装内部空间合理化使用，以符合实际生产成本，降低资源消耗，减轻负面影响。

3. 安全性原则

在整个外卖包装生命周期中从食物装盒到运输再到消费者使用，三个阶段中运输过程占据了绝大部分时间，运输期间易受不可抗力因素影响，因此保证包装的安全性以保障食物从商家安全送到消费者手中，是外卖包装的基本需求，外卖包装的安全性原则需体现在包装的密封性、稳定性、保温性等方面。外卖包装密封性既涵盖了接触食材包装的密封性，又涵盖了外包装袋的防窃启密封性，运输途中无法避免路程颠簸，食物内包装的优良密封性，能保证外卖包装在运输途中食物汤汁不会洒落出来，减少商家、骑手、顾客不必要的损失。外包装的密封性能防止外卖在配送途中或被恶意开启，可采用一撕得或食品封条设计以保障食品健康、安全。维持外卖包装稳定性需要选用较为坚固或韧性良好的材料，以降低运输配送过程中因挤压碰撞、颠簸所导致的外卖包装破损率。由于外卖具有时效性，从出餐到送到消费者手中需在规定时间内完成，保温性则需要采用保温材料以减缓餐食温度的降低。以上一系列安全性措施皆是为了维护商户与消费者的权益，以及增进外卖包装的用户体验性。

4. 标准性原则

外卖包装对应的食品类别众多，食物的形态大小与干湿特性各不相同，外卖包装缺乏标准性生产规范，空间资源浪费明显。外卖盒大小、尺寸、规格千奇百怪，不利于配送链的流通。市面上常见的外卖包装多为PP塑料餐盒，采用热塑工艺将PP塑料压模制成形态各异的包装盒，用于盛装各种类型食材。外卖包装可以从尺寸规格、包装稳定性等作为设计切入点，以适应各种类的食品规格需求，减少包装盒的尺寸分歧，形成统一的标准化模式。同时，外卖包装结构设计在不影响内包装容量与使用稳定性的前提下，要尽可能减少不必要的外部装饰结构与耗材，提升适用性和降低空间损耗率。外卖行业的包装标准性需要企业与设计师坚持优化设计方式，方能设定合理行业准则。

5. 体验性原则

外卖包装的使用体验性应符合方便、简易、高效的理念，由于包装盒外包装层数一般为一层至两层，且包装盒夹带着内包装与餐具独立包装，过于烦琐的拆封、开启与使用方式会消磨大众的使用兴趣，降低用户体验感。更有可能影响消费者情绪以至于其降低对外卖品牌的忠诚度。外卖包装的使用便利性可分为：结构便利与视觉便利。结构合理、外包装袋易拆解、餐盒易开启等设计方式能达到结构的便利性目的，视觉便利性可利用图形增强对视觉的引导，帮助消费者开启包装，减少不必要的装饰图案，减少错误视觉引导。其次，包装盒需符合商家的常规打包手段，由于纸质包装袋不能叠放，会导致码放的空间更大，需使用适应的打包方式来提高平效，配送员的外卖箱也能存放更多份，提高配送员单次配送效率。符合就餐便利性，在市场上颇受欢迎的小碗菜，饭菜干湿分离，符合用户在独立空间中就餐的要求，纸套撕开就能当桌垫，方便使用并增加体验性。餐盒可采用腰封设计，确保外卖包装在配送过程安全性的同时，提升美观度。

三　同城外卖包装替代品设计方法与策略

（一）安全性显窃启外包装设计

显窃启包装（tamper-evident packaging），即显窃启安全包装，是一种避免偷启、私启包装等非法行为而带有特别保护措施的功能性包装。显窃启包装的主要作用在于提醒消费者在购买商品时了解包装是否被恶意破坏或中途开启过。其技术原理及特点在于：包装一旦被开启，便留有无法复原的、可清晰辨认的开启痕迹；如果包装被非法或恶意开启，开启后留下的痕迹，可以提示或警示后续的合法使用者，从而提升包装的安全性能。①出于对外卖电商平台和餐饮企业的经济性与消费者的安全健康维度考虑，初始从安全角度出发的显窃启设计也能侧面体现出附加价值。外卖包装的显窃启功能不是其包装使用的第一目的，而是为了能够辅助包装的原始运输功能，增强使用安全性，以保证餐饮食品送到顾客手中既能满足时效性，又能保证安全没有食用顾虑。将显窃启结构融入外卖包装的优势有：（1）保证外卖运输安全性。避免因运输颠簸造成的餐食损坏洒漏，减少运损对外卖平台、餐饮企业、消费者、配送员的经济损失及时间浪费。（2）保证顾客的食品健康安全。保护消费者购买的产品在配送时防止被第三人恶意开启，外卖包装显窃启方式基本上采用安全封条（如图6-5所示）对外卖外包装的缝隙或封口进行二次密封，也是给顾客呈现一种食品安全的信号。由于外卖包装的简单便利的特性，显窃启装置设计不应过于烦琐，应当做到既能达到显窃启的目的又能控制包装设计成本，做到使用方式简单易懂、减少操作流程，在消费者拿到外卖包装后还便于开启包装并减少包装垃圾的产生。

---

① 柯胜海：《基于印刷电子技术的智能显窃启包装材料设计研究》，博士学位论文，湖南工业大学，2019年。

图6-5 美团外卖安全封条

图片来源：https://m.thepaper.cn/baijiahao_15204928。

（二）可降解减量内包装设计

外卖包装的减塑减量方式多种多样，可通过材料替换、结构优化、绿色印刷、轻量化等方面落实。外卖包装减塑减量设计是指在不影响包装正常使用功能和运输功能的前提下，使用优化材料或创新结构设计，强化包装的绿色环保特性，使其具有可循环、可降解的特性，降低外卖包装件对环境的影响。由于外卖包装的外包装需要有一定支撑性、稳定性或保温性，对材料的强度厚度有一定的标准，因此减量减塑设计更适用于外卖内包装。

外卖包装替代材料种类繁多且性质各异，一般可分为纸质类材料、纸浆模塑类材料、可降解材料、木质材料、陶瓷类材料（如表6-1所示）。其中纸浆模塑与淀粉可降解材料是绿色外卖包装中较为推荐使用的材料。纸浆模塑是一种新兴造纸技术，以废弃回收纸张为原材料，在模塑机上由定制模具压制出特定形状的纸质餐盒，是木制、纸质品的优良替代品。因原料为回收废弃物（包括纸板、废纸箱、废白边纸等）材料来源广泛，制作过程由去除杂质、制浆、压制成型、干燥定型等工序组成，对环境无害。强度高可分解且体积比发泡餐盒小，可上下堆叠、运输方便、可回收再利用、有良好缓冲性、抗震抗冲击等优点。多用于沙拉、生食等油渍较少的外卖食物的运输中。在"新限塑令"的趋势下，纸浆模塑餐盒作为主要生产方式拥有成熟的包装技术市场前景广阔。可降解材料中多以玉米淀粉包装为主。淀粉类包装是天然无污染的可再生资源，不会造成环境污染，更重要的是，淀粉类餐盒的生物特性更加适合食物类包装。

表6-1　　　　　　　　　　　　外卖包装替代材料

	外观表现	不易变形	耐高温	密封性	价格
纸质类材料	光滑	×	○	×	低
纸浆模塑材料	粗糙	×	○	×	较高
可降解材料	光滑	×	○	×	高
木质材料	光滑&粗糙	○	○	○	高
陶瓷类材料	光滑&粗糙	○	○	○	高

注：×不符合条件，○符合条件。

采用可降解材料的外卖包装相比传统塑料材质的外卖包装优势有：包装体积占比较小，可增加单次外卖运输容量提升外卖运输效率；纸浆模塑取材回收材料，从包装材料源头减少原材料资源消耗；可降解材料外卖包装使用后在自然环境下能完全被降解且没有任何污染，具有优良的安全绿色环保性。减塑减量可降解内包装设计中需要注意，首先，减塑减量设计以不破坏包装的稳定性、支撑性、实用性为前提。其次，可降解材料需要具有一定的稳定性以保证完成外卖包装使用周期前不会提前分解。最后，外卖包装的内包装还需满足一定的保温性，以保证外卖在运输过程中不会出现失温现象。

四　同城外卖包装替代品设计实践

根据上述，在同城外卖塑料包装替代品设计原则中需体现外卖包装功能性原则、绿色环保性原则、使用安全性原则、生产标准性原则和用户体验性原则，所以此类减塑外卖包装需要实现以下几点功能：在包装装潢设计方面，采用简单的线条搭配醒目的配色设计logo将同城外卖塑料包装替代品设计与传统外卖包装区分，避免视觉设计同质化；并增加了外卖包装开启引导图标以避免消费者在使用开启外卖包装时损坏包装。在结构设计方面将外卖包装的形状设计成标准化长方形，以降低外卖包装在运输过程中的空间损耗率，支点夹角处采用强化处理，强化外卖包装保护功能。在材料选择方面，受限于外卖包装的实际使用成本，同城外卖塑料包装替代品的主体部分依旧采用以纸质材料为主，在满足外卖包装基本使用功能的前提下，一部分包装材料以可降解玉米淀粉基与纸浆模塑为原材料，便于包装二次回收再利用，降低生产成本。在安全方面，最外层包装的粘连处采用封条密封，能够有效避免外卖在运输过程中洒落的风险以及被窃启的风险。利用安全便签方式，提升外卖包装的安全性，使同城外卖塑料包装替代品设计形成安全绿色循环的理念。

（一）外卖包装装潢设计

1. logo设计

同城外卖塑料包装替代品设计的品牌名称为"觅食记"，即寻找美食的游记或记录。logo主视觉元素围绕潮流快餐为设计出发点，将食物、饥饿的人、吃的动作与黑白流畅的线条结合，辅以充满活力的橙色进行创作。表达形式采用单线条绘制为主，橙黑色块为辅，线条明快，简洁流畅，给消费者传递出新颖活力与安全高效的感觉。如图6-6所示。

图6-6 同城外卖塑料替代品包装logo设计

图片来源：笔者绘制。

2. 装饰图案及辅助图形设计

在外卖包装外包装上采用类似于logo线条形状的基础图案，装饰图案的设计来源于对外卖包装的抽象理解，通过情绪化的对象转移，将外卖对环境的影响上升至人与自然共存的关系，从而绘制出"消解共生"的主题装饰图案设计。色彩搭配主要采用与logo相同的活力橙为主色调，黑色线条以及色块作为重色突出黑白灰的层次，为避免图案过暖而焦灼则搭配上寓意低碳、高效的绿色为辅助色。图案选择以各种食材调料或人物、动物为主，食物与字体为辅，预示着未来饮食生活方式中人与外卖食物是一种共生共存的关系，我们生产外卖食物而外卖食物也反过来影响着我们的生活。如图6-7所示。

图6-7 同城外卖塑料替代品包装装饰图案视觉设计

图片来源：笔者绘制。

防窃启标签及插画图案在外卖周边使用的效果如图6-8所示。辅助图案则以简单的食材与人物作为结合，将物拟人化或将人拟物化的设计处理方式，物体编排较为松散，给人一种轻松活跃的观感，减轻压迫感。配色方面，暖色调的橙色在烘托氛围感的同时能够给人一种促进食欲的效果，辅助色为绿色，能够带给用户一种环保、经济的感觉。如图6-9所示。

包装色彩搭配采用橙色加白色为主色调、浅绿色与黑色为辅助色。浅色暖色系能够对消费者的食欲起到促进作用，干净整洁的包装配色也能间接地使食客了解商家的卫生程度。展现出一种活力四射、元气满满的效果。（如图6-10所示）

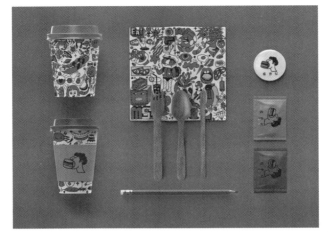

图6-8　同城外卖塑料替代品包装VI设计

图片来源：笔者绘制。

图6-9　同城外卖塑料替代品包装辅助图形设计

图片来源：笔者绘制。

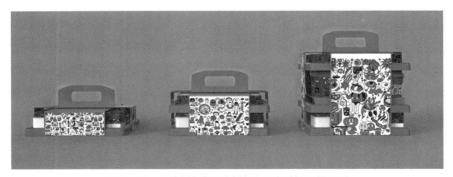

图6-10　同城外卖塑料替代品包装视觉设计

图片来源：笔者绘制。

（二）外卖包装材料选择

1. 环保型材料

考虑到外卖包装的种类、食物的性质以及尺寸的差异性，食物的搭配组合方式存在着多样性，本设计方案的包装材料选择如图6-11所示。为适应外卖配送运输需求，外卖包装材料的选择对满足包装的承重性与稳定性有一定的要求，同时还需满足包装的绿色性与可循环理念。但包装材料使用过多也会增加生产成本，导致卖家收益减少。因此，同城外卖塑料包装替代品设计的材料选择需要既满足经济性又符合绿色环保的理念。

为达到外卖包装的经济性与环保性的兼容，本包装的首选材料是以纸浆模塑、玉米淀粉基、牛皮纸为原材料制成的绿色餐盒。具有可降解、强度好、不渗漏、无异味、耐高温性与抗油脂性，符合包装产品的需求定位。现阶段大部分外卖盒容积为450—750ml，因食物的尺寸不同，市面上容积小于450ml和大于750ml的特殊大小也占据一定比例。由于相似规格的外卖包装尺寸存在细微的差异，在进行外卖包装设计时应根据食物的大小统一包装盒尺寸，尽量适配相似规格、大小的外包装。并以多重尺寸大小的包装盒组合搭配的方式满足各商家的实际需求。其优势为：以废弃纸张为原料、对环境无二次伤害、可降解与可回收再利用、体积小强度高。现在已经出现在一些轻食、高端外卖包装中。同城外卖塑料包装替代品的材料选择以玉米淀粉基为主要材料辅以纸浆模塑，在保证基本的使用性和经济性的同时满足包装的环保需求。同城外卖包装设计方案中包装盒底部的托盘即采用纸浆模塑与玉米淀粉基为原材料制成，在具有优秀的承托力度的同时保证了包装结构强度，从而能够经受配送路途的颠簸。其还具有优秀的抗冲击效果和缓冲区，并且完备的生产技术与较为合理的价格能够保障商家的经济效益，控制外卖包装的成本。

2. 绿色油墨印刷

本外卖包装的图案印刷方式中采用UV油墨，针对外卖的食品安全方面，包装上的无毒绿色安全油墨更符合广大消费者的利益，虽然绿色油墨的生产成本较高于普通油墨，但可作为一个商家的优势卖点在高端价位的外卖产品中投放。在辅助图形和装饰图形中，以线为主的图案能减少油墨的使用量以减少生产成本。在外卖包装信息图案印刷过程中甚至可以直接在玉米淀粉基、纸浆模塑包装盒上采用钢印印刷，舍弃传统油墨印刷以降低外卖包装盒制造成本。作为食品级包装材料，包装盒印刷的图案可能直接或间接地接触到食物本身，绿色油墨作为环保性材料毒性非常小，对于消费者的食品安全能够起到保障作用。

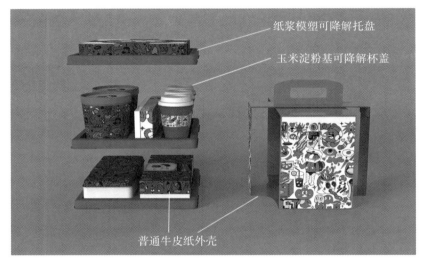

图6-11　同城外卖塑料替代品包装材料选择

图片来源：笔者绘制。

（三）外卖包装结构设计

1. 外包装可视化结构设计

市面上常见的外卖包装一般使用一层包装盒＋塑料袋的形式打包餐食，既对环境造成污染又使外卖本身的保护效果大打折扣。同城外卖的包装盒分为内、外双层包装结构设计（如图6-12所示），外卖包装的外层包装形似提篮，在运输和提拿的过程中能够对内包装和餐食起到有效的保护作用。其镂空的特殊结构能够有效减少包装材料的使用量，从镂空部位能够直观地看到内包装的摆放形式和情况，内包装若出现运损或变形消费者可以根据其严重程度对是否拒收餐食做出直观判断。

图6-12　同城外卖塑料替代品包装外包装设计
图片来源：笔者绘制。

2. 显窃启辅助包装结构设计

长久以来，外卖包装的安全性一直是消费者关注的重点，常见的外卖一般使用塑料袋进行打包，虽然一定程度上能够起到保护作用，但是其强度弱、紧凑性低的特性导致无法保证内部食物的安全性，依旧存在餐食被盗取、恶意开启等风险。带给商家与消费者种种不必要的麻烦。同城外卖包装在其侧面外包装开启处的位置粘贴上印有logo的防窃启便利封条（如图6-13所示），可防止外卖被他人开启，能够保证外卖从离开商家至到达消费者手中时，始终保证外卖的密封性是完好的。即便是外卖包装已经开启也能直观地被消费者察觉，是一种有效、便捷、技术成本低，可有效保证外卖包装安全性的方式。

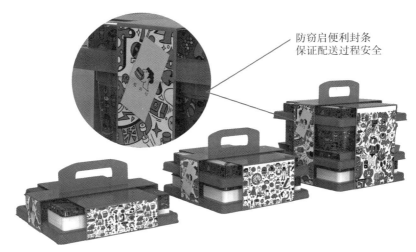

防窃启便利封条
保证配送过程安全

图6-13　同城外卖塑料替代品包装防窃启方式

图片来源：笔者绘制。

（四）外卖包装设计内容阐述

1. 快餐类餐盒设计

本设计外卖包装中的快餐类餐盒包装（如图6-14所示）以玉米淀粉为原材料制成，健康安全、可降解，符合现阶段快餐类包装的基本功能。包装外层采用质地轻薄、可塑性强的餐纸类纸盒，自带的镶嵌式盒盖能够满足食客在快节奏的工作生活状态下进食的需求，其易开启性与轻便性是为了更好地保护产品。

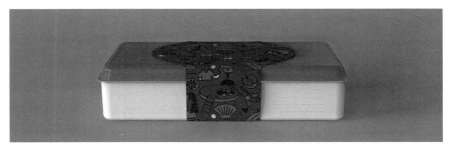

图6-14　快餐类餐盒设计

图片来源：笔者绘制。

2. 饺面类餐盒设计

饺面类外卖包装的餐盒与普通外卖包装的区别在于，是否需要将主食与汤进行干湿分离，需要对包装进行分层设计，包装盒应有一定的耐热性与防水性。图6-15所示饺面类餐盒设计分为上、下两层的深层式结构，包装材料使用食品级PP材料，具有良好的耐热性，包装两旁的提手设计也能够一定程度上避免食客被烫伤。

图6-15　饺面类餐盒设计

图片来源：笔者绘制。

3. 粥汤类餐盒设计

粥类与汤类餐盒在满足耐高温的同时需要拥有严格的密封性，以保证食物在运输过程中不会出现洒漏的情况。图6-16包装采用圆柱形设计，包装开口端有盖状封口，以避免内部液态物洒出。

图6-16　粥汤类餐盒设计

图片来源：笔者绘制。

4. 寿司生食类餐盒设计

生食类包装需要满足一定的密封性与保护性，常见的寿司与生食的食材往往质地较轻，颠簸的配送过程极易导致食材的品相遭到破坏。食材的新鲜程度与配送时间、密封性成正比。密封性与保护性是本设计中寿司生食类包装（如图6-17所示）的关键点。

图6-17　寿司生食类餐盒设计

图片来源：笔者绘制。

5. 餐具与点心类餐盒设计

餐具方面将筷子、叉子、勺子、餐巾纸等物品进行统一归纳，放置在同一个扁平的包装盒中，能够带来较好的用户使用体验，避免重复多次寻找餐具。点心类包装则展现出易开启与简易性的原则，符合正常的实用性（如图6-18所示）。

图6-18　餐具与点心类餐盒设计

图片来源：笔者绘制。

6. 饮品类包装设计

本设计中饮品类包装采用市面上常见的杯装造型，杯口的材料使用玉米淀粉基为原材料以减少对环境的污染。杯身使用纸质材料，附带环形封套，无论冷饮热饮都能够有效延缓其中温度的变化（如图6-19所示）。

图6-19　饮品类包装设计

图片来源：笔者绘制。

小　　结

为了符合外卖包装在"减塑"设计与相关生产环境下的使用要求，对现行外卖包装的使用材料与设计构思进行分析。结合可持续发展理念，将绿色环保的思想应用到外卖包装减塑、去塑的设计中，并从外卖包装的替代材料、无塑设计、循环系统、回收机制多维度分析。在外卖包装设计中以"无塑"为绿色设计的出发点，强调外卖包装设计的功能性和环保性，以此满足消费者、外卖平台和商家的差异性需求，不但有利于缓解日益增长的环境压力，同时也间接对消费者的环保意识起到强化促进作用。

"新限塑令"背景下的同城外卖塑料包装替代品设计以绿色、便捷、安全为出发点，利用绿色材料、绿色设计、绿色结构多维度技术融合以实现外卖包装完整生态周期的绿色化，满足市场对外卖包装的特殊需求。外卖包装中无塑化的研究不应局限于现阶段对限塑的理解，需要从自身角度考虑并由内而外地体察减塑体系，包括但不限于对塑料材质替代品的研发和使用。外卖包装减塑研究的过程实质上是其自我发展和构建的过程，是对外部研究的细化与深化，也是消费者自我认识的稳步推进。生产企业需从传统的外卖包装设计向绿色环保的减塑设计转型过程中思考，但这并非终点，在提升企业与消费者对环保意识观念上，将外卖包装的减塑手段从一般的摒弃替换向结构、材料、设计结合的意识过程中转换。减塑外卖包装的研究价值与研究空间目前还处于浅层，还需强化研发力度，实现外卖包装绿色化的深层次发展，更好地为社会环保事业贡献力量。

第七章
公共空间饮水瓶及其配套装置设计研究

公共空间的饮水瓶是我们日常生活中最常见的饮水包装形态，因其应用量大、再生率低且使用习惯固化，公共空间饮水瓶对自然环境造成的污染正在逐年增长。英国《卫报》报道称，全球每分钟卖出约 100 万个塑料瓶，2023 年，中国物资再生协会再生塑料分会发布《中国再生塑料行业发展报告（2022 年度）》（以下简称《报告》），《报告》显示，2022 年，废弃 PET 为废塑料回收的主要来源，占总回收量比重为33%，其中废弃 PET 瓶子占比22%；其次是其他包装膜、电器电子产品废塑料和汽车废塑料。自 2013 年以来，伴随国内环保意识的增强，国内废塑料回收量的增长幅度逐渐放缓，2022 年我国总体废塑料回收总量同比下降5.3%。2023 年，全国区域性新冠疫情恢复后经济的复苏，房地产、工业、电网、基础设施等领域都呈现出较强的增长态势，全国垃圾分类的逐步实施以及耐用品（如电器电子产品、汽车、建材等）废塑料的报废量持续增加，中国物资再生协会预计2023 年中国废塑料回收增长率约为11%。[①]塑料饮水瓶的消费量远超其回收量，未被回收的塑料饮水瓶废弃物成为自然界中"白色污染"的主要来源。随着"白色污染"所带来的问题日益显现，世界各国开始广泛关注塑料问题，并开始进行塑料污染治理。为了减少公共空间饮水瓶对环境所造成的污染，保护人类生存环境和环境可持续发展，宣传环保饮水理念，本章将从多学科结合的角度探讨公共

---

① 前瞻产业研究院：《2023年中国再生资源行业市场供给现状分析 2023年中国废塑料回收量达到2000万吨左右》（2023年7月7日），https://bg.qianzhan.com/report/detail/300/230707–da-fad8bd.html，2024年8月20日。

空间饮水瓶的可持续饮水方式，设计出合理且环保的公共空间饮水瓶及其配套装置，为环境的可持续发展和饮水包装减塑提供参考方案。

一 公共空间饮水瓶及其配套装置现状及问题

近年来，塑料污染问题逐渐成为环境保护的焦点，世界各国纷纷颁布减塑法案，中国相关法律和方案也在逐步实施，在一次性塑料袋、餐盒、吸管等领域塑料污染治理方面有了初步进展，但在塑料饮水包装领域，依然存在许多阻碍饮水瓶减塑的现象和问题，主要有以下三个方面。

第一，公共空间饮水瓶绿色环保问题。在材料上，市面上的公共饮水瓶采用的是原生PET材质，这种材质质量小、成本低，市场量存量大，消费者在使用时往往不会考虑价格问题，公共饮水包装用后即弃的现象成为常态，没有得到多次充分利用。中国在回收循环利用PET瓶方面，技术也较为薄弱，再生PET的应用以纤维用途为主，[①]难以实现由瓶到瓶回收升级。在设计上，公共空间饮水瓶的设计采用批量化生产，带来的弊端则是识别性较低，容易出现误喝或直接丢弃的情况，浪费现象严重。在包装废弃物的回收处理模式上，户外等公共场合是瓶装水的消费大区，瓶装水大量被消耗，产生了许多饮水瓶废弃物，但根据目前的回收情况来看，饮水瓶乱扔乱放现象严重，可回收箱形同虚设，饮水瓶的回收处理模式依然需要进一步升级改进。

第二，公共空间饮水装置人机交互设计不足的问题。从工业设计的角度来看，公共饮水装置设计应以共用性理念为准则，[②]目前大多数公共饮水装置人机交互的设计，没有考虑到不同类型人群在使用装置时的操作流程、装置界面的指向性、装置对于用户操作的反馈等，缺少以用户为中心的行为研究和规划，导致用户在使用时容易操作失误，进而影响装置在公共空间中的使用率。

---

① 周菁：《中国R-PET瓶到瓶技术发展现状及展望》，《合成技术及应用》2020年第2期。
② 杨玲、张明春：《城市公共饮水器设计探究》，《装饰》2010年第3期。

第三，消费者对饮水瓶的习惯性依赖和对塑料危害认知不足的问题。人们普遍还没有意识到塑料污染形势严峻，外出常常习惯购买瓶装水，且使用后的饮水瓶随意丢弃，没有养成分类回收的习惯，导致可再生利用的塑料饮水瓶受到污染，只能降级利用成为聚酯纤维，造成可再生资源浪费。

二 公共空间饮水瓶及其配套装置设计关键要素及方法

饮料包装行业的困境和新产品的吸引力是可循环饮水包装发展的前提，技术驱动和消费者吸引力是其发展的基本动力。[①]公共饮水瓶的可循环发展不仅是传统饮水包装行业和公共饮水设备领域的机遇和挑战，也为当前环境的可持续发展提供了基础保障，减少或停止塑料废物对环境的污染，有助于发展绿色循环经济，突破饮水瓶当前发展的局限。

（一）关键要素

1. 促进包装新材料研发

促进新材料的研发让当前饮水瓶包装材料有更多可供选择的方向。创新饮水瓶包装材料，已经成为饮水包装市场上最具竞争力的重要因素。若只关注饮水瓶的装饰性设计，便无法对当前的环境问题做出更多的改善。现如今，新兴行业的发展日新月异，消费者需求的多元化、包装市场各类新品牌的推广、商品间变化多端的价格等，使得传统包装行业持续消耗巨额塑料能源，包装绿色发展进入瓶颈期，把握好包装新材料的研发动向，增加饮水瓶循环使用次数，吸引更多消费者使用新型环保饮水包装，才能尽可能避免资源浪费。例如日本三得利集团宣布已成功制造出100%植物材料制成的PET瓶，以实现2030年在全球业务中淘汰所有以石油为基础的原始塑料，使用100%可持续的PET瓶的目标。

---

① 潘萌、樊安懿、钱明辉：《新零售企业可持续发展影响因素及其评估方法研究》，《商业经济》2022年第7期。

2．创新公共饮水新方式

创新公共饮水新方式是在原有的公共饮水方式的基础上，通过配合公共饮水包装和改进饮水装置，设计出人、商品、公共设施三者相互配合的一种新型环保饮水方式。饮水装置和公共饮水瓶配套成体系使用，既弥补了公共饮水装置没有饮水容器的不足，也增加了人们使用可循环饮水瓶的次数，对促进资源节约型环境友好型社会有着重要意义。与公共饮水瓶配套的饮水装置有助于合理回收旧饮水瓶，构建饮水瓶回收由"瓶到瓶"的过程，提高饮水瓶资源的再循环，缩小新塑料生产规模，发展低碳环保经济。例如，英国的一款名为Ooho的水品牌，就把饮水方式从"喝"变为"吃"，可食用的小水袋能够完全被人体吸收或在自然环境中降解。

3．完善公共标识导向设计系统

导向性设计的基本要素包含视觉导向和触觉导向两个方面。[①]在公共饮水系统内，公共导向系统通过指示性设计，最终目的是能够使产品的操作方法不言自明，使用户能不费力气地理解并把握产品的结构和性能。[②]现有的饮水装置在设计上追求简洁，却忽略了标识导向的重要性，信息传达不够明确，因此完善公共饮水的标识导向性设计十分有必要。完善标识导向系统能够确保消费者在使用过程中快速理解产品的使用方法，通过文字、符号、色彩、灯光、图形等要素形成人与环境的交互模式，引导消费者正确使用公共饮水装置，有助于饮水系统的正常运行。

（二）设计方法

1．以本体材料为主的设计减塑

设计减塑就是用设计的方法，减少塑料包装或产品的塑料使用量，是进行塑料污染治理的一种有效手段。通过设计减塑可以将原本存在塑料污染的

[①] 蒋丹青、吴永发：《地铁站公共空间导向性设计要素的研究——以欧洲部分城市地铁站空间设计为切入点》，《合肥工业大学学报》（社会科学版）2016年第6期。
[②] 郑璇、胡雨霞：《产品设计中的符号学应用》，《湖北工业大学学报》2008年第6期。

产品以另一种方式转化为环保可持续产品，也可以从生产源头减少塑料的使用。以本体材料为主的设计减塑就是关注包装本身的减塑，在材料、结构、造型等方面综合考虑包装的减塑设计，将包装本身的污染性尽量降低，本体材料减塑包括以下两个方面。

第一，本体材料减量及轻量化材料的使用。公共空间饮水瓶的本体材料在现阶段主要由PET、PVC和PE等几种材料组成，在不改变包装材料的情况下，通过减少包装材料用量或使用轻量材料，是目前最有效的减塑方式。本体材料减量通常使用包装薄壁化技术，通过减少包装壁厚实现，需要注意的是，设计材料减量的饮水瓶要在保证其基本功能的前提下进行减量，尽量维持其结构强度，确保在运输阶段和消费者使用过程中不会产生问题。[1] 例如可口可乐公司的冰露矿泉水，就是通过控制产品壁厚，再向瓶内注入少量气体来保证饮水瓶的强度。轻量化的材料除了生物基、植物基塑料开始应用外，还有一些企业开发出轻量化新材料，例如金典牛奶推出无铝箔纸基复合包装、百威英博在英国推出超低碳铝罐、康师傅推出无标签PET瓶包装等。使用本体材料减量和轻量化材料的设计能够很好适应饮水包装转型初级阶段的要求，采用循序渐进的方式引导人们关注身边低碳环保的"小事件"，从而转变成无塑使用饮水瓶的环保"大事件"。

第二，增强型结构的使用及标准化造型设计。增强型结构就是改良包装部件和内容物之间的结构关系，通过提升其结构强度或改变相关部件，在一定程度上减少塑料材料的使用和延长包装的使用期限，以此达到减塑的目的。在饮水瓶增强型结构设计上，主要以加强筋为主要减塑形式，局部免材辅助减塑。加强筋是饮水瓶设计中常见的增强结构，有着防止变形和避免产生工艺缺陷的优点。[2] 饮水瓶的加强筋多以横向的环状加强筋为主，为了美化装饰，也有部分加强筋设计成流线型或菱形，加强筋能够在饮水瓶控制壁厚的情况下很好地维持产品的稳定性，可以作为本体材料减量的优先辅助手

---

① 郭太松：《PET饮料瓶轻量化设计研究及应用》，硕士学位论文，浙江大学，2012年。
② 王琛、张佳音：《塑料产品加强筋设计及三维建模》，《软件》2021年第7期。

段，保证饮水瓶在运输、销售过程中不发生破裂变形。局部免材是将包装信息用凹凸压印或激光雕刻的方式转移到瓶身，减去了瓶身塑料标签的耗材，有利于简化包装回收流程。

包装标准化是包装管理现代化的重要组成部分，是实现包装管理高效、科学、规范、程序化的重要手段之一，[①]现有的饮水瓶标准化包装在市场上有着成套的体系，例如350ml的矿泉水瓶尺寸：直径5.3cm，口径3.9cm，高18.2cm，不同品牌之间的容量和尺寸略有区别，因此，在设计上应充分考虑饮水瓶的大、中、小尺寸以及瓶口尺寸，以便于运输和堆码。此外，标准化的造型能够适配统一的生产流水线，不仅节约生产成本，还能减少资源的浪费。

2. 以功能转换为主的产品替塑

产品替塑，从字面意义上来说，就是利用包装和产品之间相同的功能部分，在包装完成其基本功能后，转换为产品的一部分或转换为另一种产品继续使用，从而减少塑料包装废弃物的产生，也叫产品化包装。功能转换的产品替塑是将包装通过转换功能变为可持续使用的产品，重点在于包装与产品之间的互相替代关系，以及包装多样性的开发，通过延长包装的使用期限来达到减塑的目的，功能转换产品替塑主要包括三个方面。

第一，本体材料的替代使用及可持续设计。本体材料的替代就是将包装和产品融为一体，包装即产品，产品也是包装。本体材料的替代方式多用于食品或日用品的包装设计上，在控制包装成本的前提下通过增加后续的功能部件，让包装的功能得到扩展和延伸，赋予了包装产品意义，增加了包装的用途，提升了包装的使用效率，从而降低包装被废弃的可能性，节约了资源。本体材料替代使用也是可持续设计的方法之一，可持续设计是将废弃包装材料产品化或降级再利用，包装的所有材料都能重复使用。例如西班牙设计师Mika Kanive设计的Codorniu卡瓦酒包装，外包装在用完后可以做成一个很漂亮的烛台灯。

---

① 朱和平：《共享快递包装设计研究——基于设计实践的反思》，《装饰》2019年第10期。

　　第二，包装样式的替代使用及多样性设计。包装样式的替代是通过创新设计包装造型，增加辅助结构或进行多样化设计，改变原有的包装样式，让包装有着更丰富的使用方法，促进包装的循环利用。在样式设计上多以局部免材或增加配件为主，样式替代能够增加包装的使用范畴，让包装不仅仅局限于单个产品的保护，后续还能够作为新产品使用，延长了包装的寿命，也可以减少其他塑料产品的购买需求。例如可口可乐的"2 ndlives"活动就是推出16款系列创意瓶盖，将饮料瓶变为马克笔、喷壶、泡泡机、削笔刀等，丰富了可口可乐饮料瓶包装作为容器多样性。包装的样式替代和多样化设计是在现有技术下，以最低成本减少饮水瓶包装废弃的主要方式，其重点在于多样化设计，让包装有更多可玩性，促进包装循环。

　　第三，其他功能的开发、升级及创新设计。其他功能的开发是包装在保持基本功能的前提下，开发或升级为另一种具有其他功能的产品，包装与产品之间的跨度较大，设计实施起来也比较困难，处于概念创意阶段较多。通过包装开发出其他产品，需要该包装既有包装的功能又要达到产品的使用标准，该类包装以智能包装为主，通过加入部分电子元件，或使用新兴技术，提高包装的生产成本，达到包装产品化功能。例如柯胜海团队设计的智能降温口红包装，就是通过降温电子元件，减少口红在运输过程中因受热产生融化的现象，在运输完成后还可以作为口红包继续使用。其他功能的开发升级离不开创新，在进行饮水瓶概念设计时，尽量跳出思维的局限，打破饮水瓶只能装水的单一用途，设计出更有实用意义的饮水包装。

　　3. 以循环利用为主的模式降塑

　　"循环利用"字面意义上的解释，就是将废弃物品变为可再利用材料的过程，与重复利用不同，循环利用是将某件废弃产品变为可再生资源，再由可再生资源制造新产品，通俗地说，就是"资源—产品—资源"，与循环利用相关的还有循环经济、共享、可回收等概念。循环利用为主的模式降塑是将饮水过程中所有的相关方面联系起来，包括制造商、品牌商、零售商、垃圾处理公司和消费者，通过全方位的循环利用，塑料饮水瓶行业包括其他行业能够建立一个有效的回收循环系统，最大限度地保留物质的能源和价值，需要注意的是，这种循环利用模式要考虑到产品的预定寿命值、建立可供消费者使用的基础设施，最后合理地回收收集。循环利用为主的模式降塑主要包括三个方面。

第一，包装实体的循环再利用设计。包装实体的循环再利用，再利用的原则是指消费品在最终退出商业流通之前可以多次使用。包装实体再利用设计重点在于包装，包装要达到循环再利用的标准，就必须抓住再利用的要求，将可维修性和耐久性设计融入包装设计，能够更好地发挥包装再利用的作用。对于饮水瓶的再利用，消费者关心的是可重复使用包装的便利性、价格合理性和安全性，因此在设计过程中要充分考虑到这三个方面。例如美国的PATHWATER的矿泉水包装使用回收铝材质，可以承受无限次的循环，消费者在购买该瓶装水后可以将该包装作为水壶继续使用。实体包装的再利用是循环利用模式下的主要载体，是未来环保饮水的方向所在，也是发展饮水包装循环经济的一个突破口。

第二，包装配套装置的适配性设计。饮水瓶的循环再利用离不开配套装置的托底，适配性设计就"适配"一词来说，就是指某个人与某项事物间的契合，用在饮水瓶和配套装置上，则表现出产品之间的功能是否有一致性。包装配套装置需要设定统一的标准，有利于各企业生产的饮水瓶能够和公共配套装置契合使用，简化操作流程，在便利性、用户体验和其他客户满意度指标上达到与一次性水瓶相媲美的目的。

第三，公共空间饮水模式的循环系统构建。建立公共饮水模式循环系统的最终目的就是减少一次性饮水瓶的使用，提高饮水瓶资源的循环率，建立可循环消费模式，摆脱塑料造成的环境污染。构建饮水循环系统必不可少的三个主要参与者即消费者、企业和公共部门。他们将决定循环使用模式转变的速度和轨迹，三者分别代表需求、技术创新和推动。

首先，对于消费者来说，他们对可循环饮水瓶态度的深刻转变是实现循环系统最根本的驱动力，也是企业和政府发挥作用的基础。消费者偏好的转变受多种因素的影响，但便利性、价格和安全是决定循环饮水模式能否快速普及的重要原因。其次，对于企业来说，企业的创新推动能够激励消费者做出一定的改变，随着时间的推移、投资的增加，以及消费者和企业对循环饮水模式认识的不断提升，其他重复使用模式的规模也将继续扩大。最后，对于公共部门来说，是推动循环饮水模式构建的第三股重要力量，公共部门的措施和激励，将推动消费者和企业消费模式的转变，从决策部门到基层都可以作为推进平台，促进基础设施建设、创新孵化产地建设以及其他相关公共建设和支持资源发展，积极推广支持可循环饮水模式的措施。

总的来说，除了以上三个方面的内容，一个真正成功的、大规模的、全系统的公共循环饮水模式包括以下内容：交付模式效率、消费者体验、技术进步、法规政策、文化转变以及成果影响，由于涉及内容较多，本章主要以公共空间饮水瓶作为循环模式的主要内容，其余内容不过多涉及。构建循环利用的饮水模式能为消费者提供可重复使用饮水瓶，以替代一次性饮水瓶，该饮水模式最终是要朝着大规模化的方向前进，直至形成一套流畅的体系时，循环利用的饮水模式能够发挥巨大的潜力，不仅能解决饮水瓶的塑料污染问题，还能产生良好的经济效益。

三　公共空间饮水瓶及其配套装置设计方案

（一）公共空间饮水瓶创意设计

通过设计公共空间饮水瓶包装，解决目前公共饮水包装存在的问题，创新饮水方式，设计出合理且经济的公共饮水瓶减塑方案，为环境保护提供新的研究思路。饮水瓶设计如图7-1所示。

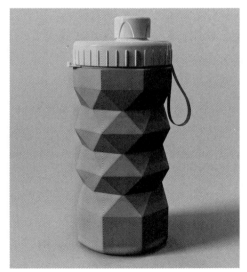

图7-1　饮水瓶设计
图片来源：笔者绘制。

在材料上，该饮水瓶从功能结构的可替代材料入手，选取轻便易携带的PP硅胶材质，该材质又名硅酸凝胶，主要成分是二氧化硅，化学性质稳定，不易燃烧且耐高温，广泛用于医疗器械和尖端特种材料。公共空间饮水瓶材料选择的目的在于能够多次循环使用，因此选择了柔软且安全的硅胶材料，来替代PET材质。

在造型上，考虑到消费群体对瓶装水包装的识别性，设计了近乎圆柱形的饮水瓶造型和标准规格的饮水瓶瓶口，瓶口设有防滑条，由于该饮水瓶需要循环使用，因此设计了可拆卸的瓶盖，以便重复利用前能够更好地清洁瓶身内部。

在结构上，为了尽可能减少饮水包装不易携带而被闲置的情况，在结构设计上采用棱形压痕的可折叠形式，通过上下向中间挤压，再利用瓶口的绑带固定，方便消费者随身携带。

在技术上，这款硅胶饮水瓶为匹配配套装置使用了智能包装射频识别技术（RFID）和二维码信息技术，配套装置通过识别瓶身内部的RFID电子芯片出水，保证饮水供应设备的合理运行。

在回收方式上，这款饮水瓶鼓励消费者循环使用，与公共空间饮水装置配套使用，若消费者不再使用该饮水瓶，只需将其投入指定回收箱内，即可得到退还的瓶子押金。

（二）公共空间饮水装置创意设计

饮水装置是整个公共空间饮水系统的辅助部分，本次设计的目标主要依靠智能化的饮水装置，结合公共空间饮水瓶配套成一个体系，解决公共饮水装置缺少配套饮水工具和装置安全性问题。饮水装置功能设计如图7-2所示。

该装置的功能分为"销售"和"租借"两个部分。

第一组件是"销售部分"，消费者通过购买全新的瓶装水，在饮用完毕后，下一次只需将之前购买的饮水瓶RFID识别部分贴近扫描饮水装置出水口，即可免费饮水。

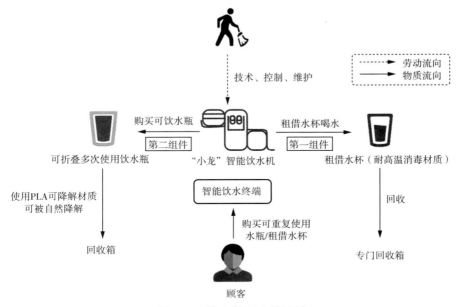

图7-2　饮水装置功能设计

图片来源：笔者绘制。

第二组件是"租借部分"，消费者通过租借水杯来饮水。首先需要扫描饮水装置上的二维码，并支付一定的水杯回收费用，即可取到租借的水杯饮水。饮水装置如图7-3所示。

这款装置在造型上，以蓝白配色为主，营造洁净卫生的风格，主要分为销售、租借、饮水三个模块，配合公共空间饮水瓶完成循环利用系统。

销售，销售部分的造型采用货架排列的方式，参考自动贩卖机的出杯流程，减少消费者对于销售

图7-3　饮水装置购买部分、饮水装置租借部分

图片来源：笔者绘制。

部分的学习成本，达到"即买即用"的销售效果。

租借，租借部分的造型仅有两个出杯口，目的是在保证正常使用的前提下，减少不可循环使用的水杯用量，消费者可以通过支付费用使用租借的水杯，但不可以直接拿取。在饮水装置租借部分未使用时，出瓶口将处于关闭状态，最大限度地保持饮水设备的洁净卫生。

饮水，饮水装置出水口的设计直接影响到整个装置的易用性，出水口应该保护出水部分不会受到灰尘、细菌的污染。因此，本装置的出水口设计成上下闭合的形式，获取饮用水需要将饮水瓶包装上的RFID识别部分贴近出水口下盖。这样设计的目的在于防止人为污染出水口和不合理使用饮水装置的现象产生，保证公共饮水装置的安全性。出水口打开后展示出指示灯，指示灯亮起即开始出水，每次出水量按饮水瓶容量计算，出水完成之后，待消费者拿起饮水瓶后，出水口盖板即收起。饮水装置出水口设计如图7-4所示。

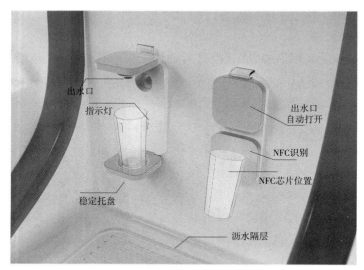

图7-4 饮水装置出水口设计

图片来源：笔者绘制。

（三）公共空间饮水模式创意设计

基于以上对饮水瓶及其配套装置的设计，以下对公共空间饮水瓶及其配套装置设计了饮水模式流程，将智能包装技术和饮水瓶及其配套装置相结合，设计一种全新的环保饮水方式。下文将从销售、使用、回收、售后等方面，对饮水瓶及其配套装置进行系统的模式设计，以满足消费者多种饮水需求。

1. 销售模式

销售模式主要针对人群是倾向于购买饮水瓶饮水或忘记携带饮水瓶，追求饮水品质包装的消费者。该装置的销售部分将饮水分为两种情况：无水瓶和有水瓶。如图7-5所示。

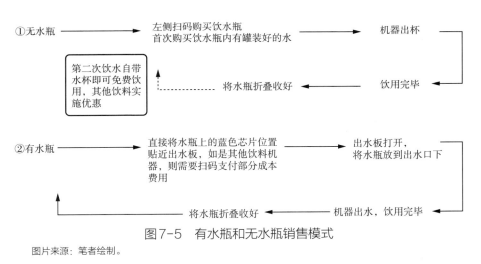

图7-5　有水瓶和无水瓶销售模式

图片来源：笔者绘制。

无水瓶——适用于消费者第一次使用该饮水系统或忘记携带以往购买过的饮水瓶，但又不想租借水杯。根据该情况，销售模式为：消费者首先扫描饮水装置上的二维码，并支付瓶装水的费用，与此同时，机器接收到购买指令开始出货，消费者在饮用完毕后可以将水杯收纳，下一次使用该装置并购买饮品时，可选择自带水杯，并且可以免费饮水。

有水瓶——消费者第二次或多次使用本装置的饮水瓶来此饮水，同时也允许消费者使用自己的饮水瓶。对于拥有该饮水系统的饮水瓶来饮水的情况，消费者只需将饮水瓶包装上的RFID识别部分轻扫出水口，就可免费饮

357

用饮水装置内的水；若消费者需要饮用装置内其他品牌的饮品，则需要扫描饮水装置上的二维码，在小程序中选择不需要水瓶，系统会相应地实施饮品优惠，支付完毕后出水板打开，消费者即可饮用到相应的饮品。

2. 使用模式

另一种饮水系统的模式是租借模式，该装置适用于需要一次性饮水的消费者。租借模式相对来说用法简单，同样需要扫描饮水装置上的二维码，在小程序上选择租借水瓶，支付相应的饮水瓶成本以及消毒费用后，即可取出租借的水瓶，消费者将租借水瓶靠近出水口，即可接水饮用，饮用完毕后将水瓶放入回收箱，完成饮水。租借水瓶饮水的过程对机器的要求比较简单，饮水瓶是一次性使用且使用的材料比购买部分的水杯便宜，用后即可回收降解，不会对人体产生安全和卫生隐患，也不会造成环境污染（如图7-6所示）。

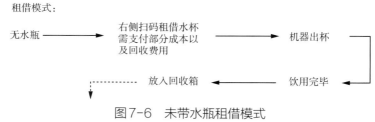

图7-6　未带水瓶租借模式

图片来源：笔者绘制。

上述两种饮水模式是该饮水系统的主要运行方式，设计重点在于开发新型业态饮水模式，目的是让人们习惯使用无塑饮水包装，形成一个无塑饮水的良好环境，为减少塑料的使用提供一种新的解决方案。

3. 回收模式

公共饮水系统需要覆盖社会各区域，满足消费者外出饮水的需求，饮水瓶的购买和回收采用"押金制"和"奖励制"并行的方式，消费者在购买时需要预付一部分回收押金，直至消费者不再需要该饮水瓶时，到附近的饮水装置处退还回收饮水瓶，相应地，饮水装置不仅将退还押金，还会以积分或购物优惠券的形式奖励主动退还瓶子的消费者。

4. 售后模式

公共空间饮水瓶及其配套装置是一个完整的饮水系统，需要有机器维护、客户服务、饮水瓶回收等方面的售后服务，用来维持该系统的长久使用。该饮水系统将工业设计、服务设计以及互联网终端设计三者结合，设计饮水瓶智能化包装、饮水装置正确工作原理、科学的饮水行为模式以及互联网终端运行，形成完善的运作方式。对于生产者来说，主要负责饮水包装的回收和装置维修，扩大生产者责任可以从源头上避免过度包装，倒逼生产商对产品进行减量化包装。[①]对于消费者来说，要有自觉分类回收的意识，联合销售者对公共饮水瓶进行回收，采用"押金制"或"奖励制"鼓励消费者将用后的饮水瓶投入指定回收点。对于相关部门来说，通过环保宣传，支持公共空间饮水模式在社会中推广，保证公共空间饮水模式能够正常运行。售后模式如图7-7所示。

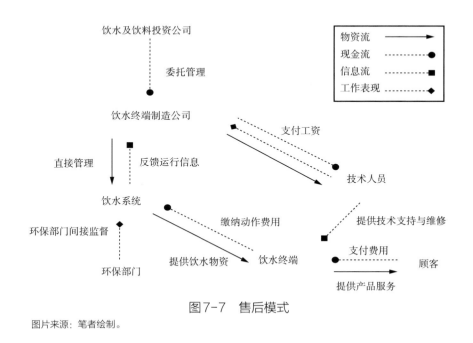

图7-7　售后模式

图片来源：笔者绘制。

---

① 张玉霞、杨涛：《关于构建塑料包装废弃物的分类、收集与管理体系的思考》，《中国塑料》2021年第8期。

小　　结

　　本章对公共空间饮水瓶减塑的现状和关键问题进行分析，提出公共空间饮水瓶减塑设计需要注意的要素和设计方法，为中国未来公共空间饮水瓶绿色环保发展提供新的设计方向：替换本体材料和设计饮水瓶使用回收模式，解决公共空间饮水瓶包装的绿色环保问题；设计公共空间饮水瓶的配套饮水设施，改变现有饮水装置人机交互不足和饮水瓶循环利用的问题；发展公共空间饮水瓶的循环饮水模式，能为将来发展塑料循环经济；构建循环饮水模式提供参考和建议，最大限度地对饮水瓶资源加以循环利用，以一种全新的姿态发展新型环保饮水方式，站在人类生态环境的高度，减少温室气体的排放和水体污染。相信在不久的将来，经过实践和总结，这条公共饮水瓶的可持续发展产业链将带来无限生机。

第八章
包装辅助物减塑设计研究

近些年，新行业、新业态的快速发展，给中国的塑料污染治理工作造成了严重的负担。针对塑料污染治理体系尚未成熟，多方综合管理体制也进一步限制其治理合力的形成。因此，2020年国家出台"新限塑令"，明确规定治理塑料污染的方针政策与实施可能性，更加细致有力，同时部署了治理塑料污染的时间线与路线图，将进一步加速形成治理塑料污染长效机制。本章针对新行业与新消费模式下所暴露出来的一系列问题，展开适合当下可持续发展的全生命周期包装辅助物减塑设计实践研究，从理论框架到设计案例分析，归纳总结出包装辅助物减塑设计的理论方法策略，从而降低塑料在包装辅助物中的占比，满足商业市场、个体户以及消费者的不同需求，进而为减塑设计研究提供一定的参考价值。

一 包装辅助物的使用范畴及回收现状

"辅助"一词在中文词语概念中指从旁帮助、协助，是起非主要的作用，因而包装辅助物则指在制造包装容器和进行包装过程中起辅助、协助作用的物件总称，主要包括封闭物件、隔离物件、紧固物件、膳食物件、标识物件等。其应用范围广、产量需求大，广泛地使用在快递、食品、药品、日化用品等包装领域，在包装本体中发挥着次要的，但又是不可或缺的作用。随着"新限塑令"的出台，由于其包装辅助物的使用寿命短、需求量大以及污染严重已经成为亟待解决的问题。例如在包装辅助物中的塑料吸管，据国家统计局公布数据，2019年全国塑料制品累计产量8184万吨，其中塑料吸管近3万吨，约合460亿根，人均使用量超过30根，业内专家表示，塑料吸管的使用时间只有几分钟，但降解的时间可能长达500年，[①]造成其难以回收、回收成本高。实际上，包装塑料辅助制品核心问题不在塑料本身，而在于包装与辅助物两者之间密不可分的联系，以及在传统思维模式下包装辅助物没有看作包装整个系统性设计去思考，要想解决此问题，需要不断提升设计师对国家政策走向的宏观理解以及对设计理念、方式方法的不断创新，同时还需要加强公众对绿色消费理念的引导，从而提高包装塑料辅助制品的循环再利用率而不是用完即弃。

（一）包装塑料辅助物的类型

1. 封闭物件

封闭物件是指在包装系统中协助箱体、容器完成封箱、封口程序所应用的物件，在包装过程中起到便捷与辅助的功能特征，它包括盖、塞、胶带等封闭物，广泛地应用于酒类、饮料、快递箱等领域。塑料瓶盖基材可分为聚乙烯、聚氯乙烯、聚酯等，胶带基材可分为BOPP胶带、纤维胶带、PVC胶带、PE泡棉胶带等，它们因其生产成本低、需求量大以及使用寿命短在给人类生产、生活提供便利的同时造成了严重的环境压力，如图8-1所示。

2. 隔离物件

隔离物件是指在包装系统中划分、区隔其产品容纳空间所应用到的物件，在包装过程中辅助包装起到防护、隔离及增加容量的功能特征，它包括隔板、格子板、填充物、缓冲物及托盘等隔离物件，广泛地应用于销售包装、电商包装、家电包装及集装化包装等领域。隔离物件的材料以聚苯乙烯塑料泡沫、聚乙烯塑料泡沫、瓦楞纸等为主，近年来由于电商、快递等新业态的迅速发展，其需求量大幅上涨，如图8-2所示。

---

① 《2020年底前一次性塑料吸管将永久退出中国餐饮业》，《造纸信息》2020年第7期。

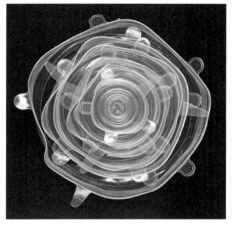

图8-1　封闭物件

图片来源: https://pinterest.com/。

图8-2　隔离物件

图片来源: https://www.baidu.com/。

3．紧固物件

紧固物件是指在包装系统中用来约束其零散物便于携带、集装运输所应用到的物件，在包装过程中辅助包装起到保护、收纳以及方便运输的功能特征，它包括金属捆扎带、塑料捆扎带、麻绳以及U形钉等物件，外形以条带状为主，广泛地应用于周转包装、家电包装、集装化包装、快递包装等领域。紧固物件的基材可分为聚丙烯塑料、尼龙、钢和聚酯等，其物件的功能特征，在包装的运输途中发挥着重要的作用，如图8-3所示。

图8-3　紧固物件

4. 餐具物件

餐具物件是指在包装系统中满足消费者进行摄取、吸食食物等一系列行为需求所应用到的器具和用具，是日用品之一，在包装过程中辅助包装起到便捷、卫生的作用，包括碗、碟、刀、叉、勺、筷子及饮管等物件，饮管是一条圆柱形，中空的塑胶制品，它们广泛地应用于外卖包装、快餐包装、奶茶饮品包装等领域。餐具物件的基材可分为聚丙烯、聚乙烯、聚苯乙烯等。近年来，外卖、奶茶等新业态井喷式的发展，它们都是膳食物件的需求"大户"，因此其产量与利润可谓惊人，如图8-4所示。

图8-4　餐具物件

　　5. 标志物件

　　标志物件是指在包装系统中用来标识产品类别和相关信息，便于自己和他人查找和定位自己目标的工具所用到的标志物件，在包装过程中辅助包装起到区分、识别作用，标志物件分为实物型、带胶型、不干胶型以及智能型等，广泛地应用于食品包装、邮政包裹、电器包装、服装吊牌等领域。标志物件的基材可分为聚乙烯、聚丙烯、聚对苯二甲酸乙二醇酯、聚氯乙烯以及铜版纸等，全球的标签用量每年在以5%—8%的速度增长，与此同时，带来的环境问题越来越受到重视，如图8-5所示。

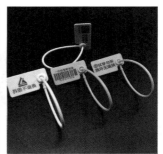

图8-5　标志物件

图片来源: https://www.baidu.com/。

（二）包装塑料辅助物的设计现状

　　在现代包装设计整体性系统思维当中，需要对构成它的成分、层次、结构、功能、内外联系方式的立体网络做全面综合的考察，才能从多侧面、多因果、多功能、多效益上把握整体，整体的属性和功能是部分按一定方式相互作用、相互联系所造成的，整体与部分密不可分，[①] 而对于包装辅助设计更多的是作为一个独立的部分外置于其中，商户通过采购等形式满足其需求，没有从包装的生产、流通、销售、使用以及废弃物的循环回收再利用全生命周期系统思维中去思考，给生态系统带来了严重的压力。因此，包装辅助物

———————

① 戴雪来：《基于系统思维的"腾黎"普洱茶包装设计研究》，硕士学位论文，上海工程技术大学，2019年。

通过第三方厂商加工生产，在设计与生产过程中形成一种粗放式、批量化模式。这主要是包装设计师、生产商缺乏对包装辅助物设计整体性系统思维的认知与利润的驱动，并且在大众普遍认知里，包装辅助物作为辅助包装完成必要的功能需求之后，即作为废弃物被遗弃。因此，行业并没有通过设计手段提升其价值，造成严重的环境污染、资源能源的浪费。

与此同时，针对包装辅助物的设计也在不断寻求其他的方式方法解决其面临的突出问题，希望通过可循环可降解的环境友好型材料与设计学相结合，从而设计出最优的替代制品。任何的替代制品如果在设计、生产端能够考虑到生态问题，就能够减少材料的使用量，[①]同时也倒逼企业、消费者不断探索新技术、新模式以及接受新理念。但是由于包装塑料制品企业集中度低，且中小企业居多，替代制品产业尚处于发展初期，受原材料、工艺、技术、成本、市场接受度等多种因素制约，相关产业链发展略显滞缓。因此，亟须通过各种方式，推动替代品制品企业规模化发展。[②]

（三）包装塑料辅助物的回收现状

新版"限塑令"从限塑到禁塑的升级，涉及生产、流通、消费、回收、利用、处置全过程，其对相关行业的影响明显。尤其是随着电商、外卖、快递等行业的快速发展，塑料制品特别是一次性塑料制品的消耗量持续上升。根据国家统计局公布的数据，2019年全国塑料制品的产量累计为8184万吨，其中包装塑料辅助物吸管产量约3万吨，约为460亿根，不干胶标签产量约80亿平方米，外卖行业平均每天消耗约8万只一次性外卖餐具以及快递行业消耗约247亿米的封箱胶带等，其中大部分塑料制品最终或被填埋或流入自然环境中，难降解、低回收利用的塑料垃圾给环境、经济发展造成沉重负担。因此，包装塑料辅助物难以回收利用的主要原因有以下四个方面。

第一，包装塑料辅助物自身的局限性。随着电商、外卖、快递等行业的

① 王胜利、臧志祥：《从限到禁：新版限塑令出台》，《生态经济》2020年第5期。
② 陈平：《风口之上如何加速推进一次性塑料制品替代产业》，《中国商界》2020年第12期。

迅速发展，包装塑料辅助物附属于产品包装，同时又具有独立性，发挥着非主观但又是不可缺少的作用。其辅助制品的设计缺乏系统观、本体功能价值单一、生产成本廉价、需求量大、使用周期短以及利润高等是制约其难以回收、降解再利用的主观原因，以传统的被填埋或焚烧方式为主，导致严重的环境污染。

第二，缺乏环境意识与自觉性。这主要是因为包装塑料辅助物作为一次性消费品自身没有引起人们的关注，其使用的便捷性、防护性、安全性以及高效性是导致过度包装、重复使用现象频繁的原因，其次消费者对塑料辅助制品的一次性消费行为文化的依赖性，是导致塑料制品需求量大、回收再利用成本高的客观原因。

第三，政策法规与循环回收模式的不完善。在对塑料制品回收处置的过程中，国家层面也不断出台相应的策略策施，但是总体来看政策目标针对性过于笼统、管理存在空白、监管措施不力、替代制品不成熟以及商业模式的变化导致其在回收上缺乏刚性约束。与此同时，在塑料制品循环回收模式上，缺乏对科学闭环回收模式的探索、回收路径的研究、回收理念的倡导以及回收公益的推动，没有从全产业链的角度推进可持续发展，建立一条从源头到分类回收再到循环再生的科学闭环回收模式。[1]

第四，新旧产业链间的矛盾与替代制品不成熟。在市场经济的驱动下，原有工业产业链的存在加之现在可替代制品供应链的局限是难以有效回收的内在因素，要实现源头减量、二次包装、替代制品升级以及循环回收再生，需要产业链上下游的企业和商家必须有所作为，才能真正实现可持续发展。在相关的替代制品研发中中国尚处于初级阶段，随着相关政令的完善，替代制品必将迎来发展机遇，催生"鲇鱼效应"，使更多的相关研发人员和企业投入其中，市场需求、竞争将更加激烈，从而有效限制、替代部分塑料制品，减少回收成本与压力。

---

[1] 陈平：《风口之上如何加速推进一次性塑料制品替代产业》，《中国商界》2020年第12期。

二 包装辅助物减塑的可能性目标

新版"限塑令"的出台实现了从"限"到"禁"再到"替"分阶段、分区域的根本性转变，包装塑料辅助物要想达到减塑效果，需要从顶层设计入手，加强对包装塑料辅助物的源头减量、完善社会市场监督机制、加大惩罚力度、强化创新设计、回收模式的构建以及标准、标识的制定与规范，使包装塑料辅助物达到生态性、多元性、效益性以及艺术性统一的目标性原则。同时通过行政措施和经济杠杆双重手段，促使企业以及相关行业进行绿色环保转型、积极研发可替代制品，倒逼消费接受生态理念，从被动到主动去减塑、限塑。因此，"新限塑令"要想切实落行，在诸多环节上仍然任重道远。[①]

（一）减塑要求

1. 强化源头设计减量手段

在促进行业良性发展的阶段，积极从规划、标准、方案、资金等方面探索推动塑料制品减量化新模式、新业态发展，制定差别化的产业政策加强对包装塑料辅助物减量的刚性约束，从而提升可操作的实用性，其主要包括激励政策和抑制政策。首先，对于环境友好型的包装塑料辅助替代制品，国家应给予一定的政策支持，包括对相关塑料制品实行减免税、提供必要的研发基金、技术孵化等，从而提高包装塑料辅助物替代制品的市场竞争力，以此方式推广其替代制品的发展与使用，从而达到对部分包装塑料辅助物的源头减量。其次，对于环境不友好型的包装塑料辅助制品，除了由点及面、循序渐进地抑制或者禁止其生产、流通及使用外，也可以通过循环经济政策抑制其发展。例如，目前中国包装塑料辅助制品的价格并没有包括其采集和处置的环境修复成本以及资源的最优分配，更多的是由全社会共同承担，所以可以通过增加其一定的税收额度，从而有效地限制

---

① 宛诗平：《别让新版"限塑令"沦为"口号令"》，《宁波通讯》2020年第15期。

其使用量。增加的税收可用于塑料垃圾制品的采集和处置，从而减少包装塑料辅助制品的环境危害。[①]

2. 完善社会市场监督机制

对于社会市场监督机制需要加强对生产制造包装塑料辅助物相关产业链的日常监督检查，促使企业转变观念、实现塑料制品源头减量。如若发现企业生产一次性塑料制品造成环境污染和生态破坏等行为，应及时移交相关生态环保部门接受查处，通过惩罚措施促使企业开展自我反省与监测，同时督促企业对相关塑料制品的生产、回收情况做好记录，将相关领域塑料制品生产、流通、回收等信息最大限度地公开透明，接受社会大众的监督。并且需要完善生产者责任延伸制度，包括产业链上游的设计研发与生产和下游的循环回收和再生两个阶段。从传统的以生产者承担其相应的环境责任这种单向需求模式转变为包装塑料辅助物设计、流通、回收利用以及废弃物处置等全生命周期的多向需求新模式，此过程在于从整体性系统思维的角度分析其回收利用的可行性，以此减少塑料制品的生产量。

3. 加强对公众引导宣传

治理包装塑料辅助物对生态环境产生的压力是全社会共同面临的问题，其原因主要是包装塑料辅助物本体使用时间短、功能受限、产量需求之大以及消费者对深入人心的一次性消费文化的依赖所造成。因此，要想有效杜绝与限制塑料制品对生态环境的危害，需要不断强加宣传，引导消费者绿色生态消费，提升公众的自觉性与参与度。首先，要丰富其宣传形式的多样性。在短时间内利用互联网、新媒体等形式，降低公众对环保理念的认知与接受成本，在全社会范围内形成生态文明的良好氛围。其次，要提高塑料制品危害的可知性。将晦涩难懂的专业的知识转化为通俗易懂的科普知识，同时加强对虚假宣传、伪信息的打击力度，既强调知识的科学有效性，又强调可操作性，让公众全面了解塑料制品的危害与回收方法及建议。最后，要强化宣

---

① 陈平：《风口之上如何加速推进一次性塑料制品替代产业》，《中国商界》2020年第12期。

传的指向性。根据不同对象制定不同的宣传措施，使其通过刚性约束减少塑料制品的使用量，只有这样，才能使宣传达到目的性与实效性的统一。[①]

（二）目标性原则

1. 生态性

在可持续发展的趋势下，生态性贯穿于事物发展过程的始终。包装塑料辅助物利用材料的可降解性、结构的精巧化、工艺技术的简洁性等方式方法，使辅助物件达到减量、环保、回收再利用的要求。具体分析包装塑料辅助物的类型特点以及行业发展需求，生态性原则主要体现在包装塑料辅助物主体的生态性，从它的设计生产环节、运输销售环节、流通使用环节以及废弃物的回收再利用环节等考虑其生态环保，减少不可降解型塑料制品的产量，积极研发替代制品从而有效防止环境污染，以最少的资源获得最大的发展。其次是在消费者客体的生态性，主体与客体之间是既对立又统一的关系，主体受客体消费者的性质和规律的制约，只有符合消费者的性质和规律才能获得可持续性发展。

2. 多元性

传统包装塑料辅助物功能形式单一化、使用时间短以及环境污染问题严重，这与未来生态绿色理念是不相协调的，多元性设计目标将是未来包装塑料辅助物减塑、限塑的一种必然趋势。包装塑料辅助物的多元性首先体现在其功能形式设计的多样化，通过对包装辅助物件功能形式的叠加、延伸从而增加其附加值，利用成本的抬升从侧面降低其辅助物件的浪费与回收，同时丰富了消费者的使用体验。这也延长了包装塑料辅助物的使用寿命，使其更加具有互动性、趣味性以及收藏价值。其次，随着包装新材料、新技术的研发不断成熟和深入，塑料替代制品的种类和样式会多种多样，通过材料学与设计学的相互交叉，使得设计与材料技术相互促进，从而不断完善和深化对

---

① 虞伟：《"限塑"公众教育的冷思考》，《世界环境》2020年第6期。

包装塑料替代制品的设计，更多奇思妙想将被落地实施，同时能减少不可降解塑料的使用量，实现包装塑料制品高质量发展。

3．效益性

在市场经济不断发展的过程中，包装塑料辅助物作为包装附属品均应在满足其功能、便于使用的前提下，实现其生产成本与效益比值最小化。包装塑料替代制品作为减塑、限塑的一种形式，从目前来看其成本问题不可小觑，这是限制其规模化生产的重要原因。它既包括材料本身的成本，也包括材料技术研发成本和在使用过程中的效益成本，它比传统的塑料制品成本高出3—5倍。因此，要想实现其生产成本的最低化，需要不断提升对材料的科技研发水平，国家在政策上给予一定的激励，包括研发基金、技术支持以及减免税等从而刺激企业研发出性能达标、绿色环保、经济适用的包装塑料辅助替代制品。同时还需要不断加大设计方面的成本投入力度，在替代制品的发展的过程中，设计环节是实现辅助物件效益性的核心，如果只是不断降低材料的研发成本，不去考虑设计方面的可行性，那也是对材料的浪费，通过设计形式的多样化，如造型、结构、空间、视觉、使用行为、使用情境以及使用体验等方面减少材料研发的总成本，从全生命周期的角度去实现资源利用的最大化。

4．整体性

在传统的包装设计过程中，包装更多的是注重保护产品、方便运输以及促进销售的基本功能需求，这更多是在使用产品包装之前所关注的重点，一旦消费者购买产品并使用后，包装将被作为废弃物进行回收再利用处理。在此过程中并没有考虑其部分包装使用环节的整体性，多数情况下被看作独立的个体外置其中，由于其不被重视，采用不可再生能源进行单独再设计，造成严重的环境污染。整体性就是把研究对象看作由各个构成要素形成的有机整体，从整体与部分相互影响、相互制约的关系中寻求设计特征和规律。因此，整体性目标体现在包装本体设计的一体化，包装辅助物将被作为包装本体结构的一部分融入其中，以延伸和拓展包装功能为出发点，赋予包装更多新的功能，这同时丰富了消费者的使用体验，增加了包装的互动性与趣味性，同时减少了包装塑料辅助制品的产量，通过设计手段有效实现减塑目的。

三　包装辅助物减塑设计的方法与策略

（一）材料替代法

随着将"白色污染"纳入国家发展战略的高度，越来越多的科研工作者投入材料研究与技术攻关，并形成全产业链的开发模式，大力支持推广新型绿色可循环产品包装，以此真正解决塑料污染问题。材料替代法主要是指由单一的技术需求导向设计转变为行为方式上的双向设计，而行为方式上的双向设计是在结合材料特性的同时，通过对包装本体材料的完全替代或者部分替代，实现减塑目标的一种设计方法，以此在满足包装市场需求、社会需求的同时通过包装材料学与设计学相互交叉融合从而达到意想不到的效果，以先进的设计理念、方式方法实现绿色环保材料的最大化资源利用。

1. 包装本体材料的完全替代

包装辅助物中的本体材料完全替代是指将可生物降解的 PLA 材料、纸浆材料以及可堆肥等材料经过特殊的加工工艺和一定的设计方式方法，实现产品包装的生态环保、结构宜人、堆叠运输以及回收利用。可持续环保材料在包装辅助物中完全替代的应用与推广能够从源头上实现绿色减量，但是需要注意，并不是所有的包装都可进行本体材料完全替代，而是在对其包装进行分类研究的基础上，针对那些可进行完全替代的包装领域在不影响其基本的产品安全、使用体验以及销售运输的情况下通过某种创新设计替代样式达到减塑目的，并且弥补传统包装材料缺陷，使其包装性能更加优化，以此方式减少塑料对环境所造成的污染。例如，英国设计师利用纸浆材料的加工技术简单、来源广泛、成本低廉以及可重复叠放，设计了一款可降解缓冲纸浆辅助物（如图8-6所示）。其具备一定的灵活性，依据材料的柔韧性和缓冲结构的模块化设计，允许酒瓶的形状和大小发生相应的变化，这是传统缓冲材料所无法比拟的，并且这种环保材料包装可放置在家庭任何的堆肥箱中，经过6个月左右时间自然分解，从而避免传统缓冲物因材料的不可降解、焚烧产生有害气体给生态环境造成负面影响。

图8-6　可降解缓冲纸浆辅助物

图片来源：https://wbc.co.uk/。

2．包装本体材料的局部替代

材料的选择与优化在包装设计中起着承上启下的重要作用。通过采取包装本体材料局部替代的形式从而减少塑料在包装中的占比，达到一种理想状态下包装资源最大化利用。此形式是针对那些不可替代性塑料包装领域所采取的一种设计样式替代方法。包装本体材料的局部替代必然使其包装性能得到一定的改良优化，在带给消费者新颖体验感的同时可实现包装的多次回收再利用，以此来缓解包装废弃物对环境所造成的污染。例如，生态品牌公司设计的循环洗护品包装（如图8-7所示），其瓶口部分与内容袋相结合，通过材料局部替代、方式通用的嫁接理念来减少塑料制品的使用。该设计将包装整体分为外包装和内包装两个部分，外包装由100%的可回收材料压模制成，具有可降解与防水功效，同时可以更好地满足保护内容袋运输需求；而内容袋由单一树脂制成，相比普通塑料瓶减少70%以上，可以进行多次循环使用，每次只需将外包装进行替换即可。通过采取包装材料的局部替代方式从而达到绿色减量与高效回收再利用，以此最大限度地减少不可降解塑料制品在包装中的使用。

图8-7　通用式循环洗护品包装

图片来源：https://ecologicbrands.com。

（二）方式替代法

方式替代法是指重新定义包装塑料辅助物使用方式，改变其传统模式在消费者心中的客观印象，通过内外分装、功能附加等设计手段提升其回收再利用性，使其辅助物件在使用的行为、心理上带给消费者不一样的新奇体验，不仅增加了辅助物件的使用频次，并且一定程度上赋予了包装辅助物第二次生命，以此达到减塑目的。例如，达能旗下西班牙矿泉水品牌Font Vella设计的智能瓶盖辅助物件（如图8-8所示），通过功能的叠加提升本体的附加值，取缔一次性的使用行为，从而更加具有实用价值，能够有效地达到减塑、限塑的效果。Font Vella推出的智能瓶盖——Coach2o，通过利用新技术在瓶盖的内部结构加入智能芯片从而有效地实现智能跟踪用户每天的饮水情况、指定饮水目标、提醒用户及时补水的功能延伸。同时，Coach2o智能瓶盖还可以与手机App相连，记录用户每日饮水情况，并提供针对性的饮水建议。该设计将传统的单向本体需求设计转变为双向多功能系统行为设计，从而实现资源的高效循环再利用。功能附加的例子还有可口可乐推出的16种不同功能的瓶盖，即瓶盖可变为水枪、喷壶、泡泡机以及卷笔刀等，希望通过这种变废为宝的设计，唤起人们对环境的保护意识。

图8-8　Coach2o智能瓶盖

图片来源：https://BeverageDaily.com。

（三）结构替代法

1. 循环结构

循环主要是指事物周而复始地运动或变化，其具有减量化、再使用、再循环3个特征。基于循环特征提出的包装辅助物设计，是通过本体造型结构易拆分、折叠、拉伸、便携、适配以及使用行为方式的变化从而使其辅助物件本体产品化的一种方法，同时在一定程度上潜移默化地影响着消费者观念的变化。例如，CHEW团队对吸管进行了重新定义，设计了一款可反复循环使用的吸管（如图8-9所示），以此来减少传统一次性吸管的污染浪费现象。该吸管采用模块化设计，其可拆分为几个不同的单元进行模块化处理，管体由金属材质制成，分为二段式结构以满足不同使用需求长度，同时为了防止金属管体使用时误伤消费者，对接触部分采用硅胶材质进行接口短体螺旋式

图8-9　可重复使用的吸管

图片来源：https://www.puxiang.com。

设计，方便使用与清洁。在使用方式上将吸管分成两段后，就可装入外包装盒中，并且通过外包装盒体结构的镂空设计，使用时通过旋转盒盖的方式使其干燥，这样就可反复循环使用，巧妙地赋予产品包装快速冲洗的功能，既美观又具有实用性，同时容易收纳且方便携带。

2. 按压结构

包装辅助物的按压式结构驱动是指一种通过手动向下或沿着指示方向挤压特定物体从而触发包装内部相关结构，来改变包装原有空间状态满足消费者使用需求的一种方式方法。按压式结构设计是通过针对特定用户需求或问题，从功能作用、触发方式、空间结构和指示信息4个方面来对包装的内部结构进行的整体设计，从而引导并驱动相关技术产生某种特殊功能。[1]例如，美国百事可乐旗下的Drinkfinity品牌公司设计的按压式驱动饮水瓶（如图8-10所示），该饮水瓶设计思路是，消费者只需向品牌提供的杯子中注满水，然后将装有天然成分的饮料调味盒子放入瓶盖中，通过手动向下或者沿着指示方向特定物体施压、摇晃，顶部的浓缩剂会在水面上炸开直至融合到整瓶水中，带来一种魔术般的视觉体验。同时，瓶子是可以长期重复使用的，消费者只需要单独购买盖体当中的天然浓缩剂就可实现无限次地饮用饮料。利用辅助开启物的按压式结构驱动与包装本体相结合，使原本单调乏味的辅助物因其独特的操作方式和功能触发机制为消费者带来了不同的使用体验，增强了包装的趣味性和互动性。

图8-10　Drinkfinity品牌按压式驱动饮水瓶

图片来源: https://thedieline.com。

---

① 柯胜海、王远志：《结构驱动式包装设计》，《包装工程》2020年第4期。

3．免胶结构

随着当下快递运输行业的迅速崛起，在包裹封箱过程中使用的塑料胶带需求量日益递增，造成严重的环境污染。基于免胶结构的优点，吸引了众多企业人员投入研究。所谓的免胶结构，是科学性与艺术性的结合，遵循可持续设计原则在特定包装运输、存储过程中通过结构的夹、钩、插、咬、延伸等方式起到免胶功效，并且保护内容物的安全以及满足多次重复利用的功能特征。免胶结构分为本体免胶和辅助物件免胶两种类型，本体免胶是通过包装本体开启结构改良优化起到免胶效果；辅助物件免胶是通过辅助物的造型、使用行为方式、结构的再设计从而代替传统封箱胶达到减塑免胶效果。例如，台湾设计师设计的回纹封箱器（如图8-11所示），回纹封箱器是一款可以多次封箱使用的辅助物件，以薄铝板制成，可以多次弯曲使用，并且可回收再利用，以此减少塑料封箱胶的使用，同时延长纸箱的重复使用寿命以及使用者多次循环使用的便利性。回纹封箱器具有90°弯折的标示牌，可作

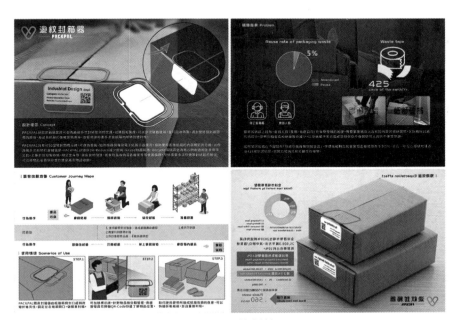

图8-11　回纹封箱器

图片来源：http://www.xingxiancn.com/article/16980。

为书写、贴附条形码使用，协助使用者做内容物的分类标识，满足多次取物的仓储管理需求。回纹封箱器包装辅助物件主要针对短暂收纳、货物存放、办公存放等场景使用，提供快速封箱拿取的便捷性与环保性。

4. 一体化设计

所谓包装辅助物一体化设计，是整合了多个原来相互独立、分散的主体通过某种方式方法逐步在同一本体中彼此包容、相互影响的一种设计方式。其可分为相对一体化和绝对一体化，相对一体化是指借助物的概念实现包装一体化，使其相互统一构成一个整体，但又可彼此独立，具备一定的使用价值。而绝对一体化是指包装本体一体化，通过一体化的设计理念使包装在物理层面上实现开启和使用行为方式一体化，以此达到减量目的，并实现高效循环回收再利用。外国设计师 Jo Sae Bom 和 Jeong Lan 所提出的一款一体化咖啡杯设计（如图 8-12 所示），该设计结合了速溶咖啡的功能特征，使消费者在使用过程中不会产生剩余包装废弃物的同时，更不需要多余的咖啡杯，完美诠释了包辅一体化的设计理念，在实际的应用中发挥着重要的功能作用。

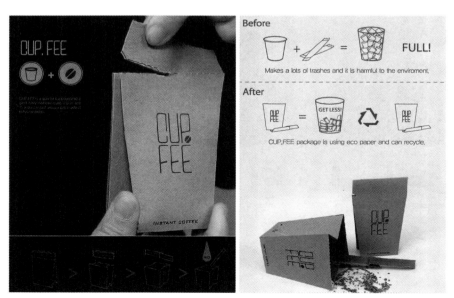

图 8-12　环保咖啡杯包装设计

图片来源：http://www.qysgf.com。

设计师提出的 CUP FEE 环保咖啡杯包装采用环保可回收的牛皮纸制成，内部容装冲泡咖啡的粉末，沿着虚线撕开包装后，包装将变成一个全方位立体式的辅助方形杯子供消费者使用，而且撕下来的部分展开后则能直接作为包装辅助物搅拌棒来使用，一举两得。该一体化咖啡杯包装设计与传统的咖啡包装相比，冲泡咖啡将不再产生多余包装纸和一次性杯子、搅拌棒等辅助物件，CUP FEE 带来的是一种理想型、最大化的资源利用理念。

小　　结

包装辅助物减塑设计是社会发展的产物，也是政策法规、技术攻关以及绿色减量的集中体现。"无塑"生活的应用与推广可以有效协调人与环境之间的关系，使生态环境得以改善。包装辅助物的减塑设计一定程度上缓解了新业态下包装废弃物的治理压力，为"新限塑令"的落地实施提供了一定的参考价值。其设计方法与策略能够最大限度地减少塑料使用并提高回收再利用效率，也是未来包装发展的主要趋势。因此，包装减塑设计既要满足社会、消费者、商家不同群体的基本需求，也要满足生态环保与回收的要求，降低对环境造成的压力。同时也需要加强对企业的责任监督与对公众的引导宣传，使全社会潜移默化地形成绿色消费模式，通过多方共同努力，使中国真正实现绿色可持续发展。

第九章
高档白酒共享快递包装设计研究

　　白酒根植于中华五千多年文明史中，是最具中国特色的酒类饮品，从艺术创作、文化娱乐到饮食烹饪等各方面都扮演着重要角色。[1]随着国民消费习惯及理念的逐渐转变，网购白酒已成为一种常态，线上商城实现了白酒消费的"去中心化"，使白酒在销售环节不再受制于地域及时间，加速了产品的流通，备受消费者青睐。然而，快递包装作为网购白酒物流环节的重要组成部分，时常会出现产品损坏或是运输途中被盗换等问题，这不仅影响消费者购物体验，有损消费者的利益，也会损害网购商家的利益导致网店销量降低，甚至关店。尤其是对于具有较高经济价值的高档白酒来说，随着网购量不断攀升，运输过程中如若出现安全性问题更是会造成较大的经济损失。此外，数据显示，中国快递业每年消耗的纸类废弃物超过900万吨、塑料废弃物约180万吨，并呈现快速增长态势，大量的包装垃圾对资源及环境造成了巨大浪费和破坏。[2]近年来，伴随着共享经济的发展，各大物流及电商企业也将共享理念引入快递包装，推出新型快递包装箱，实现了快递包装的绿色化、可循环，取得了一定成效。但目前中国的共享快递包装还处于初步探索阶段，仅局限于在快销品、母婴、生鲜等几类产品中使用，功能及类型较为单一。基于此，本节将探索共享包装与高档白酒快递包装间的契合点，致力于从安全性、环保性、适配性、易用性等角度提供高档白酒共享快递包装创

---

① 张国强：《中国白酒工艺的传承与创新》，《酿酒》2018年第3期。
② 中国政府网：《纸箱回收、源头减塑、胶带"瘦身"——全年超800亿快递包装如何绿起来》，http://www.gov.cn/xinwen/2020-11/17/content_5561957.htm，2020年11月17日。

新设计方案，为共享包装的广泛应用提供案例参考，为"新限塑令"政策的实施在设计学的角度提供助力。

一　现行高档白酒快递包装的问题分析

目前，国内高档白酒的价格较为昂贵，单瓶价格普遍高于一千元，其包装容器一般采用陶瓷、玻璃材质，整体脆值较低，对产品的运输安全要求非常严格。因此，安全性是该类快递包装的重要评价指标之一。其次，快递包装生产或运输过程中使用回收性较弱的材料易造成资源浪费和环境污染，高档白酒快递包装的绿色化问题也亟待解决。

（一）安全性

快递周转流程中每一个环节都与安全密切相关，安全性是快递企业对运输的基本需求之一。[①]现行高档白酒快递包装的安全性问题主要包括两个方面：一方面是内装物破损问题，另一方面是运输途中易被偷换问题。在内装物破损方面，经调研发现，现行高档白酒的商品包装并不具备良好的物流运输功能。进行线上销售时，商家通常在快递箱中加入一些廉价的填充物（如气泡柱、泡沫、纸球等）作为缓冲包装（如图9-1所示）。物流周转过程中受路况、天气、野蛮装卸等不确定因素的影响，这些缓冲物受到颠簸、碰撞时容易变形或损坏，从而导致白酒包装与车体或其他快件磕碰挤压，产生冲击载荷，对内部酒瓶造成破坏性伤害，影响产品质量。如果消费者在快递签收时发现酒瓶损坏会引起消费纠纷，降低消费者对商家的信任度和商品流通效率，影响商家信誉。

在运输途中易被偷换的问题上，目前的快递包装在物流环节中不具备管控功能。消费者及商户只能大致了解物流信息，快递箱在出现被盗或偏离正常的运输路径时，包装本身不能做出迅速的干预与保障，加大了被偷换的

---

① 龚韬：《快递企业的安全运输》，《物流工程与管理》2017年第8期。

风险。另外，快递包装的封缄物以胶带为主，防盗结构在快递箱上的运用较少，任何人都能利用剪刀、钥匙等尖锐的工具轻易打开包裹。这也是导致贵重物品在运输途中丢失、被调包的新闻报道屡见不鲜的原因之一。

图9-1　高档白酒快递包装中的缓冲包装

图片来源：笔者绘制。

（二）绿色化

现行高档白酒快递包装的绿色化问题主要集中在材料环保问题以及包装过度问题。在材料环保问题方面，当前，高档白酒的快递包装大体分为三个部分：外包装、内部填充物及快递单。外包装通常使用瓦楞纸箱、聚苯乙烯泡沫（expanded polystyrene，EPS）开模箱、聚乙烯胶带等材料，内部填充物则一般采用聚乙烯气泡柱、覆膜珍珠棉、聚苯乙烯泡沫、纸等材料。[1][2] 这些材料中塑料和瓦楞纸箱用量居多，其中塑料制品的化学制作过程较多，处理和回收需要较高的成本及技术支撑，在消费者签收快递后，它们多数被当作垃圾丢弃，这一现象不利于包装材料的循环利用，对生态环境造

---

[1] 陈翮：《基于低碳理念的快递包装设计研究》，硕士学位论文，西安工程大学，2019年。
[2] 朱婷婷：《"网购热"背景下我国快递包装污染的治理研究》，硕士学位论文，湖南师范大学，2019年。

成了严重的污染。

为避免白酒在运输途中被损坏，商户或快递公司往往会在快递箱内加入大量填充物对商品层层包裹，从而产生过度包装的现象。当消费者收到快递后由于快递箱内部构成及胶带封箱的烦琐性致使包装不易开启，消费者通常使用暴力手段打开快递，导致包装箱损坏，失去再利用的价值，降低了快递包装的循环利用率。

（三）标准化

快递包装质量的优劣与标准化的实施有着密切关系。目前，商户普遍根据消费者所购买产品的体积大小确定快递包装的规格，这些快递包装多数由商家小批量生产、组装，尚未有针对不同容量的通用型快递包装，导致高档白酒快递包装未形成统一的包装规范。由于材料裁切及包装手法无标准规范也使得诸多自制包装的运输功能不合格，造成了大量人力、物力的浪费。并且大小不一的快递箱在运输途中不易码放，往往会占用更多的运输空间，影响运输效率，增加运输成本。此外，高档白酒快递包装与普通快递的造型、款式及材料都较为雷同，在物流过程中不易识别和分类，降低了快递员工的警惕性，易导致野蛮装卸的情况发生。

综合来看，高档白酒快递包装的安全性、绿色化和标准化问题严重困扰着消费者、企业及政府部门，同时也制约了快递业的健康发展。为解决以上问题，采取共享理念的快递包装，以提高运输安全性为主要着力点对高档白酒快递包装进行创新设计，则是一种较好的解决办法。

二　白酒共享快递包装的优势

共享快递包装的概念来源于共享经济。共享经济的本质是整合线下闲散资源（如物品、劳动力、时间等），利用互联网平台将其贡献给他人并获取相应回报的经济模式。共享经济的核心在于，其能使资源利用效率最大化，充分利用闲置的资源，减少重复投资，创造有价值的服务形态，是值得推广应用的更加符合可持续发展理念的新经济模式。[①]共享快递包装则是建立在共享理念基础之上，将循环理念融入快递包装中，增加包装使用次数，以租代购，利用环保材料，对包装结构进行标准化、通用化设计，并搭载智能硬件使包装箱流转于不同物流实体间的可循环式新型快递包装。具有通用性、安全性及标准化的特征。

共享快递包装作为一种新型快递包装，其自身的优势与特点较传统快递包装而言，更符合现行快递物流业的需求，具体表现在四个方面。（1）单个成本虽高于瓦楞纸箱、泡沫箱等一次性包装物，但其具有循环使用的特性可以降低单个包装单次使用的包装成本。（2）采用环保材料并对快递箱结构、材料进行减量，能够有效降低包装废弃物对环境的污染。同时其可循环使用的特点能够一定程度上减轻资源损耗，遏制包装垃圾产生，达到保护环境的目的。（3）利用标准化及通用化的设计能够最大限度装载不同规格的产品，减少快递包装的规格区间，降低运输空间的浪费，提高运输效率。（4）通过与智能硬件的结合，快件收寄人员可随时掌握相应快件的所处环境与产品完整度，增强了产品运输的安全性及相关信息的追溯性。

针对网购高档白酒的物流现状，以及在物流运输中出现的各种问题，高档白酒应用共享快递包装的优势主要包括以下几个方面。首先，提高包装的环保性。共享包装的标准化造型及适配功能能够适配不同规格的白酒，可根据产品的尺寸进行可变设计，减少包装由规格过多产生的资源浪费问题，精减打包操作步骤，节约物流空间。并可通过共享机制，将包装循环使用，实现包装的可持续发展。其次，提升包装的保护性。共享包装采用缓冲气囊及隔离板的缓冲结构设计可实现包装箱内多余空间填充，避免白酒在运输过程中相互碰撞，保障产品的运输安全，提高商品流通效率。最后，使快递包装具有管控性。高档白酒价格昂贵，为了降低被偷换风险，减少经济损失，共享包装可与智能硬件、防盗扣结合，加强包装的防伪、防盗功能，与手机、

---

① 朱和平：《共享快递包装设计研究——基于设计实践的反思》，《装饰》2019年第10期。

电脑相连可随时掌握相应快件所处环境与白酒完整度，给消费者提供优质、安心的购物体验。

三　高档白酒共享快递包装创新设计方案

前文提到，"新限塑令"背景下，高档白酒共享快递包装的设计应着重考虑包装的标准化、环保性、安全性及适配性，因此，在设计方案制订上应集中在以下四方面：一是在结构设计方面，对内外部包装进行可折叠、可适配和标准化的结构设计，强化快递包装保护功能，方便包装回收后可再利用；二是在材料选择方面，在满足基础功能的同时，运用绿色材料并减少材料种类，降低资源消耗，节约生产和回收成本；三是在防伪溯源功能方面，利用显窃启辅助功能配合智能化技术，增强快递包装的防盗性，实现实时交互、管控及决策；四是租赁及回收服务系统方面，建立健全共享包装回收系统，通过共享平台及回收据点，使高档白酒共享快递包装形成商业闭环，实现循环使用。

（一）造型及结构设计

快递包装设计是基于规格标准化的基础上展开的。[①]考虑到高档白酒的种类、尺寸以及用户订单数的差异，组合方式具有多样性，对所占包装空间各有要求。同时，过多的快递箱规格也会增加生产成本，降低企业效益。根据市场调研分析，高档白酒净含量多为45—500 ml，也存在个别规格较大的，如净含量为1000—1500 ml、2000 ml及以上的大瓶酒。以笔者设计的净含量为500 ml的五粮液"知遇"酒（如图9-2所示）及净含量为1500 ml的"花好月圆"酒（如图9-3所示）为例，两款白酒外包装尺寸分别为110 mm×110 mm×210 mm、160 mm×160 mm×320 mm。针对"知遇"这类规格常见的白酒，消费者网购时可能零散或批量购买，由于相似规格的外包装

---

① 金诗韵、盛建平、关崇山：《快递包装的标准化和减量化设计》，《包装工程》2019年第3期。

尺寸存在略微差异，在进行共享包装设计时应根据实物大小减少并统一外包装尺寸，并尽量适配相似规格、大小的产品，以多种规格的共享包装相互组合，满足不同消费者的购物需求。另外，针对如"花好月圆"这类因造型或容量占据较大空间的大瓶酒，在进行共享包装设计时应考虑箱体内部结构的灵活性，搭配内部气囊及隔离板，以多种内部空间组合的形式规避较大规格的白酒因缓冲物松动、翻滚造成损坏。

图9-2 "知遇"酒包装设计

图片来源：笔者绘制。

图9-3 "花好月圆"酒包装设计

图片来源：笔者绘制。

根据上述现象，由笔者设计的高档白酒共享快递包装，将外包装尺寸分为三种（如图9-4所示），尺寸的比例分别为1∶4、1∶2和1∶1，商家可根据用户订单的不同需求，选择不同尺寸的包装，还可通过不同尺寸的快递箱进行组合搭配。堆码效果如图9-5所示。在缓冲结构方面，采用气囊代替原有的一次性填充物，通过隔离板可防止白酒相互碰撞，能够高度适配内装物大小，用毕可折叠存放，减少空间浪费，实现缓冲物的绿色可循环，具体操作流程如图9-6所示。

275 × 150 × 165　　　　410 × 230 × 250　　　　550 × 300 × 330

单位：毫米（mm）

图9-4　高档白酒共享快递包装尺寸

图片来源：笔者绘制。

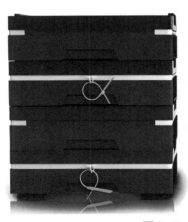 

图9-5　堆码效果

图片来源：笔者绘制。

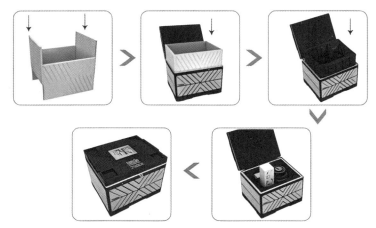

图9-6　共享快递包装使用流程

图片来源：笔者绘制。

在箱体结构设计上，本设计方案采用了轴心式折叠结构，[①]如图9-7所示。利用轴心压缩的方式保持底部及顶部面积不变，从箱体侧面缩减其面积和体积。在用户取完快递后，可对包装进行折叠，使其空间体量变小，在回收及运输过程中能够提高运输空间的使用率，降低物流成本。在开启方式上，以拉链替代胶带，既便于包装开启，又能减少资源浪费。

图9-7　轴心式折叠结构

图片来源：笔者绘制。

---

① 修朴华：《产品设计中折叠结构的应用与研究》，《设计》2017年第15期。

此外，快递包装无论在物流运输过程中还是快递回收过程中，往往需要进行搬运、集装和堆码处理。随着堆码件数与高度的增加，包装所承载的压力及整体稳定系数也会发生变化，针对此问题，快递箱内部加入了可拆卸的榫卯结构承重板，其可实现面与面、边与边的拼合，亦可实现面与边的交接构合。①使用承重板时将其置于箱体内部，通过榫卯结构相咬，可有效限制部件之间各个方向的扭动，配合内部气囊抵住四壁，能够确保包装箱的稳定，在物流运输结束后可将其拆卸一并放入快递箱中回收使用。顶部及底部添加公母锁卡扣功能，增加箱体与箱体间的摩擦系数，可提高堆码稳定性。同时，考虑到快递箱搬运的便利性，在盒盖处添加了提手结构，方便快递员与消费者搬运快递箱，减轻用户搬运货物负担。高档白酒共享快递包装细节展示如图9-8所示。

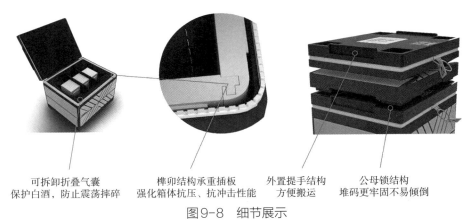

| 可拆卸折叠气囊
保护白酒，防止震荡摔碎 | 榫卯结构承重插板
强化箱体抗压、抗冲击性能 | 外置提手结构
方便搬运 | 公母锁结构
堆码更牢固不易倾倒 |

图9-8　细节展示

图片来源：笔者绘制。

（二）材料选择

材料绿色化是共享快递包装的直观表现，而材料的安全性则是实现运储安全的物质保障。因此，在保证包装功能的基础上，"新限塑令"背景下高档

---

① 吕中意、王振玉、王庆莲等：《绿色物流背景下的模块化可扩容快递箱设计》，《机械设计》2019年第8期。

白酒共享快递包装的材料选择应满足以下几点：第一，包装材料需满足环境友好及可循环使用的要求，选择绿色可回收的环保材料；第二，选择便于物流运输可降低物流成本的轻型材料；第三，选择耐冲击性强，韧性好，有较高的抗拉、抗压强度的材料；第四，选择能抵御物质侵蚀，具有良好的阻隔作用且耐腐蚀、耐候性好的材料。

根据高档白酒共享快递包装的包装结构及材料选择要求，选择材料要从内、外两方面考虑（如图9-9所示）。在箱体折叠处及内部缓冲气囊方面采用尼龙织物材料，其具有较强的应用优势，主要表现在：尼龙质量较轻，与同等体积的瓦楞纸重量相差无几，能够节约物流成本；机械强度高，韧性好能较大程度增加箱体的强度；耐疲劳性强，使箱体及气囊经反复多次折叠后仍能具有良好的机械强度；耐候性、耐磨损性及耐化学药品性好，能避免汽油、酒精、弱碱等物质迁移到内部产品中。最重要的是，尼龙为五大工程塑料之一，原材料充足、品种多、价格低，在包装废弃后可回收再利用，能够减轻包装废弃物对环境的污染。[1][2]在内部承重板及盒盖处采用聚丙烯材料，作为环保材料，其毒性非常小，可回收循环利用。来源广，价格低廉，易加工成型，具有密度小、质量轻、牢固耐用及抗冲击性强等特点。[3]这两种材料的组合应用，能够极大程度满足共享快递包装的抗震、抗压、耐腐蚀及可循环使用的要求，降低流通成本，提高包装与运输的效率。

（三）显窃启辅助功能设计

传统快递箱利用胶带密封包装箱，在一定程度上解决了对内装物的密封及保护作用，但仍然无法完全避免内装物被窃取、调包等问题，给消费者及电商企业造成了诸多不便与麻烦。为此，本设计方案在快递箱的拉链封口处

---

① 夏学莲、史向阳、赵海鹏等：《工程塑料尼龙在机械零件中的应用》，《工程塑料应用》2017年第2期。
② 魏丹毅、王邃、张振民等：《废旧尼龙制品的循环利用》，《广东化工》2008年第2期。
③ 张春翠：《物流包装用PP/CSW/hBN复合材料力学及摩擦性能》，《包装工程》2017年第13期。

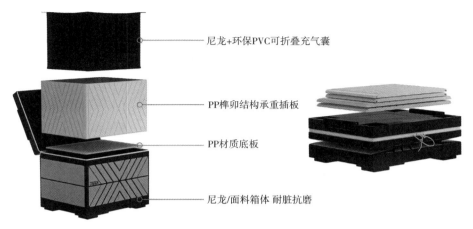

尼龙+环保PVC可折叠充气囊

PP榫卯结构承重插板

PP材质底板

尼龙/面料箱体 耐脏抗磨

图9-9 高档白酒共享快递包装材料选择

图片来源：笔者绘制。

加入了显窃启结构。[①]在防盗扣内置入射频识别电子标签，存储相关商品信息，通过终端查询序列号，可防止白酒被调包。这种装置具有止退功能，上锁后将无法开启，剪断后不能再次使用，使用方便、技术含量较低，能够提高包装的安全性（如图9-10所示）。显窃启辅助功能应用在快递箱上的优势主要有两点：一是能够直观判断快递是否被开启，防止盗窃调包；二是配合二维码、RFID电子标签，一物一码的方式可以将包装信息上传至云端，通过终端扫码可以对物流全过程进行溯源、认证，有效保障信息的安全性，提高包装附加值。

（四）租赁及回收服务系统构建

高档白酒共享快递包装租赁及回收服务由共享系统快递柜和共享快递应用程序提供数据及应用支撑。共享快递收取快递的方式分为两种：一是快递员将快递配送至各社区或用户前往快递驿站取件；二是快递员将快递配送至最接近用户收货地址的共享快递柜，用户自行前往该共享快递柜领取快递，

---

① 柯胜海、陈薪羽：《"新限塑令"背景下共享包装功能结构设计研究》，《湖南包装》2020年第1期。

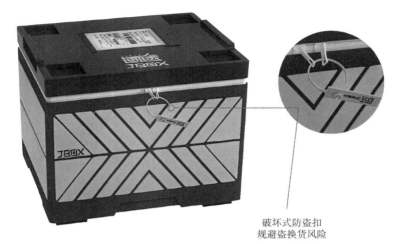

破坏式防盗扣
规避盗换货风险

图9-10　显窃启结构

图片来源：笔者绘制。

因此，在回收方式上有直接和间接两种。

图9-11为笔者设计的共享快递柜，其兼具暂存、回收以及寄件等功能。可作为移动式的共享快递服务站，放置于人工服务站点范围外的服务盲区，或作为快递中转站进行包裹转接使用，缩短各个服务站点间的距离，以此提高消费者收取包裹、使用寄件服务或归还共享快递包装的便捷性。[①]

共享快递柜使用流程如图9-12所示：（1）通过扫码、短信验证和人脸识别认证取件信息；（2）认证成功后快递柜识别快递编号，通过机械臂取出快递；（3）快递柜出货通道舱门打开，用户取出快递；（4）用户将快递包装折叠，通过归还通道归还；（5）快递员将需要投放的共享快递箱放入快递柜中，随后将用户归还的共享包装带回公司进行清洁处理，以待再次使用，形成商业闭环。

[①] 柯胜海、杨志军：《共享快递包装设计及回收模式研究》，《湖南工业大学学报》（社会科学版）2020年第2期。

图9-11　共享快递柜概念设计

图片来源：笔者绘制。

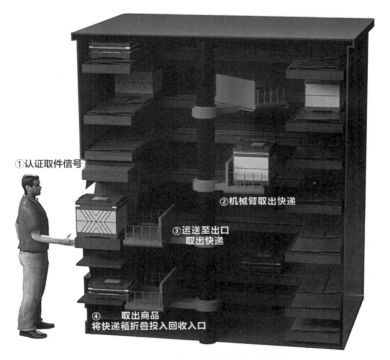

图9-12　共享快递柜使用流程

图片来源：笔者绘制。

图 9-13 是由笔者设计的高档白酒共享快递 App 系统界面的部分视觉展示效果图。共享快递 App 利用快递箱上的 RFID 电子标签与定位装置,依靠互联网、大数据技术支撑,向广大消费者提供共享快递包装租赁服务,实现快递包装的"共享"功能。具体使用流程如下:首先,用户在网购平台购买高档白酒时需自行确认是否需要购买共享包装租赁服务。其次,商家根据所购订单类型及商品数量而选择适配相应规格的共享包装进行商品打包。随后,包裹转入物流配送环节。在物流配送过程中,用户可以通过共享快递手机 App 实时掌握包括包裹所处环境条件及内装产品受损情况等在内的快递物流信息;而在此期间,快递包裹如若出现被调包或被盗窃等现象,包裹上的自动警报装置则会及时通过后台终端向用户及物流公司发出包裹状态异常通知,以此规避或减少丢件风险。最后,包裹将被配送至最接近用户收货地址的共享快递柜或人工服务站点,用户可通过 App 中的取件码、人脸识别或短信认证等方式将包裹取出并归还包装,等待快递员定期将包装收回公司进行清洁处理,以待再次使用,从而实现共享包装的循环使用。

图 9-13　共享快递 App

图片来源:笔者绘制。

综上所述，与原有包装相比，"新限塑令"背景下高档白酒共享快递包装的创新设计方案呈现出以下三个优势。一是通过共享机制中循环使用的特性，利用尼龙+PP材料和可折叠、可适配的箱体结构，有效解决了材料不环保、循环效率低、资源浪费等问题，降低了单个包装单次使用的包装成本，实现了高档白酒快递包装的绿色化。二是通过内置气囊、显窃启辅助功能设计，替代了原有的缓冲包装及封箱胶带的使用，极大程度减少了快递垃圾，保障了高档白酒快递包装的安全性。三是通过租赁及回收服务系统，弥补了原有快递包装与快递站点式服务的不足，使物流流程更为有序，节省了人力资源，减少了流通环节，提高了消费者收取快递或归还快递包装的便捷性。

小　　结

随着高档白酒网购量的不断增加，传统快递包装存在的问题给酒品类快递包装的改革带来了契机。"新限塑令"背景下高档白酒共享快递包装应以绿色、安全为导向，将结构造型、绿色材料、智能技术等多方面元素进行融合，并实现白酒快递包装的多次循环使用，以满足消费者对于快递包装安全便捷、绿色发展、视觉创新的迫切需求。本章高档白酒的共享包装设计在应用过程中，能够提升白酒快递包装分拣打包的适配性、产品运输的安全性以及包装回收的环保性，并通过二维码、防盗扣等功能设计，使其具有防伪、防盗换货、溯源等功能，推动了快递包装智能化，为今后白酒物流包装行业的创新发展与转型升级提供了参考与依据。从设计学的角度切入，为"新限塑令"政策的实施提供助力。然而，形成完整的产业链及生态链还需相关制度支持、行业标准的建立及对应的奖惩政策的实施等，即必须依靠更成熟的共享快递体系，社会及政府的政策支持，除此之外，还要不断完善共享包装设计理论体系，加快技术研发，实现其全面发展。

参考文献

一　著作

陈莎、刘尊文编著：《生命周期评价与Ⅲ型环境标志认证》，中国标准出版社
　　2014年版。

李颖宽编著：《包装设计》，陕西人民美术出版社2000年版。

刘春雷编著：《包装材料与结构设计》，文化发展出版社2015年版。

柳冠中编著：《事理学论纲》，中南大学出版社2006年版。

尹定邦、邵宏主编：《设计学概论》（全新版），湖南科技出版社2016年版。

朱和平主编：《现代包装设计理论及应用研究》，人民出版社2008年版。

二　中文论文

（一）期刊论文

《〈上海市商品包装物减量若干规定〉自2月1日起施行》，《中国包装》2013
　　年第2期。

《关于印发〈汕尾市推进塑料污染治理工作方案〉的通知》，汕尾市人民政府
　　公报2021年第3期。

《河南省发展和改革委员会等两部门〈加快白色污染治理　促进美丽河南建
　　设行动方案〉》，《中国食品》2020年第Z2期。

《上海市发展改革委　市生态环境局　市经济信息化委　市商务委　市农业
　　农村委　市文化　旅游局　市市场监管局　市绿化市容局　市机管局
　　市邮政管理局关于印发〈上海市关于进一步加强塑料污染治理的实施方

案〉的通知》，上海市人民政府公报2020年第24期。

敖炳秋：《轻量化汽车材料技术的最新动态》，《汽车工艺与材料》2002年第Z1期。

蔡国先、王琳、黄越：《全球"限塑"要求对民航业的挑战与应对》，《民航管理》2021年第11期。

曹恩国、张歆、邓嵘：《基于SET分析法的居家养老交互产品系统设计研究》，《机械设计》2014年第12期。

曹华林：《产品生命周期评价（LCA）的理论及方法研究》，《西南民族大学学报》（人文社会科学版）2004年第2期。

曹慧：《新版"限塑令"，限制了什么？又将促进什么？》，《中华纸业》2020年第7期。

陈新华：《试论包装容器造型设计的艺术规律》，《包装世界》2007年第6期。

陈耀庭、黄和亮：《我国生鲜电商"最后一公里"众包配送模式》，《中国流通经济》2017年第2期。

陈卓：《快递包装回收中生产者责任延伸制度的责任承担——德国新包装法的启示》，《连云港职业技术学院学报》2021年第4期。

成朝晖：《设计的未来与未来的设计——解析非物质设计》，《中国美术馆》2007年第11期。

丛冠华：《绿色包装设计的发展趋势》，《现代食品》2021年第13期。

崔普远、金桂根、汪晨冉、黄明杰：《医药智能冷链物流协同模型构建》，《物流工程与管理》2019年第1期。

戴宏民、戴佩燕：《绿色包装发展的新趋势》，《包装学报》2016年第1期。

戴宏民、戴佩燕：《生态包装的基本特征及其材料的发展趋势》，《包装学报》2014年第3期。

单强：《体验式教学的价值和魅力——中职机械基础课堂教学改革实践研究》，《职业》2016年第3期。

邓巧云、聂济世、徐丽：《绿色包装与智能包装结合探析》，《包装学报》2021

年第2期。

逯鹏、徐柱、肖亮亮：《网状地图自动化示意化设计规则研究综述》，《测绘通报》2015年第3期。

刁晓倩、翁云宣、黄志刚：《国内生物基材料产业发展现状》，《生物工程学报》2016年第6期。

董奇志、朱俐英、余刚：《聚乳酸导电高分子复合材料的研究进展》，《材料导报》2013年第21期。

杜辉、朱俊强、楚武利：《"凹槽导流片式"机匣处理的结构尺寸优化研究》，《推进技术》1998年第1期。

杜群：《我国废旧电子产品循环利用的法律管制机制》，《法学评论》2006年第6期。

杜玉：《城市新移民的生活方式研究与可持续设计探索》，《包装工程》2020年第24期。

冯玉红、姚文清、尚超男：《一次性塑料制品污染防治的法律法规及检测标准研究进展》，《中国塑料》2021年第8期。

付宁、赵雄燕、姜志绘：《绿色包装的研究进展》，《塑料科技》2016年第2期。

甘艳婧、徐波：《国外城市生活垃圾收费制度的演进及对我国的启示》，《经济研究参考》2020年第21期。

高昂、程越、李柏晨：《快递包装分类标准化研究》，《中国标准化》2022年第15期。

龚树生、梁怀兰：《生鲜食品的冷链物流网络研究》，《中国流通经济》2006年第2期。

顾俊明：《塑料瓶在化妆品、洗涤用品包装上的应用》，《塑料包装》2005年第1期。

关会玲：《减量化理念的绿色包装设计研究》，《绿色包装》2020年第12期。

郭峰：《基于海森矩阵优化算法的包装材料减量化设计研究》，《美与时代（上）》2017年第11期。

郭晴晴、孙铭慧：《基于生命周期的食品包装设计》，《中国包装》2022年第7期。

韩玲：《关于塑料产品的结构设计及材料成型注意事项》，《机电产品开发与创新》2018年第4期。

韩森浩、肖江：《基于"新限塑令"背景下的一体化牙刷包装设计》，《中国包装》2022年第6期。

何佳林、郝云刚：《强筋在塑胶件中的应用设计》，《四川兵工学报》2014年第2期。

何青萍：《基于智能包装技术的电子商务减量化包装设计模式研究》，《包装工程》2019年第15期。

何思倩：《德国包装垃圾分类回收服务设计研究——以"绿点"回收系统为例》，《装饰》2022年第1期。

贺敏：《基于天然材料的包装设计策略》，《包装工程》2019年第10期。

侯云先、林文、韩英：《再使用包装物回收的主体行为分析》，《生态经济》2007年第3期。

胡华龙、罗庆明：《从新固废法反观国际经验》，《中国生态文明》2020年第4期。

胡桃、David：《盒马不只是生鲜超市》，《美食》2018年第7期。

黄莓子、郑晓东：《中国传统文化在现代包装装潢设计中的基础性》，《包装工程》2005年第1期。

季学荣、丁晓红：《板壳结构加强筋优化设计方法》，《机械强度》2012年第5期。

江葵燕、罗惠欣、叶宏锦：《苏宁共享快递盒的运作优化研究》，《现代商贸工业》2019年第16期。

蒋丹青、吴永发：《地铁站公共空间导向性设计要素的研究——以欧洲部分城市地铁站空间设计为切入点》，《合肥工业大学学报》（社会科学版）2016年第6期。

蒋莹：《最严"限塑令"力促产业发展升级》，《中国发展观察》2021年第Z1期。

金国斌：《包装适度化概念及过度包装的界定方法》，《湖南工业大学学报》2008年第2期。

金国斌：《智能化包装技术及其发展》，《中国包装》2002年第5期。

金裕景、司林波：《韩国环境保护政策实施状况、特征及启示》，《长春理工大学学报》（社会科学版）2014年第7期。

景京：《零度包装》，《包装工程》1990年第2期。

敬石开、谷志才、刘继红：《基于语义推理的产品装配设计技术》，《计算机集成制造系统》2010年第5期。

蓝庆新：《日本发展循环经济的法律体系借鉴》，《经济导刊》2005年第10期。

雷杰、李鑫、李杰：《新型充气式防震包装的研究》，《包装世界》2005年第1期。

黎英、陈龙：《论共享包装设计的可持续发展之路》，《湖南包装》2018年第5期。

李兵：《可代替泡沫塑料的纸质包装材料》，《包装工程》2003年第5期。

李华杰、武志云、窦煜博：《基于客观生理反应的包装装潢评价机制研究》，《包装工程》2021年第18期。

李欢、朱龙、沈茜：《我国塑料污染防治政策分析与建议》，《环境科学》2022年第11期。

李洁、王勇：《绿色生态设计在包装设计中的应用》，《包装工程》2014年第4期。

李娟、邓婧、梁黎：《可降解塑料在包装产品中的应用进展》，《塑料科技》2021年第4期。

李沛生：《北京市产品包装现状与实施减量化、回收再利用、再资源化的对策（下）》，《中国包装工业》2007年第3期。

李润、曹乐：《物联网技术在现代包装工业中的应用》，《计算机光盘软件与应用》2012年第15期。

李翔、许兆义、元炯亮：《现代铝业生态环境系统研究》，《中国安全科学学报》2005年第4期。

李秀君、史志梅：《中小型塑料企业环保评估对策研究》，《科技资讯》2020年第21期。

梁美华、吴若梅：《基于一体化包装设计的包装循环经济的研究与探讨》，《包装工程》2007年第8期。

廖春生：《浅议图形创意在广告设计中的灵魂意义》，《信息与电脑》（理论版）2011年第4期。

林南：《德国将产品和包装合二为一》，《中国新包装》2004年第4期。

刘兵兵：《现代包装的功能延展设计研究》，《包装工程》2012年第6期。

刘勃希、黎英、陈丽莉：《网购包装减量化设计研究》，《包装工程》2021年第10期。

刘功、宋海燕、刘占胜：《空气垫缓冲包装性能的研究》，《包装与食品机械》2005年第2期。

刘凯特、Juan Manuel：《中国工业遗址记录样式的比较与设计》，《今日科苑》2022年第3期。

刘鹏：《芬兰饮料包装押金体系相关情况介绍》，《世界环境》2020年第6期。

刘全祖、沈祖广、黄良：《纸浆模塑制品的研究现状与发展趋势》，《包装工程》2018年第7期。

刘松洋：《人工智能技术在产品交互设计中的应用研究》，《包装工程》2019年第16期。

刘晓：《德国生活垃圾管理及垃圾分类经验借鉴》，《世界环境》2019年第5期。

刘心悦、刘子一、李金航：《现代食品包装的轻量化设计研究》，《现代食品》2020年第8期。

刘永武：《关于煤矿企业发展循环经济的若干思考》，《大视野》2008年第7期。

吕宏、李捷、尹红等：《包装的必然趋势——绿色包装》，《印刷世界》2003年第3期。

吕新广、陈金周、霍东霞：《包装工程专业教学体系的探索与实践》，《包装工程》2002年第4期。

罗克研：《从"限塑令"到"禁塑令"》，《中国质量万里行》2020年第10期。

马占峰、张冰：《2008年中国塑料回收再生利用行业状况》，《中国塑料》2009年第7期。

倪瀚：《绿色设计——21世纪工业设计发展的必然》，《上海理工大学学报》（社会科学版）2006年第2期。

倪倩、刘晴、王安霞：《包装的再利用设计研究》，《包装工程》2010年第6期。

倪晓娟：《低碳经济下食品包装的发展方向》，《上海包装》2010年第5期。

彭国勋、许晓光：《包装废弃物的回收》，《包装工程》2005年第5期。

彭艳霞、潘云、张友胜：《一把双刃剑——塑料材质在包装设计中的应用》，《包装世界》2011年第5期。

乔鸿静、张玲玉、王传龙：《基于情感需求的交互式白酒包装设计研究》，《包装工程》2022年第2期。

邱变变、罗西锋：《论商品包装设计的效果评价》，《郑州轻工业学院学报》（社会科学版）2008年第4期。

全心怡、徐慕云、谭志：《浅谈包装减量化现状及实现途径》，《大众文艺》2017年第6期。

任朝旺、任玉娜：《共享经济的实质：社会生产总过程视角》，《经济纵横》2021年第10期。

任芳：《以数字技术为支撑的物流包装租赁——访箱箱共用创始人兼CEO廖清新》，《物流技术与应用》2019年第12期。

任明：《论儿童玩具用品包装设计的艺术表达》，《才智》2012年第23期。

任依晴、乔洁：《减量化包装的设计理念研究》，《包装工程》2018年第12期。

任英丽、范强：《大数据在产品设计调研中的可应用性研究》，《包装工程》2015年第20期。

任咏梅、胡士杰：《基于循环经济理论指导下的绿色物流发展》，《物流科技》2013年第9期。

荣明芹：《可持续设计理念在环境设计专业中的应用与实践》，《安徽建筑》

2020年第10期。

施爱芹、王健：《天然材料在产品包装中的功能应用》，《包装工程》2013年第24期。

施爱芹、徐畅：《融合共生：包装与家具功能互换的木制产品设计研究》，《家具与室内装饰》2021年第12期。

施爱芹：《"零废弃"包装理论研究》，《包装工程》2013年第12期。

宋逸群、王玉海：《共享经济的缘起、界定与影响》，《教学与研究》2016年第9期。

孙卉：《浅谈对非物质设计的认识》，《艺术科技》2017年第4期。

孙靖、孙琪：《环经济视阈下我国企业共享包装发展对策研究——借鉴荷兰REPACK公司共享包装经验》，《中国市场》2019年第4期。

谭浩、冯安然：《基于用户角色的调研方法研究》，《包装工程》2017年第16期。

唐丹：《绿色包装设计中材料的应用研究》，《科技资讯》2022年第4期。

唐赛珍：《塑料包装材料轻量化薄型化发展概况与趋向》，《中国包装工业》2010年第12期。

陶媛、于帆：《基于共生观的纸浆模塑内包装材料再设计研究》，《包装工程》2015年第8期。

万伟、王驰：《探究仿生设计在包装容器造型设计中的应用价值》，《戏剧之家》2016年第13期。

王安霞：《绿色包装设计——可持续性包装设计》，《郑州轻工业学院学报》（社会科学版）2003年第4期。

王富玉、郭金强、张玉霞、杨涛：《塑料包装材料的减量化与单材质化技术》，《中国塑料》2021年第8期。

王光镇、丁问微、刘鸿志：《英国塑料污染防治对策与〈英国塑料公约〉的进展》，《世界环境》2020年第4期。

王普红：《投资决策阶段的可行性预测研究》，《中国新技术新产品》2010年第20期。

王伟鹏：《德国包装废弃物回收体系及其启示》，《湖南包装》2004年第4期。

王珵：《关注环保难题加快对快递包装分类回收》，《中国包装》2014年第3期。

王艳：《试析在产品调研过程中用户信息的采集》，《艺术与设计：理论版》2010年第8期。

吴萍、高铭悦：《易碎品容器的瓦楞纸板包装设计研究》，《包装工程》2015年第1期。

谢斌、宋伟：《在线餐饮外卖发展、城市环境负外部性与垃圾监管》，《陕西师范大学学报》（哲学社会科学版）2018年第6期。

熊礼梅：《包装中的字体设计》，《包装工程》2004年第2期。

熊兴福、卞金晨、曲敏：《基于绿色模块化理念的共享快递包装设计》，《包装工程》2021年第10期。

徐颖异、吴智慧：《基于人体工程学的衣柜产品调研与评价》，《家具》2018年第1期。

严晨：《节约型包装造型设计原则》，《设计艺术研究》2022年第2期。

颜毓洁、王艳：《全球掀起"禁塑"风暴》，《生态经济》2019年第1期。

杨开富、谢燕平：《包装再设计策略解析》，《包装工程》2011年第16期。

杨涛：《对塑料包装环境污染相关问题的思考》，《塑料包装》2020年第5期。

姚振强、张雪萍：《机械产品对象的系统性设计策略》，《机械工程学报》2000年第6期。

叶德辉：《产品包装的人性化设计》，《包装工程》2005年第5期。

叶莉、许雅倩：《包装设计中的"再设计"研究》，《包装工程》2012年第6期。

佚名：《〈关于进一步加强塑料污染治理的意见〉公布》，《绿色包装》2020年第2期。

佚名：《韩国重新制定有关塑料制品使用的法规》，《国外塑料》1995年第3期。

佚名：《京东青流箱可循环20次以上》，《绿色包装》2019年第4期。

佚名：《可降解塑料研发取得新进展，有望迎来快速增长》，《中国包装》2021年第6期。

佚名：《利乐推出升级版包装"利乐峰"》，《包装财智》2011年第11期。

佚名：《零塑料和无包装成为玩具业新趋势》，《中国包装》2020年第4期。

佚名：《卫生防护与三废处理》，《中国医学文摘》（卫生学分册）2002年第6期。

佚名：《宜家用蘑菇环保包装材料代替聚苯乙烯》，《塑料工业》2016年第4期。

郁红：《国内"禁塑令"全面升级》，《中国石油和化工》2020年第2期。

曾凤彩、王雯婷、王富晨：《论减量化设计方法在可持续发展战略中的重要性》，《设计》2014年第2期。

曾珑、谢思芹：《包装设计定位策略研究》，《大众文艺》2018年第21期。

张大庆：《产品造型设计需要标准化》，《机械工业标准化与质量》2000年第8期。

张德海、刘德文：《物流服务供应链的信息共享激励机制研究》，《科技管理研究》2008年第6期。

张弘韬、赵悦：《共享快递包装的设计评价指标体系研究》，《工业设计》2021年第8期。

张俊杰：《网购时代下快递环保包装解决策略》，《包装工程》2015年第20期。

张开生、秦博：《基于纸浆纤维的贵重物品内包装塑造系统研究》，《中国造纸学报》2022年第1期。

张明：《"零包装"：包装设计存在之思与发展之途》，《装饰》2018年第2期。

张小筠、刘戒骄：《新中国70年环境规制政策变迁与取向观察》，《改革》2019年第10期。

张逸新、吴梅：《包装的材料防伪技术》，《包装工程》2003年第5期。

张永亮、郭林将：《欧盟环保"双绿指令"及其启示》，《生态经济》2008年第4期。

张振颖：《基于可定制模块化设计的产品造型设计研究》，《艺术家》2018年第2期。

赵冬菁、杜津、夏征：《以纸代塑的套装茶具包装设计》，《包装工程》2019年第15期。

赵荣丽、李克天、王梅：《新型塑料软包装的应用及结构设计研究》，《包装工程》2010年第11期。

赵亚星、王红春：《智慧城市背景下城市物流发展问题与对策研究》，《物流科技》2017年第5期。

郑润琼、孙璇、潘艺：《循环经济下快递包装物回收体系的研究与构建》，《物流工程与管理》2020年第12期。

周美丽：《包装形态结构创新方法的研究探讨》，《包装工程》2021年第S1期。

周适：《环境监管的他国镜鉴与对策选择》，《改革》2015年第4期。

周昱、徐晓晶、保嶽：《德国〈循环经济法〉的发展与经验借鉴》，《环境与可持续发展》2019年第3期。

周园园：《"限塑令"到"禁塑令"——基于历史制度主义的分析视角》，《国际公关》2021年第9期。

朱和平、程昱：《功能配置下共享快递包装模块化设计研究》，《包装工程》2022年第4期。

朱和平：《共享快递包装设计研究——基于设计实践的反思》，《装饰》2019年第10期。

朱磊、李梦烨、杜艳平：《快递业循环包装共享系统及其回收模式研究》，《物流技术》2017年第9期。

朱守会、程丽英、赵得成：《绿色包装结构创新设计中的折叠艺术》，《中国包装》2014年第11期。

朱新远：《在玻璃钢化工容器中使用方格布的经验》，《玻璃钢》1979年第4期。

祝兵越、郁舒兰：《产品包装设计的自然之美》，《设计》2016年第5期。

综合：《探析包装设计的定位策略》，《中国包装》2022年第5期。

（二）学位论文

陈昊：《基于用户体验的产品包装设计策略》，硕士学位论文，山东工艺美术学院，2014年。

陈益能：《基于有机 RFID 的大米供应链溯源系统关键技术研究》，硕士学位论文，湖南农业大学，2014 年。

程健清：《塑料包装瓶回收机构设计及智能识别系统研究》，硕士学位论文，湖南大学，2018 年。

段阳：《包装设计中的传统文化应用研究》，硕士学位论文，江南大学，2007 年。

范博宇：《模块化设计原理在产品造型结构中的应用》，硕士学位论文，齐齐哈尔大学，2012 年。

范瑞瑞：《可持续发展理念下的"零包装"设计研究》，硕士学位论文，武汉纺织大学，2021 年。

冯从从：《包装优化在电商平台的应用》，硕士学位论文，天津工业大学，2019 年。

高荧：《考虑消费者行为的自营电商快递箱回收策略选择研究》，硕士学位论文，北京交通大学，2018 年。

何俊生：《快递行业配送路径模型优化研究》，硕士学位论文，重庆交通大学，2013 年。

胡丹丹：《基于产品语义学的苹果配件产品设计实践与研究》，硕士学位论文，中国美术学院，2012 年。

胡飞龙：《可持续发展理念下的现代包装设计研究》，硕士学位论文，云南大学，2019 年。

姜川：《基于物联网的垃圾分类回收系统的设计与实现》，硕士学位论文，上海工程技术大学，2020 年。

雷梦琳：《无印良品产品包装的减量化设计研究》，硕士学位论文，湖南工业大学，2018 年。

李佩：《"零包装"及其设计研究》，硕士学位论文，湖南工业大学，2010 年。

李素：《产品包装开启方式的人性化设计研究》，硕士学位论文，西南交通大学，2011 年。

李燕飞：《保健食品包装再设计策略研究》，硕士学位论文，郑州大学，2017年。

刘延涛：《我国猪肉质量安全保障问题研究》，硕士学位论文，成都理工大学，2010年。

芦宇辰：《面向协作交流的概念图库构建方法研究》，硕士学位论文，南京师范大学，2020年。

陆建华：《产品设计过程中的评价体系研究》，硕士学位论文，上海交通大学，2010年。

马超民：《产品设计评价方法研究》，硕士学位论文，湖南大学，2007年。

孟迪：《基于视觉传达设计中包装延伸功能设计及应用研究》，硕士学位论文，东北电力大学，2019年。

庞传远：《材料智能型包装设计研究》，硕士学位论文，湖南工业大学，2019年。

任玥：《政府补贴下共享快递包装的闭环供应链决策研究》，硕士学位论文，中国矿业大学，2020年。

沈敏燕：《果蔬类农产品冷链物流信息溯源研究》，硕士学位论文，苏州科技大学，2017年。

苏文燕：《关于绿色包装的减量化设计》，硕士学位论文，天津科技大学，2017年。

孙从军：《折叠网格结构的几何构成及其力学性能研究》，硕士学位论文，哈尔滨工业大学，2007年。

孙光晨：《物联网时代下的网购包装设计研究》，硕士学位论文，湖南工业大学，2015年。

陶媛：《基于生命周期理论的纸浆模塑材料产品设计应用研究》，硕士学位论文，江南大学，2016年。

王程昱：《全生命周期视角下共享快递包装模块化设计研究》，硕士学位论文，湖南工业大学，2021年。

王俊英：《餐饮外卖包装的适用性改良设计研究》，硕士学位论文，河北大学，2019年。

王文君：《我国城市生活垃圾分类法律制度研究》，硕士学位论文，安徽财经大学，2021年。

王晓萌：《产品包装绿色设计的研究》，硕士学位论文，华北电力大学，2017年。

魏黎明：《我国"限塑令"政策执行分析与路径选择》，硕士学位论文，天津财经大学，2017年。

魏晓琳：《包装造型设计的生态考量》，硕士学位论文，浙江农林大学，2012年。

文娅茜：《产品包装的后续功能设计研究》，硕士学位论文，湖南工业大学，2015年。

夏磊：《保健酒包装中的设计定位方法研究》，硕士学位论文，武汉理工大学，2020年。

徐金龙：《胶原纤维可食用膜的机械性能改善策略及相关机制》，博士学位论文，江南大学，2021年。

徐晓静：《基于绿色物流的绿色包装研究》，硕士学位论文，北京交通大学，2007年。

杨媛媛：《非物质文化的可持续发展与本土设计创新》，硕士学位论文，湖南大学，2008年。

尹倩钰：《瓦楞纸包装产品的可再利用设计》，硕士学位论文，中南林业科技大学，2020年。

曾嵘：《中国茶叶包装设计40年回顾及其信息视觉设计》，硕士学位论文，长沙理工大学，2020年。

张敬：《非物质化设计趋势下包装的情感体验设计研究》，硕士学位论文，华东理工大学，2012年。

张希建：《快递包装的绿色系统化设计研究》，硕士学位论文，北京理工大学，2016年。

张艳琦：《智能材料型包装的视觉形态与审美特征研究》，硕士学位论文，西北大学，2021年。

张轶帆：《包装结构的空间可变性设计与应用》，硕士学位论文，湖南工业大学，2018年。

张郁:《包装产品化设计研究》，硕士学位论文，湖南工业大学，2015年。

郑超:《塑料片材真空阴模吸塑成型模拟及实验研究》，硕士学位论文，华中科技大学，2011年。

郑玲:《基于生态设计的资源价值流转会计研究》，博士学位论文，中南大学，2012年。

郑少华:《从对峙走向和谐：循环型社会法的形成》，博士学位论文，华东政法大学，2004年。

三 外文论文

Garc A-Arca J., Prado-Prado J. C., "Antonio-GarcíaLorenzo, Logistics Improvement through Packaging Rationalization:a Practical Experience", *Packaging Technology and Science*, Vol.6, No.19, 2006.

Hellstr M. D., "SAGHIR M. Packaging and Logistics Interactions in Retail Supply Chains", *Packaging Technology and Science*, Vol.3, No.20, June 2007.

四 网络文献

Department for Environment, "Food & Rural Affairs and Environment Agency, Waste Duty of Care Code of Practice", https://www.gov.uk/government/publications/waste-duty-of-care-code-of-practice.

Directive (EU) 2015/720 of the European Parliament and of the Council of 29 April 2015 amending Directive 94/62/EC as regards reducing the consumption of lightweight plastic carrier bags (Text with EEA relevance), https://eur-lex.europa.eu/legal-content/EN/TXT/PDF/?uri=CELEX:32015L0720&from=EN.

European Parliament, "REPORT on a European strategy for plastics in a circulareconomy", https://www.europarl.europa.eu/doceo/document/A-8-2018-0262_EN.pdf,2018-07-16.

The European Parliament and the Council of the European Union，"Directive (EU) 2018/851 of the European Parliament and of the Council of 30May 2018 amending Directive 2008/98/EC on waste (Text with EEA relevance)"，https://eur–lex.europa.eu/legal–content/EN/TXT/PDF/?uri=CELEX:32018L0851&from=EN.

The European Parliament and the Council of the European Union，"Directive (EU) 2018/852 of the European Parliament and of the Council of 30 May 2018 amending Directive 94/62/EC on packaging and packaging waste (Text with EEA relevance)"，https://eur–lex.europa.eu/legal–content/EN/TXT/PDF/?uri=CELEX:32018L0852&from=EN.

The European Parliament and the Council of the European Union，"Directive (EU) 2019/904 of the European Parliament and of the Council of 5 June 2019 on the reduction of the impact of certain plastic products on the environment (Text with EEA relevance)"，https://eur–lex.europa.eu/legal–content/EN/TXT/PDF/?uri=CELEX:32019L0904&from=EN,2019–06–12.

United States Environmental Protection Agency，" Solid Waste Disposal Act of 1965 (PDF)"，https://www.govinfo.gov/content/pkg/STATUTE–79/pdf/STATUTE–79–Pg992–2.pdf.

陈荟词：《全社会行动起来 打赢塑料污染治理"持久战"》，https://baijiahao.baidu.com/s?id=1734925283106953197&wfr=spider&for=pc，2022年6月7日。

陈继军：《中国石油和化学工业联合会向塑料回收利用发起首个全行业行动》，https://mp.weixin.qq.com/s/UPZcSOmq3Kl5q0pkFoJ4wA，2021年12月27日。

陈晋：《德国对垃圾废物的立法》，http://bjgy.chinacou，2007年7月24日。

国家发展改革委、生态环境部、工业和信息化部等：《九部门联合印发〈关于扎实推进塑料污染治理工作的通知〉》（发改环资〔2020〕1146号），

https://www.gov.cn/zhengce/zhengceku/2020-07/17/content_5527666.htm，2020年7月10日。

国家发展改革委、生态环境部：《"十四五"塑料污染治理行动方案》，https://www.ndrc.gov.cn/xxgk/zcfb/tz/202109/t20210915_1296580_ext.html，2021年9月8日。

国家发展改革委、生态环境部：《关于进一步加强塑料污染治理的意见》，https://www.ndrc.gov.cn/xxgk/zcfb/tz/202001/t20200119_1219275.html，2020年1月19日。

国家发展改革委：《关于进一步加强塑料污染治理的意见》，http://www.zgsyb.com,2020年1月19日。

国家发展改革委：《国家发展改革委生态环境部关于进一步加强塑料污染治理的意见》，http://www.gov.cn/zhengce/zhengceku/2020-01/20/content_5470895.htm，2021年12月27日。

杭州机汽猫：《2020最严"禁塑令"，各省市禁塑行动一览》，https://www.bilibili，2020年9月15日。

郝鹏飞：《国外绿色包装法律规定》，http://bjgy.bjcourt.gov.cn/article/detail/2007/12/id/859594.shtml，2007年12月17日。

虎嗅网：《联合国出手，历史性"限塑令"要来了》，https://tech.ifeng.com/c/8E8uRpd78s0，2022年3月5日。

灰度环保有限公司：《一款没有胶水不带胶带封箱的盒子》，https://www.zerobox.com/，2018年9月29日。

经济日报：《〈快递封装用品〉等291项国家标准发布》，http://www.gov.cn/xinwen/2018-02/08/content_5264781.htm，2018年2月8日。

聚风塑料网：《中国塑料行业历史发展回顾与展望》，http://www.w7000.com/newsinfo/76577.html，2021年5月7日。

刘明月：《上海明年元旦起商场超市将不再提供塑料袋，降解塑料袋是未来所需趋势吗？》，https://www.chinairn.com/hyzx/20201224/10223929.shtml，

2020年12月24日。

陆娅楠：《控源头　重回收　抓末端》，https://baijiahao.baidu.com/s?id=171472 7951409389217&wfr=spider&for=pc，2021年10月27日。

绿色和平：《2019年中国快递包装废弃物产生特征与管理现状研究报告》，https://www.useit.com.cn/forum.php?mod=viewthread&tid=25526&from=alb um，2019年11月30日。

南京松木潜水：《中国为什么要进口洋垃圾》，https://zhuanlan.zhihu.com/ p/72626247，2019年7月8日。

求是网：《生态文明的中国道路》，http://www.qstheory.cn/dukan/qs/2019-11/01/ c_1125178887.htm，2019年11月1日。

求是网：《中国环境战略与政策发展进程、特点及展望》，http://www.qstheory. cn/,2019年11月29日。

人民日报：《党的二十大代表热议绿色发展　促进人与自然和谐共生》，http:// china.qianlong.com/zhuanti/zg20da/jsxw/2022/1022/7728465.shtml，2022年 10月22日。

搜狗百科：《材料替代》，https://baike.sogou.com/v72267767.htm，2022年10月 13日。

再生塑料：《限塑十多年，塑料垃圾依然无处可投？》，https://www.163.com/ dy/article/GT4VQ98F0552D035.html，2022年1月7日。

智研咨询：《2021年中国塑料制品行业产量、需求量发展现状及塑料制品行 业前景趋势分析》，https://caifuhao.eastmoney.com/news/202207230909227 04418560,2022年7月23日。

中国饭店协会外卖专业委员会：《中国外卖产业调查研究报告（2019年上半 年）》，http://www.100ec.cn/detail--6529098.html，2019年9月30日。

中国新闻网：《两部门：加大塑料废弃物分类收集和处理力度》，http:// sn.people.com，2020年1月19日。

中国质量报：《限塑，从"要我限"到"我要限"》，http://www.cqn.com.cn/

zgzlb/content/2020-12/28/content_8655611.htm，2020年12月28日。

中国中车：《共享包装来了，竟然是一种"中车方案"》，http://www.txixinwan，2017年9月18日。

中华人民共和国生态环境部：《中华人民共和国固体废物污染环境防治法（2016年11月7日修正版）》，https://www.mee.gov.cn/ywgz/fgbz/fl/200412/t20041229_65299.shtml，2016年11月7日。

中华人民共和国中央人民政府：《发展改革委：限塑令取得明显成效，将完善政策措施》，http://www.gov.cn/gzdt/2009-08-26/content_1401767.htm，2009年8月26日。

附　录
包装减塑创新设计实践作品集

1　一次性塑料袋替代性设计
Alternative Design of Single-use Plastic Bags

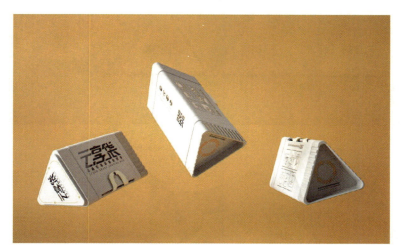

❶ 三角结构易于堆叠,不易倒塌,节省运输空间
Triangle structure is easy to stack, not easy to collapse, saving transportation space

❷ 上下公母锁结构易于堆叠,不易倒塌,保障运输安全
The upper and lower male and female lock structures are easy to stack, not easy to collapse, and ensure the transportation safety

01 扫码
SCAN CODE

打开微信、支付宝扫描设备上的二维码
OPEN THE TWO-DIMENSIONAL CODE ON WECHAT AND ALIPAY SCANNING DEVICE

02 租借
START LEASE

进入页面点击"开始租借"按钮
ENTER THE PAGE AND CLICK THE "START RENTING" BUTTON

03 归还
RETURN

共享购物袋归还至同品牌共享
机柜归还成功
RETURN THE SHARED SHOPPING BAG TO THE SAME BRAND
CABINET RETURNED SUCCESSFULLY!

04 支付
PAYMENT

通过微信、支付宝、银联卡等进
行支付
THROUGH WECHAT, ALIPAY, UNIONPAY CARD, ETC. BANK
PAYMENT

智能共享环保购物袋就是共享理念×环保购物袋加上减量化设计×可降解环保材料×新技术。通过智能共享环保购物袋搭载的智能硬件模块与手机小程序软件，来增强其智能化与人性化。这极大程度上降低了单体购物袋单次使用的环境成本与回收成本，以实现购物袋减量化与绿色化设计效果。

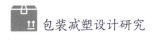

2 纸浆模塑巧克力创意包装设计
Pulp Molded Chocolate Creative Packaging Designg

纸浆模塑材质
Pulp Molding Material

可食用包装纸
Edible Wrapping Paper

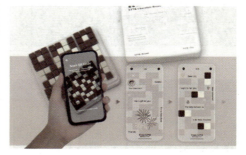

设计说明
Design Description

巧克力常常是情侣、朋友互赠礼物寄托情感的载体,消费者购买巧克力时可以把祝福内容线上编辑生成二维码链接,以视频、图片、文本等方式呈现出来,LINK品牌将黑白块状巧克力拼合成所生成的二维码,使对方收到的巧克力是独一无二的。黑白巧克力之间连接才可以获得完整信息,更代表着彼此亲密无间的关系。

3 男士皮肤护理乳液包装一体化设计

Integrated Design of Men's Skin Care Lotion Packaging

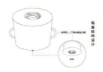

4 可折叠、充气式易碎品共享快递包装结构设计
Collapsible、inflatable Fragile Goods Sharing Express Packaging Structure Design

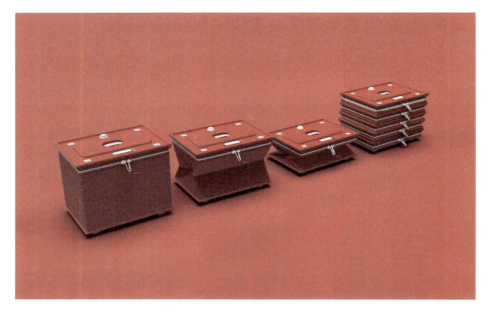

5 可降解防误喝矿泉水标签设计

Design of Degradable Anti Misdrinking Mineral Water Label

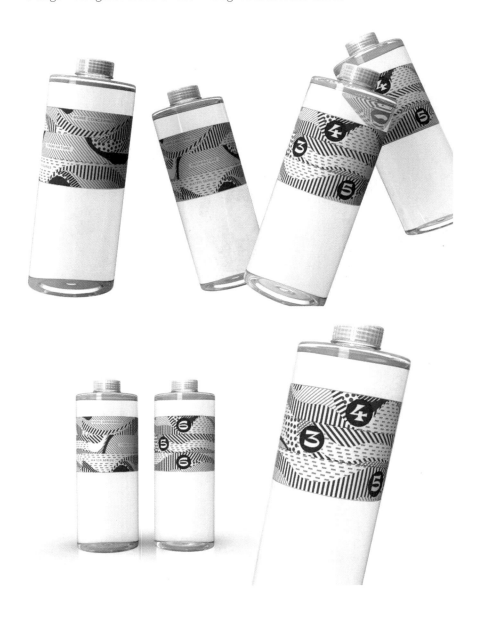

1 多人时总会分不清矿泉水瓶

2 常常出现误拿、误喝的情况

3 密码锁矿泉水瓶

4 沿矿泉水瓶标签的虚线撕开

5 转动标签来设置专属密码

6 根据设置的密码找到自己的矿泉水

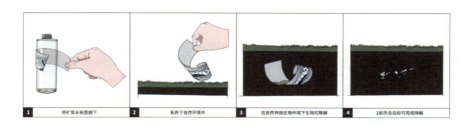

6 便携式牙刷包装及辅助物一体化设计

Integrated Design of Portable Toothbrush Packaging and Accessories

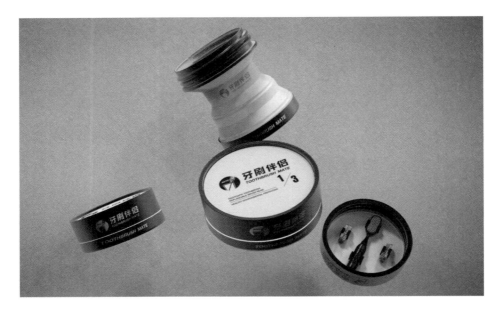

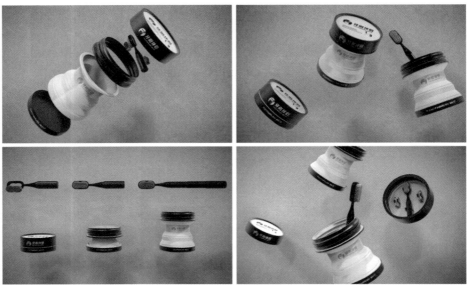

7 奶茶包装结构减塑设计

Plastic Reduction Design of Milk Tea Packaging Structure

8 外卖包装再利用设计
Takeaway Packaging Reuse Design

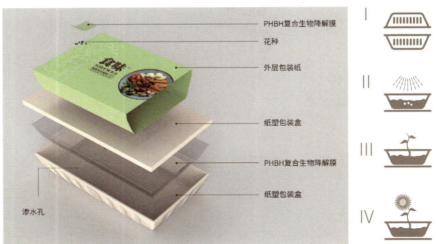

9 无标签功能饮料包装设计

Packaging Design of Energy Drinks without Labels

交互展示 Interactive Display

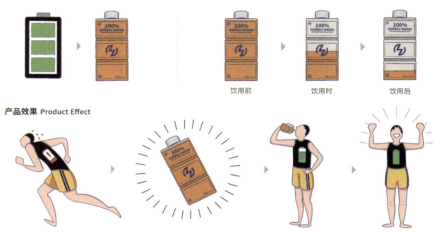

饮用前 饮用时 饮用后

产品效果 Product Effect

10 提醒式定量药物可循环包装结构设计

Structural Design of Recyclable Packaging for Reminder Quantitative Drugs

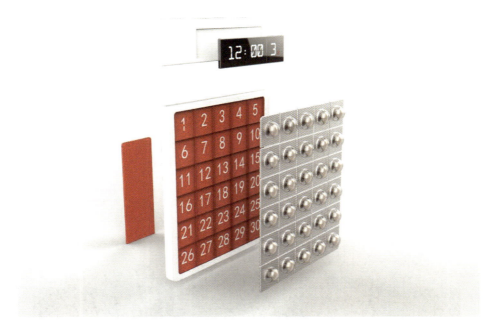

日历式药盒包装使用说明
PACKING INSTRUCTIONS

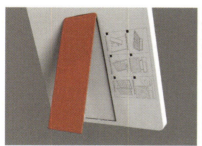

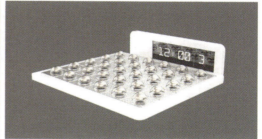

设计说明
Design Description

"日历式药盒包装"将药片取下使用之后，便会露出药片盒上的日期，在药盒完成医疗作用之后，便可以转变为日历功能，以实现包装"产品化"功能。除此之外，该产品主要面对的用户便是老年高血压患者。由于高血压药物需要按时按天长期服用。日历式药盒加入了智能包装功能。老年人可以通过药片盒上的电子时钟来提醒吃药时间，智能提醒装置采用太阳能作为充电方式，不需要经常更换电池。

11 多功能矿泉水包装设计
Multifunctional Mineral Water Packaging Design

① 逆时针依次拧开外、内瓶盖

② 饮用矿泉水

③ 将内盖顺时针拧入瓶身，让空水瓶被二次利用的同时拥有更好的使用体验

④ 长方形开口内盖搭配瓶身可作为存钱罐使用

⑤ 扇形开口内盖搭配瓶身便于存、取棉签

⑥ 小圆孔开口内盖搭配瓶身可作为调料瓶使用

设计说明
Design Description

本套多功能矿泉水包装设计从再利用的角度出发,设计了三种不同开口类型的内瓶盖,内瓶盖搭配瓶身分别可用来当作存钱罐、棉签盒、调料瓶使用,内瓶盖的设计优化了用户的使用体验,同时也为瓶身增添了趣味性。

12 墨水墨汁瓶瓶盖结构再利用设计
Ink Bottle Cap Structure Reuse Design

设计说明
Design Description

瓶身整体设计在不增加体积的前提下，将瓶盖处的空间再利用，使包装功能得以很好的延伸。墨水瓶瓶盖内置擦拭海绵，当钢笔吸取墨水后，既可以保证笔尖的洁净，清洗后又可反复利用；墨汁瓶同样通过利用瓶口处多余的负空间，将瓶体与墨盘两个原本独立的产品进行一体化设计，瓶盖部分取下，倒入墨汁，即可当作墨盘使用，节省空间，方便使用与收纳。

13 多品类共享快递包装结构设计

Structure Design of Multi-category Shared Express Packaging

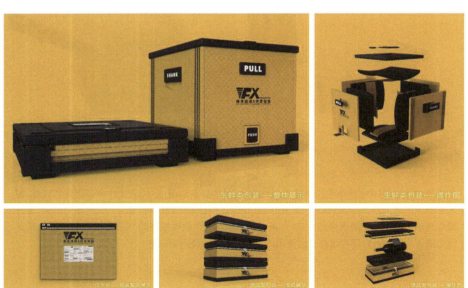

设计说明
Design Description

共享快递包装是一种针对快递行业或电商网购类型的包装,实现包装以租赁代替购买的方式,在特定的共享快递企业平台中,按照规范使包装在不同主体之间或同一主体在不同物流流程中能够重复使用的一种非固定式通用包装。这种包装具有绿色化、可循环性、安全性的特点,且每个包装的使用频率较高,会降低单次周转所需要的使用成本,因而可以代替传统的一次性快递包装。

14 高档白酒共享快递包装结构及回收系统设计
High-end Liquor Shared Express Packaging Structure and
Recycling System Design

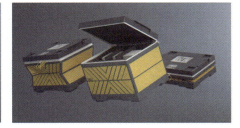

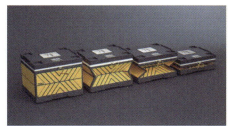

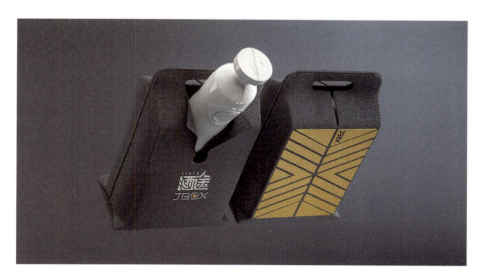

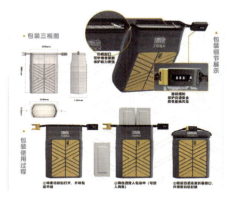

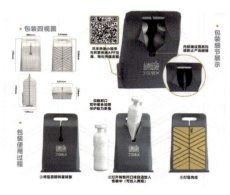

App使用界面展示
App User Interface Display

请扫码体验产品

15　可适配通用化酒包装结构设计
Compatible with Generalized Wine Packaging Structure Design

智能共享酒品共享包装设计用于贵重酒品的快递运输。重点突破酒类包装结构复杂化、成本趋高化的现状，基于用户体验、防伪、防盗需求进行包装盒设计优化。它能匹配不同高度的瓶型、多种口径尺寸、不同大小瓶底，还可循环利用，智能控制包装开启。通过改变传统酒品包装的结构，内置一个螺旋可升降调节旋钮，可快速旋转升降来控制包装内空间的大小，从而使不同尺寸的酒品在包装内保持固定。并且多个包装可相互连接进行批量运输。

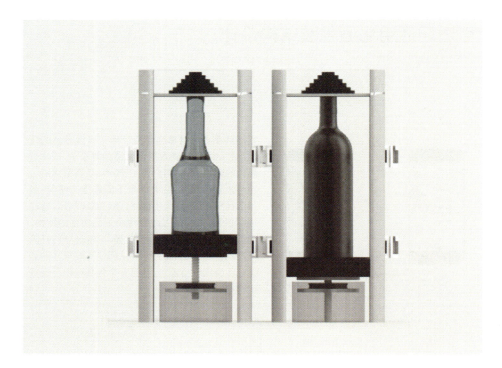

创新点一
匹配多种尺寸口径

创新点二
匹配不同大小瓶底

创新点三
匹配不同高度瓶型

创新点四
侧面卡扣：连接多个包装

创新点五
智能开启包装

16 黑茶零包装与茶具一体化结构设计

Integrated Structure Design of Black Tea Zero Packaging and Tea Setg

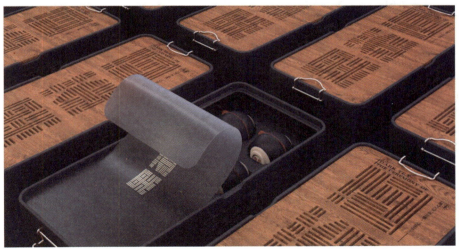

➻ 包装成为产品

使用前　　　　使用后：茶碗　　　　　　　使用前　　　　　　　　使用后：茶盘

➻ 使用过程

把茶具放好　　　　　　泡茶　　　　　　　泡茶　　　　　　将废水倒出

设计说明
Design Description

该包装基于循环利用的设计理念，将中国传统茶道文化中的茶具与产品包装结构相融合。包装使用完后内部小包装可作为茶碗使用，茶碗的底部模拟猪头的形态仿生设计，让喝茶变得更加轻松、有趣。外包装使用完后可作为茶盘使用，其中顶部文字镂空部分为废水漏水口，下部盒体部分为废水储水槽，可继续反复使用。

17 Repack免胶快递箱
Repacking Glue-free Express Boxes

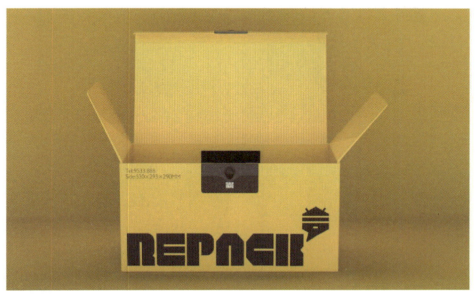

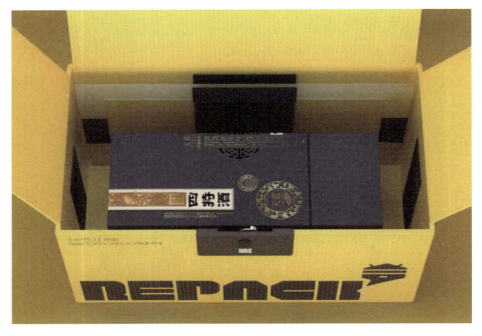

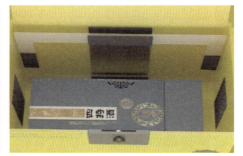

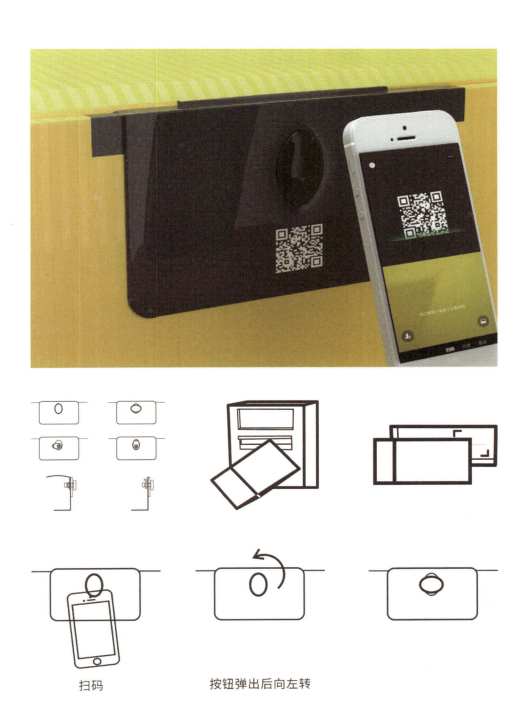

扫码　　　　　　按钮弹出后向左转

18 外卖包装结构减量及材料替代性设计
Reduction of Take-out Packaging Structure and Material Substitution Design

防窃启便利封条
保证配送过程安全

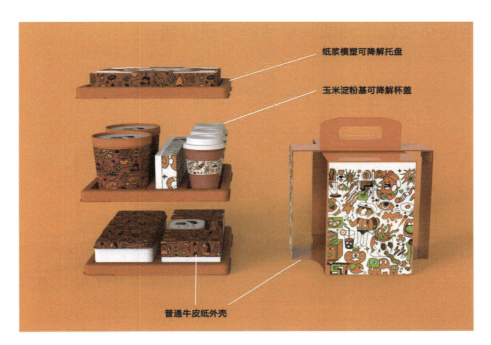

纸浆模塑可降解托盘

玉米淀粉基可降解杯盖

普通牛皮纸外壳

19 智能可视化追溯型共享活鲜快递包装

Intelligent Visualization and Traceability Sharing of Fresh Express Packaging

设计说明
Design Description

此包装是为运输活鲜而设计的，以有效延长监测活鲜在运输过程中的安全状态。在包装盖部装有摄像监控，消费者可直接观看活鲜的实时状态。这个包装有两种承载活鲜包装方式：其一，将活鲜从箱体盖部投入，并置入粒粒氧；其二，将活鲜放入注氧袋中，再放入箱体，可防止运输过程中的挤压。袋状包装可使消费者轻易提取。智能可视化追溯型共享活鲜快递包装可以让消费者食用新鲜的其他地域的活鲜。

20 智能循环饮水瓶 结构及回收系统设计
Smart Circulating Drinking Bottle Structure and Recycling System Design

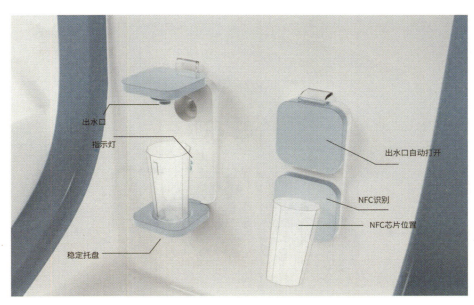

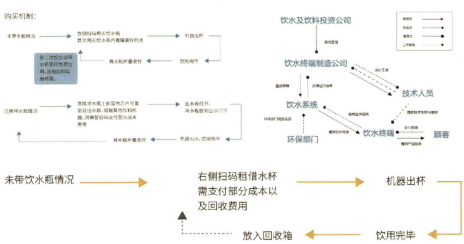

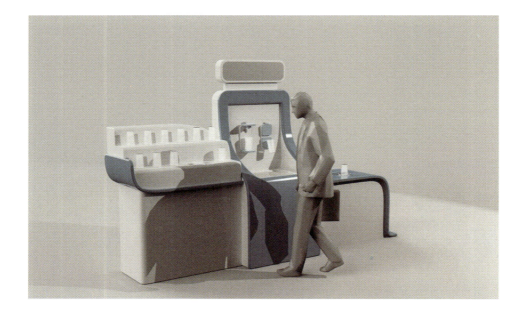

Design Output [设计输出-系统图]

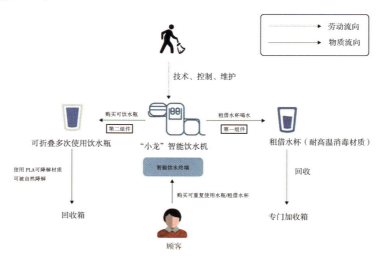

456

后记

当我在《包装减塑设计研究》这部著作的最后一页轻轻落下句点之时，心中涌动的情感难以言表。此书不仅标志着我的一项重要研究课题圆满收官，更是我致力于推动包装设计 4.0 体系构建征途中的一座重要里程碑。其核心精髓，即围绕"美丽中国"建设愿景下的绿色包装设计理论，作为整体框架的关键构成，承载着独特的时代使命与深远价值。

追溯至项目的萌芽与书籍的缘起，那是 2020 年初，全球疫情肆虐之际，我在家乡永嘉静谧的隔离时光中，对绿色包装设计领域的创新路径深感迷茫。恰在此时，国家颁布了新的限塑令，宛如荒漠中的清泉，为我的研究点亮了明灯，指明了前行的方向。这一政策契机如同一把钥匙，开启了我对包装减塑设计探索的热情之门，项目也随之正式启动。在研究的征途中，我多年在包装设计领域的探索与思考得以系统性的梳理与升华，而我的研究生团队（包括杨志军、马亚玺、陈薪羽、匡田、王宏元、郭涵、韩森浩、付红烨、文沁、张艺琳、吴铫、张鹏等）更是以饱满的热情与不懈的努力，与我并肩同行，共同攻克难关。历经三年的潜心钻研与反复打磨，我们终于凝聚心血，初步形成了这份沉甸甸的研究成果。此后，又经过无数次的精雕细琢与修订完善，这份成果才逐渐成熟，并最终以书籍的形式呈现在世人面前。

在撰写此书的过程中，我的人生与学术生涯也迎来了重要的转折。2021 年，我回到了老家浙江，加盟台州学院。在这里，我得以延续项目的研究，并借助学校浓厚的学术氛围、丰富的资源与同事们的鼎力支持，为项目的深入与书稿的完善提供了坚实的后盾。

在此，我要向我的导师朱和平教授及师弟邓昶教授致以最诚挚的感谢，他们在项目的推进与书稿的撰写过程中给予了我宝贵的指导与支持。同时，我也要感谢每一位参与本书课题组的成员,是大家的共同努力与辛勤汗水,才使得这本书得以圆满完成。更令人欣慰的是,经过这个项目的洗礼,我的学生们已成长为高校教师队伍中的佼佼者,他们不仅在各自的学术道路上不断前行,更成为包装设计教育领域的新生力量,为培养更多优秀的包装设计人才贡献着智慧与力量。

如今,这部承载着集体智慧与心血的著作终于面世,它不仅是我学术生涯的重要见证,更是对绿色包装设计领域的一份贡献。在此,我要对家人的理解与支持表示衷心的感谢,对国家社科基金艺术项目的资助表示诚挚的谢意,对参与研究的研究生们的辛勤付出表示崇高的敬意,对台州学院与湖南工业大学提供的宝贵学术平台表示深深的感激。还要特别感谢中国社会科学出版社的编辑们,是他们的专业指导与精心雕琢,使得这本书更加完善与精美。

然而,我也必须坦诚地指出,由于时间紧迫,书稿在完稿过程中难免存在瑕疵与不足。在细节处理上,或许未能尽如人意;在引用标注上,也可能存在遗漏或疏忽之处。对于这些不足与遗憾,我深感歉意,并恳请读者予以谅解与包容。同时,我也期待在未来的研究中,能够不断完善与补充这些不足,为绿色包装设计领域贡献更多、更深入的见解与实践。

愿此书能为绿色包装设计领域的发展贡献绵薄之力,也期待在未来的日子里,我们能够携手共进,共同推动包装设计事业的繁荣与发展。

柯胜海
2024 年冬于台州学院包装设计研究中心